U0036245

現代發明學
——從創意創新到群眾募資商品化

葉忠福◎著

Modern Inventology: From Creative Innovation to Crowdfunding Commercialization

序

近年來，世界各國經濟發展陷入困頓，許多發展中及已開發國家政府，都在大力鼓勵創新研發，也格外重視推動落實智慧財產的保護，尤其是專利權，不但是產業競爭的利器，更是國家科技發展與競爭力的重要指標。

隨著全球化布局及創新經濟崛起，無形的智慧財產權技術研發，已成為各國企業與國家發展的重要目標。加上近年風行於全球的群眾募資、股權群募、創客空間、創業基地、創新孵化器（育成中心）、天使基金、創投等，各式輔導協助年輕人創業資源的興起，乃至最近協助微型創業團隊，銷售產品的新型態行銷平台陸續成立。這些最新三創（創意、創新、創業）資源的逐步到位，使得近年創新發明環境愈趨成熟。目前可謂自18世紀工業革命以來，對發明人最友善的創新創業環境，無論資金取得管道的多元化、製造技術的公開化、3D列印樣品製作及生產成本的降低、行銷平台的開放等，政府及民間都彙集了很大能量，為發明人的好創意及好產品找出路。

本書內容著重於四大部分：即「創意思考與創新」、「產品設計與開發」、「創客空間與群眾募資商品化」、「智慧財產與專利管理」等。以現代發明環境下，實務性質的知識經驗學習為主，書籍內容與產業界實務契合，知識實用性佳，有別於一般純理論的書籍。本書更在各章節間補充插入專欄文章，以生動的發明故事讓讀者輕鬆學習。

本書除了加入最新群眾募資、創客空間新知資料外，亦加強產品研發、智權管理等資料的完整性。更蒐集了創新發明工作者所必需的周邊資訊，如國際發明展、國際設計展與創客競賽場次、群眾募資平台、技術交易平台等資訊，提供給在學學生及發明人實務上的運用。

教師使用本書之建議：因本書內容包含很多能夠實務應用的資訊，

及創新發明與產品設計時，可運用的必要工具資料等。修過此課程的學生們最好能自己長久保留此書，對於爾後的相關資料應用與查詢，會有莫大幫助。關於教師對學生的課後複習測驗，作者建議採用Open Book方式，因為依本書的性質，重點在於讓學生對書中內容有正確的概念及印象即可，學生修過此課程後，當日後實際遇到問題時，只要再去查詢書中詳細資料來參考，即已達到學習本課程之目的。對於期中考與期末考的進度設計，建議教師期中考範圍為第一篇及第二篇，期末考範圍為第三篇及第四篇。考題之設計，可運用出版公司所提供的「教學光碟」中，各篇章「課後複習題」中的題目，來組合出題。

葉忠福　謹識

目 錄

Chapter 6 群眾募資商品化 167

Part 4 智慧財產與專利管理 191

Chapter 7 智慧財產概要 193

Chapter 8 專利管理實務 241

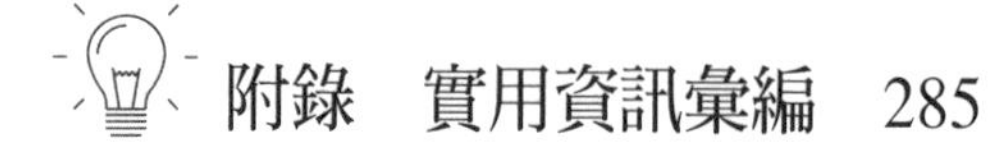

附錄　實用資訊彙編　285

藝術創作、科學思考和發明創造之間的部分領域和思考方法是重疊的。古云：「妙法天成，偶悟得之」，這是因古代尚未深入研究創意產生的原理及系統化，但又能感受到創意形成剎那間的奧妙感覺。但在現今，我們已能用科學化及系統化的理論與訓練方法，來激發人們的創意思考，所以，現在我們應該用「創意有方，一學即會」來形容對創意或創新的學習新概念。本篇備有個人創新潛能的自我測驗資料，讓讀者能在有趣簡單的自我測驗下，瞭解自己目前的「創造潛力」指數為何！

本篇學習重點

在於運用有系統的創意方法學習，有效提升學員的創意思考能力，進而達到創新發明之首要工作，即創意發想提案數量與品質的同步提升。本章特別備有「創造力」的自我測驗及「直覺力」的自我測驗等教材，讓學員輕鬆有趣地瞭解自身先天性格上的特點，以讓自己更有效學習創意的方法技巧，得到「創造力」的全面提升效果！

Chapter 1

創意產生來源

第一節　創造性思考訓練意涵

第二節　思考方式二元論

第三節　創造性思考效用

第四節　常用創意技法

第一節　創造性思考訓練意涵

一、創造性思考訓練

創造性思考的訓練，是在培養學員如何應用創造性思考激發創造力的潛能，而將它運用於各種環境中，產生出更大的價值來，早在1938年，美國通用電氣公司（General Electric Company；GE又稱奇異），就已創設了訓練員工的創造力相關課程，成果相當卓著。

在以往傳統式的教育環境中，大部分人所受到的訓練，都是注重認知已有事實與知識上，或強調邏輯思考的訓練，而鮮有對創造性思考的啟發與訓練，在這樣的教育環境中，其結果常是塑造出大批習慣於被動接受知識的人。

創造性思考訓練，主要是在於訓練個體人格上獨立自信的思考模式，能運用想像力、創造力來取得各種「創意」，進而解決面臨的各種問題及創造更新的前瞻性知識。

人類隨時不斷的在面臨各式各樣的問題，因而需要不斷的使用創意，來解決新的問題與新的挑戰。然而，一般人聽到「創造」、「創意」、「創新」一詞，就會直接以為是發明或高科技領域方面的，其實運用創造力所獲得的創意點子，是各領域皆能應用得上的。如企業管理領導、藝文創作、廣告創意、工程技術、建築、發明、政治、生活等。所有大大小小的事物，都需要注入「創意」點子的活力，才能更有效提升多元化「解決問題的能力」，是應用面最為廣泛的，也是身為優質的現代人，應具備的一種基本能力。

人們無限的創意與想像力，飛天汽車應該是這幾年來人類的夢想之一，隨著汽車科技發展了百年之久，面對著燃油引擎轉變成電動馬達之時，就連型態也將有重大改變，以往靠著四顆輪子在地上驅動已經不夠看了，現在更厲害的是從兩側延伸出雙臂，並且在空中恣意飛行。現在Terrafugia已經開發飛行汽車，吉利集團旗下的Terrafugia正式在2020年開始交車！

圖片來源：吉利集團Terrafugia公司，https://www.facebook.com/TerrafugiaInc/

二、創造力導引創新

(一)何謂「創造力」？

創造力（Creativity）一詞，亦為Creative Thinking Abilities（創造思考能力），也就是一種創造表現的能力，它的主要關鍵在於「思考進行的模式」，而行為所表現出來的結果，可能顯現在發明創新、文學創作、藝術創造、經營管理革新等多方面領域中。其中創造（Create）為To Bring Into Existence（賦予使之存在）的意思，具「首創」與「獨特」之性質。

(二)何謂「創意」？

創意（Creative Idea），即是「創造出有別於過去的新意念」的意思，或可簡單的說，創意包含了「過去所沒有的」及「剛有的新想法」這兩項特質。而好的創意可以用來解決問題及創造價值。

(三)何謂「創新」？

創新（Innovation）一詞，源自拉丁語nova，也就是「新」的意思，而「創新」是指引進新的事物或新的方法。也可說創新就是「將知識體現，透過思考活動的綜合、分解、重整、調和過程而敏銳變通，產生具有價值的原創性事物，做出新穎與獨特的表現」。如新發明、新藝文創作、新服務、新流程等。

創新有別於創意，則在於創新是「創意＋具體行動＝成果」的全部完整過程之實踐；而創意可以從寬認定，只要是任何的「新想法」，而不管是否去實踐它，都算是有了創意。

三、創造性思考是一種能力

因為創造是一種能力，故通常我們會以「創造力」一詞來表達而稱之。創造性思考有別於智商，故智商高的人創造力不一定就表現好，依心理學的研究來說，創造性思考是屬於高層次的認知歷程，創造的發生始於好奇心、夢想、懶惰（不方便）、問題（困擾、壓力）及需求的察覺，以心智思考活動探索，找出因應的方案，而得到問題的解決與結果的驗證。

創造性思考不可能完全無中生有，必須以知識和經驗作為基礎，再加上正確的思考方法，才能獲得發展，並可經由有效的訓練而給予增強，經由持續的新奇求變、冒險探索及追根究柢，而表現出精緻、察覺、敏感、流暢、變通、獨特之原創特質（**圖1-1**）。

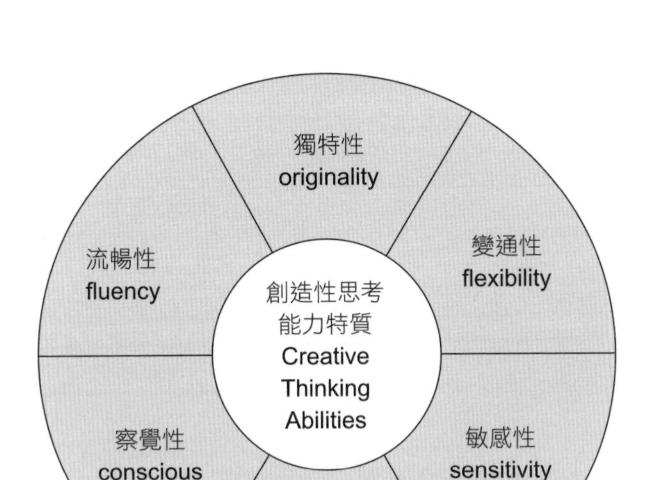

圖1-1　創造性思考能力之特質發展

四、創造性思考的歷程與階段

心理學家瓦拉斯（G. Wallas）在1926年的研究指出，創造是一種「自萌生意念之前，進而形成概念到實踐驗證的整個歷程」，在這個歷程中，包括四個階段（**表1-1**），在每個階段中的思考模式及人格特質，有其不同的發展，所以創造也可說：就是一種思考改變進化的過程。

創造性思考歷程的四個階段：

(一)預備期（Preparation）

此階段主要在於記憶性及認知的學習，經由個體的學習而獲得知識，此階段相似於學校、家庭中所進行的學習，重點乃在於蒐集整理有關的資料，累積知識於大腦中，人格上有好奇、好學等特質。

表1-1　創造性思考之歷程階段

特性＼階段	預備期	醞釀期	開竅期	驗證期
思考模式	・記憶性 ・認知學習	・個人化思考 ・獨立性思考	・擴散性思考 ・創造性思考	・評鑑性思考
人格特質	・專注 ・好奇 ・好學 ・用功	・智力的開發 ・思考的自由	・喜愛冒險 ・容忍失敗	・用智力之訓練來導引邏輯之結果

(二)醞釀期（Incubation）

在此階段為將所學習到的知識和經驗儲存於潛意識中，當遇到問題或困難時，即會將潛意識當中的知識和經驗，以半自覺的型態來作思考，因用個人化及獨立性的思考模式，會如夢境般的以片段的、變換的、扭曲的、重新合成等非完整性之形式出現於腦海之中。

(三)開竅期（Illumination）

此階段會因擴散性及創造性思考，而個體及時頓悟，進而有所新的發現，覺得突然開竅了，有豁然開朗的體驗，此時就會產生許多啟示性的概念，在綜合所得之概念後，即能發展出另一種全新而清晰完整的「新觀念」。就如阿基米德在浴缸中得到利用體積與重量相比的方法，測得不規則物體的密度，頓悟開竅了一樣，此階段人格上同時具有喜愛冒險與容忍失敗的特質。

(四)驗證期（Verification）

此階段在於將開竅期所獲取之新觀念加以驗證，用評鑑性的思考角度來判斷、評估、應用，再將它轉化為一種理論組織與文字語言之說明表達，以得到完善的驗證流程及結果。

360度切刀

這款滾刀具有鋒利的刀片，非常適合切割和切碎各種食物，例如牛肉、蔬菜、披薩、蛋糕、水果。特殊設計，符合人體工程學的設計使您可以安全、快速地切割生食。其360度旋轉設計，確保在較短的時間內切碎食材。

圖片來源：Inspire Uplift LLC.新發明設計商品網，www.inspireuplift.com

五、創新的發展型態

在創新的基本發展型態上，我們可將它分為「突破性創新」（Radical Innovation）與「延續性創新」（Continuous Innovation），其中突破性創新亦為一種不連續性的創新，或稱破壞性的創新，即是前所未有或顛覆以往成熟的技術或經營模式的創新，以截然不同的全新技術或方法、模式表現出來，雖然突破性創新的研發成本與失敗風險都較高，但此型態之創新所帶來的效益是極為巨大的（**圖1-2**），這些效益或許是功能

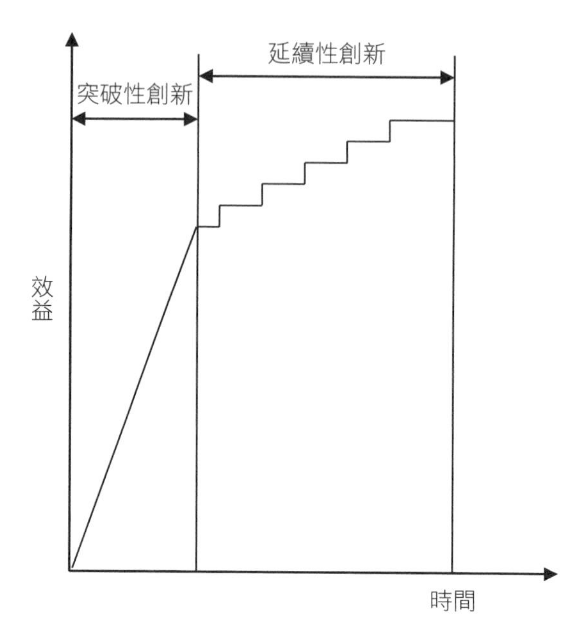

圖1-2　創新型態與效益之成長變化

的突破、利潤的提升、市場的擴大、成本的降低、品質的改善等，在不同的面向表現出來。例如，有別於傳統商業模式的現今網路商業行銷業績的急速擴大；數位相機產品的推出取代了傳統需裝軟片的相機；飛機噴射引擎的出現取代了活塞動力引擎的技術；或是早年電晶體技術取代了真空管技術；節能產品中LED固態半導體照明技術取代了傳統的燈具。這些都是突破性創新的實例，也可印證突破性創新在效益上的無比巨大。

所謂延續性創新，就是將原有已存在的事物或技術再進行細部的調整或改良，以達更優良的目標，但仍不脫離原有型態的大框架，在此型態下的創新其研發成本與風險雖較低，但相對的效益通常較突破性創新為低。例如，在既有的電視機上加入立體聲重低音的設計；或在汽車中加入全球衛星定位系統（GPS）；又如，英特爾（Intel）的CPU電腦晶片CORE i5升級到CORE i7等都是延續性創新的實例。

專欄 1-1 創造力可以致富的故事

一提到創造力或創新，可能有很多人以為這是高科技或發明家才用得到，其實創造力是可以用在任何地方的，無論是傳統產業或任何行業之中。

從前中國大陸有一個偏遠村莊，因為水源離村莊有一段距離，每天村民都要辛苦行走一小時的路程，去挑水回家使用，村中的幾位大老為了要解決村民的不方便，於是開會決定貼出公告，徵求廠商來村莊賣水的事宜。為了市場不被壟斷獨占，而同意了甲、乙兩家廠商一起來賣水，在市場開放之初，甲廠商很快的買了水桶，跟兒子和幾位工人辛勤的用人力開始了挑水賣水的生意。這時，乙廠商卻到外地去，不見人影，由於甲廠商成為村莊中賣水的獨占生意，村民覺得水賣得很貴，而且水中常有挑水途中飄入的灰塵雜質，但看到挑水的父子們每天都在辛勤努力的工作，也不好意思多說什麼，這對父子每天辛勤的挑水，每天都有賺錢，心裡都很高興，這樣的榮景，維持了好一段時光。

後來乙廠商從外地回來了，帶來抽水馬達及水管和濾水設備，將水管接到每位村民的家中，使用新的取水技術，於是乙廠商可以用更便宜的價格賣水，而且水的品質更好，每天坐在家裡不用付出勞力，就有錢可賺。

這時甲廠商還是用舊方法，僱用了更多的人力來挑水，水桶上也加了蓋子防止挑水途中灰塵的污染，水的品質雖有所改善，但還是無法與乙廠商競爭，於是虧損累累，最後被淘汰出局了。

從這個故事我們可以獲得幾項啟發：第一，「知識的生產力的確是可以致富的」，也就是要勤於動腦筋去思考如何創新與改變。第二，「系統的創新」，無論是改善銷售的模式、產品製程或經營管理

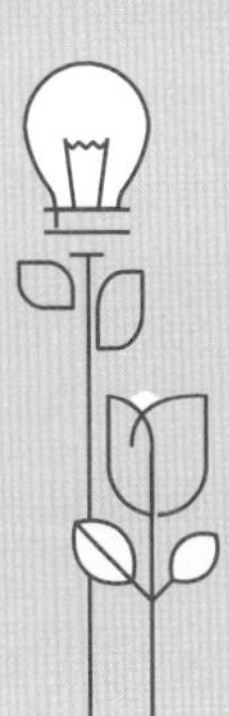

的方法，有時甚至能發展成一個全新的市場規模，為先創者帶來極大的利潤。第三，創新需要「持續力」，假如乙廠商滿足於現狀，不知持續創新，總有一天，也會和甲廠商一樣，遇到更強的新競爭者加入時，馬上就會被淘汰出局。

插畫繪圖：連佳瑄

第二節　思考方式二元論

一、垂直式思考與水平式思考

在大腦思考方式學理的長期發展上，有兩種很重要的思考模式概念，那就是大家所悉知的「思考方式二元論」，而「二元」所指乃是所謂的「垂直式思考」（Vertical Thinking）與「水平式思考」（Lateral Thinking）兩者，其特質上的差異可參考（**表1-2**）。

表1-2　垂直與水平思考方式之特質差異

	垂直式思考	水平式思考
型態	是一種「收斂性思考」或稱「邏輯性思考」，思路模式從「問題」出發，依循著各種可確信的線索，而紛紛向解答集中，更進而推向那唯一的目標或標準的解答。 解答	是一種「擴散性思考」或稱「開放性思考」，思路模式由「問題」本身出發，而向四面八方輻射擴散出去，能跳脫邏輯性的限制，把原本彼此間無聯繫的事物或構想連結起來，建立新的相關性，並指向各自不同而多元的可能解答。 問題
特色	・理性導向 ・想找到標準答案 ・依循固定的模式及程序進行思考 ・是非對錯分明，而且堅持	・感性、知覺、直觀導向 ・樂於挖掘更多的可能解答 ・無固定的模式及程序，隨性進行思考 ・會因應環境的變化，而產生合理的是非對錯看法
優缺點	・優點：有助於我們的分析能力及對事物中誤謬性的指出或澄清，以及對問題或解答的評估與判斷，亦能協助我們處事的條理性 ・缺點：難以協助發展較具創見性的新觀點，依賴過度時，則易使人心智僵化或陷於窠臼之中	・優點：有助於問題解決的多元化思維，提供多種可能的解決方案，有時雖是天馬行空的想法，但這也是一種別出心裁獨特創見的重要來源 ・缺點：若無後續的歸納整理及理性的評量與規劃，則會變成流於空幻
含蓋面	分析、評估、判斷、比較、對照、檢視、邏輯……	創意、創新、發明、創造、發現、假設、想像、非邏輯……

（續）表1-2 垂直與水平思考方式之特質差異

	垂直式思考	水平式思考
行為顯現	• 肯學、具耐心 • 喜愛上學 • 易於接受教師的指導 • 按規定行事、服從性高 • 推理性與批判性強	• 好奇、勇於嘗新 • 覺得學校有太多拘束與限制 • 思路複雜，教師指導不易，常是教師眼中的麻煩人物 • 不愛聽命行事、自由意志高、我行我素 • 創意點子多
醫學觀點	左腦思考	右腦思考
大腦運作層次	「意識」層次運作的思考	「潛意識」層次運作的思考
比喻	把一個洞精準的挖深，直到找到泉水	再多找其他地方挖洞試試看

調味料可調量匙
Adjustable Measuring Spoon

要使用它，只需滑動蓋子，它將停止在所需的測量值上。帶有凹槽的指紋可以幫助您來回移動滑塊，從而每次都能獲得精確的測量結果！它適用於任何食譜和任何廚房烹飪需求，因為它對測量乾燥、液體和半液體成分非常有用。

圖片來源：Inspire Uplift LLC.新發明設計商品網，www.inspireuplift.com

二、思考是「內在」活動而非「外顯」的行為

思考的心理技巧是屬於一種在內心進行的活動方式，它的運作主要需靠內在動機，它並非外顯的活動，故相形之下它是較不易描述的，所以

以下會配合一些實例的說明，希望讀者能更容易瞭解其真意。

(一)垂直式思考

所謂「垂直式思考」，它的創始人是早在希臘時代的亞里斯多德（Aristotle），它的特色在於講求循序漸進，按部就班，這也是最合乎人類自然本能的思考方式，因為它重視「高度可能性的邏輯」，這也是人在面對問題時，最容易運用及接受的思維模式，就其優點而言，它能全面性的瞭解與掌握邏輯原則特性，以避免自己的推演過程犯錯，也易於檢視他人的推理過程是否有誤，如此，可使很多事情及道理愈辯愈明，及實務工作上執行順利，所以這種較具系統性、準確性與普遍性的方式，一般常被作為學術研究及學校教育所重視與鼓勵的思考方式。但其缺點則容易陷於畫地自限，一旦前提設定有誤時，無論其推論的過程都是正確合理的，但其最終的結果答案，勢必還是跟著錯了。另一方面也易發生慣性與惰性的思考，腦中被強制性的嚴密控制，形成為了遵從現有或已知的邏輯原則，而排斥或忽略了另外可能極為有用的新概念，以致扼殺新概念、新創意的產生機會。

總歸「垂直式思考」就是每一步的推演都是合乎邏輯性的，而且不能有推演分析計算上的錯誤，從想法中開始不斷的節制、濃縮推演，直到成一集中焦點的解答。

例如，地震時為什麼大樓會倒塌？→因為地震規模大於大樓的抗震結構設計→所以應提高大樓抗震級數的結構→故可由加大鋼筋直徑及提高水泥強度磅數著手改善。若依這樣的例子方式推演而來的答案，就是「垂直式思考」。

(二)水平式思考

所謂「水平式思考」是由一位馬耳他人，名叫愛德華・波諾

（Edward de Bono）的心理學思想家，在1960年代末期所提出的重要概念，水平式思考法就是為了彌補垂直式思考的缺陷所應運而生的，它的特性為思路是從問題本身出發，向四面八方擴散，各指向不同而多元的可能解答，使一些有效的新概念自混沌的狀態中產生，它的思考模式是跳躍式的、天馬行空的、聯想的、無拘無束的、無邏輯性的，只要想到就行了，無須問為什麼會這麼想，也無所謂對與錯，但這種方式反而經常能夠產生獨具創意、令人驚喜、拍案叫絕的新概念，這也就是所謂的「創造性思考」。

例如，我們自由的去想像，一支原子筆它除了寫字之外，還能夠做什麼用途呢？我們可以海闊天空想像，提出各式各樣的可能用途，如掏耳朵、打鼓、在紙上挖洞的工具、敲別人頭、當滑雪的工具手杖、射天上的飛機等，各種奇特的用途，而且先不做太多判斷，無論這個想法好不好或合不合理、可不可行，只要想到任何用途都提出來，就像拿原子筆來射天上的飛機，你也不要覺得太匪夷所思，我們也可改用吸管、桌子、茶杯、塑膠袋、帽子等，來進行想像，以這樣的模式所進行的思考，就是典型的「水平式思考」模式。

三、二元思考的相輔相成

當有一個問題我們已經想到某一種解答方向，而以垂直式思考，在做進一步的邏輯推演時，有時會遇到無法突破的瓶頸，當無法再用邏輯的方式進行下去時，我們則可改用水平式思考，運用綜合性與直觀性，從另外的角度思考，打破現有框架尋得新的方向，當新的方向已經明確後，我們即可回到垂直式的思考模式，以嚴謹的推理、計算、比較、分析，直到找出最理想的解答。

水平式思考的功能，在於產生新創意點子或新概念，以提供運用者更多的可為選擇。而垂直式思考的功能，則在於以邏輯性來歸納分析，由

水平式思考所產生的創意點子或概念的合理性與正確性。所以「垂直式思考」與「水平式思考」兩者的並存與相互的運用，並沒有任何矛盾之處。

每一個人的大腦思考，不會是全部左腦（垂直式）思考，或全部右腦（水平式）思考，而是左、右腦思考比率高低不同罷了，若以現今的教育體制及大部分的教學方式來看，其訓練出來的大多數人都是左腦強而右腦弱。「垂直式思考」與「水平式思考」兩者，其實並無所謂何者重要，何者不重要！而是應該運用它各自不同的特性來相互搭配，以達到相輔相成的所謂「全腦開發」，讓每一個人的「創意」與「邏輯」能力兼備。

專欄 1-2　郵票發明背後的愛情故事

郵票發明者是誰呢？發明郵票背後有個愛情故事。世界上第一批郵票在英國發行了，郵票的發明者是英國人羅蘭．希爾（Rowland Hill），郵票的票面是黑色的，上面印著英國維多利亞女王的浮雕像，每枚面值一便士，後來人們稱它為「黑便士」郵票。

古代交通不便，也無通訊工具，而故事就發生在1836年的夏天，一位英國的教師羅蘭．希爾先生正在倫敦郊外的一個村莊渡假。有一天，他在散步時，忽然從後面傳來一陣馬蹄聲，原來是一位郵遞員，正騎著馬送信而來。只見郵遞員來到一間簡陋的農舍小屋前，便高聲喊道：請問愛麗絲小姐在家嗎？有妳的信。這時候，屋裡走出一位清秀姑娘，郵遞員取出一封信要交給她，也說道：愛麗絲小姐，請妳要付五便士的郵費（這郵費並不便宜，相當於時下工人一天的工資）。但愛麗絲看了信封一眼，便對郵遞員說：真的很抱歉！我家境拮据沒錢付郵費，這信我不能收，請您把信退回去吧。郵遞員回答：信我已經送到了，您怎麼能不付郵費呢？「可是我真的沒錢呀！怎麼辦

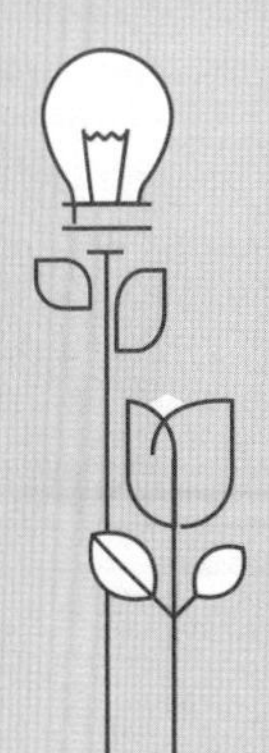

呢？」兩人便爭執了起來。

這時，羅蘭．希爾為了展現紳士，便向郵遞員說：郵費我幫這位姑娘付。當郵遞員離開時，愛麗絲小姐除了向羅蘭．希爾致謝外，也說道：先生，這封信我是可以不用收的，因為我已經知道信中的內容了。羅蘭．希爾聽了一頭霧水，妳信還沒打開，怎麼知道內容是什麼呢？羅蘭．希爾幫忙打開了信封，信中是空的。在羅蘭．希爾的追問下，姑娘說出了原因：因為她家境窮困，付不起郵費，於是和在遠方的情郎有一個約定，當在信封角落上畫一個圓圈暗號，就表示情郎是一切平安的。而姑娘看到這個暗號，不用收信付郵費，就可明瞭情郎的近況。羅蘭．希爾聽了，心裡十分同情這對情侶，深深地嘆了一口氣，他便默默地走開了。

羅蘭．希爾決定要設計一個具科學方法的郵政收費辦法，經過反覆思考後，他提出由寄信人購買一種「憑證」，然後將「憑證」貼在信封上，表示郵資已付。1839年，英國財政部採納了羅蘭．希爾的建議，編列了下一年度郵政預算，並經維多利亞女王批准公布，於是在1840年5月，英國郵政管理局發行了世界上第一批郵票。

郵票的發明者——羅蘭．希爾

圖片來源：維基百科，https://zh.wikipedia.org/

世界上第一枚郵票「黑便士」。郵票的票面是黑色的，上面印著英國維多利亞女王的浮雕像。上方印「郵資」，下方印「一便士」字樣。郵票四周無鋸齒狀之設計，需用剪刀才能剪開。

圖片來源：集郵之家（中國大陸），https://weidian.com/?userid=259214094

第三節　創造性思考效用

一、何謂「創造性思考」？

古云：「失敗為成功之母」，那只是在告訴我們要記取失敗的經驗與教訓，不要重蹈覆轍，但是，其實能促使我們成功的真正要素是「思考」。因此，我們應更明確的說：「思考是成功之母」。因為只有真正具思考力的人，才能除了反省失敗的原因之外，更能思索出真正解決問題的方法。

人類每天都在面對著各種不同的問題與困擾，也因此需要不斷的運用創造性思考來產生更多的創意，以解決所面臨的新問題與新挑戰。

「創造性思考」一詞，並不是一個新穎的概念，但它在人類發展史上，占有非常重要的地位，目前世界上有關「創造性思考」的相關文獻甚多，琳瑯滿目，多如過江之鯽，且至今各種理論架構及描述的重點內涵也未見其一致性，本篇所要描述者，盡量以較具實用性的一面為主，對於太多抽象定義的東西會提及較少。

二、創意是「質與量」而非「有與無」

所有的創意點子，都是由創造性思考而來，我們也可說創意是一種「習慣與態度」，它的產生嚴謹來說是每個人都有的，只是品質及數量的高低多寡而已，創造力基本上不是「有與無」的問題，而是「質與量」程度上的不同，創造力的提升是可藉由「創造性思考」能力的訓練課程來有效提升的，但想要有高品質且大量的創意，重要的認知是它並非一蹴而就，而是要在瞭解正確的思考方法與技巧之後，再加上不斷的練習，使之養成一種習慣及正確的態度，才算是真的掌握到了創造性思考的竅門。

有些人從小就很有想像力，鬼點子特多，但當真正遇到較為複雜的問題或任務時，他們可就不見得有能力完成了，像這種狀況就是缺乏足夠的經驗和系統化有效的訓練。

三、高品質創意的誕生過程

要如何讓天生具有創造力的人提升其創意的獨特性與質量，讓較不具創造力的人達到激發創意的效果，這就要靠良好的創造性思考訓練了。

一個「好」創意的誕生需要經過幾個過程（**圖1-3**），首先由問題出發，經過確認問題的本質與關鍵後，運用創造性思考來產生許多創意，再經由選擇創意，來找出較具可行性的創意方案，若這個創意方案尚不完善時，則加以修改提高品質之後，再做最後的評價，如果滿意了，則加以實施此一創意方案，若還不滿意則重新再次修改，或在最後的評價中認為是窒礙難行者，則可再由選擇創意重新做一次，直到滿意。

四、困境能激發發明創造的動力

英國的名作家喬治・摩爾（George Moore）說：「窮困時創造力毅力是我們的好友，但富裕時它卻棄我而遠去。」我們東方人也常說：「窮則

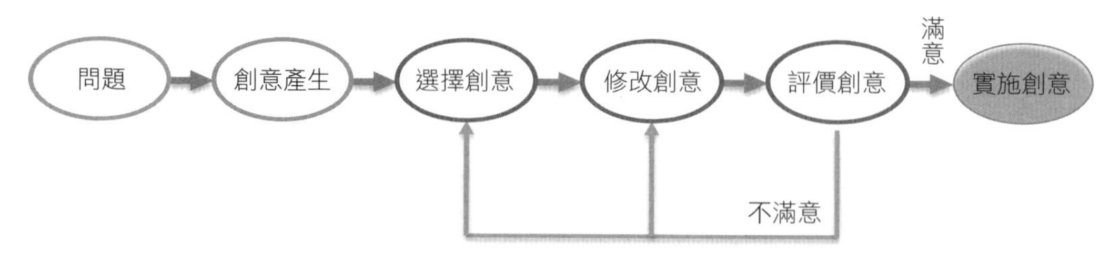

圖1-3　高品質創意的誕生過程

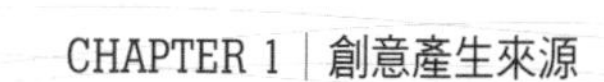

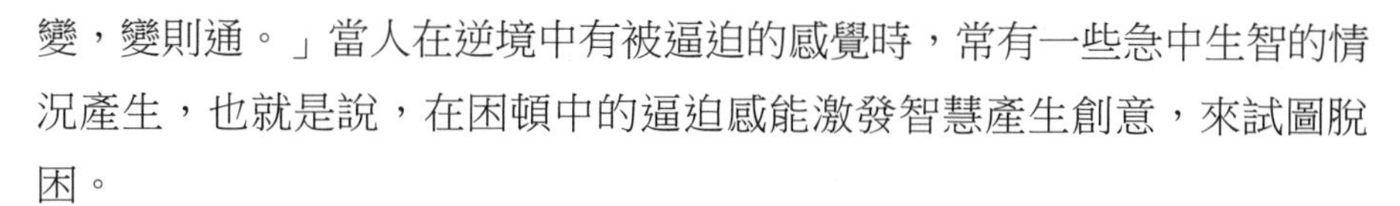

變，變則通。」當人在逆境中有被逼迫的感覺時，常有一些急中生智的情況產生，也就是說，在困頓中的逼迫感能激發智慧產生創意，來試圖脫困。

從醫學的觀點來看，很多的研究結果都顯示，人在受迫的緊張時刻，無論是甲狀腺素或腎上腺素都會急速上升，神經顯得亢奮，大腦活動也會比平常顯著的活躍，當一個人所面對的問題與困難迫在眉睫，時空距離的壓迫感會大為縮短，人們的注意力也更易於集中，人們的神經緊張起來時，就會處於一種亢奮又積極的狀態，如此會促使人們強化尋求創新的動機與解決問題對策的思考，這時就能發揮最大的聰明智慧與潛能，想出來的點子也特別多，也更容易充分利用現有的周遭資源條件來找尋問題解決之道。所以當人們遭遇到困難時，可多加運用這種潛能激發創造力，想出排除困難的對策去執行，必能將面對的所有困境化危機為轉機。

五、藝術涵養與創造力

在早期的社會文明發展中，藝術與科學原本是不分家的，愛因斯坦說：「知識是有限的，而藝術的想像力是無限的。」一個人的創造力在潛意識中是相互通聯的，「靈感」來自於何處？靈感它來自「過去的體驗累積」，也就是來自大腦潛意識的跳躍式「漂移啟示效應」（Drift Inspiration Effect）而產生。

傳統上對藝術的定義是：「美學」加「技術」，但現在的新定義則必須再加上「獨特性」與「創造力」這兩項重要的素質，各種藝術創作都是創造力的表現，無論是音樂、繪畫、詩歌、雕塑、建築、家具乃至工業產品或平面設計皆然。

楊振寧和李政道兩位華人科學家（1957年諾貝爾物理獎得主），都一再強調「藝術和科學是人類創造力的兩翼，它們本是不可分離的」，他

非常有趣的嬰兒連身拖把

Adorably Funny Baby Romper Mop

有趣的嬰兒連身拖把，超級柔軟非常舒適。拖把是由超吸收性材料製成的，旨在嬰兒探索自己的宇宙時清潔和擦亮您的地板。

圖片來源：Inspire Uplift LLC.新發明設計商品網，www.inspireuplift.com

們也都從藝術和科學的融合中獲益良多。美國的知名學者羅伯特和伯恩斯坦，曾對一百五十位傑出科學家的生平傳記進行研究，結果發現這些傑出科學家和大發明家們都同時是作家、畫家、詩人、哲學家、音樂家等，例如，愛因斯坦在少年時已是個小提琴的演奏高手，直到老年他依然熱愛音樂。這個研究結果說明了，「科學」和「藝術」的創造力表現是一樣的，而且兩者有相輔相成的效果，除此之外，對「直覺」和「美感」的敏銳感受力也是缺一不可的。

六、21世紀的人才培育方向

科學創造和藝術創作的共同基礎都是來自於「創造力」，其追求的目標同樣是「真、善、美」，有敏銳審美感的人，更易於發展創造性思維，愛因斯坦說：「真正的科學和真正的音樂都需要同樣的思維過程，藝術的重要價值在於它有無限的想像力，對於人的思維有其巨大的啟發作用。」所以，一個人若有好的藝術涵養，則不但能「啟發思維」，更可培養「創新能力」。

在目前常人的眼裡，藝術和科學是兩門不相干也無內在關聯的不同領域，且在現今的教育體制模式下，常常出現「沒有藝術細胞的科技人」和「缺乏科學素養的人文知識分子」，這些都是有礙於整體社會創新發展腳步的因素。美國早已意識到「教育若缺乏基本的藝術知識和技能，就不能稱為成功的教育」，而在1993年，國會通過的教育法中，將藝術教育並列於自然科學、數學、語文、歷史等基礎教育核心學科內。此舉，最大的目的在於使更多的人成為「藝科相通」的創造性人才，這也是21世紀最重要的人才培育方向。

另外，培養「行動力」，也是很重要的，尤其是發明創作這件事。雖有滿腦子的創意構想，而沒有加以實際行動，其結果還是空的。所以，一位「發明家」他同時也一定是位「實行家」，因為沒有實際的去實行及驗證自己的構想是否可行，是否達到預期的效果，只是用猜想的方式是不務實的。人皆有惰性，所以要實際花時間、金錢、精神、體力去做，還是需培養「行動力」的，再加上毅力和恆心去實踐，這才能成為一位真正的發明家。

專欄 1-3　郵票四周鋸齒孔的發明

自從羅蘭．希爾（Rowland Hill）在1839提出了發明郵票的構思後，1840年，英國郵政管理局發行了第一批的郵票，但當時的郵票四周並沒有鋸齒孔的設計，人們使用時必須用剪刀才能剪開，相當不方便。直到1848年，才由英國的發明家亨利．阿察爾（Henry Archer）發明出具有鋸齒孔的郵票，以手撕開就能使用，讓大家更便利。

就在1848年的某天，在倫敦一家小酒館喝酒的亨利．阿察爾，他看到鄰桌一位顧客從包包裡取出一大版的郵票，想要裁切成一小張

的郵票貼在信封上，但自己沒帶剪刀，便向老闆借，不料老闆也沒有剪刀。這位顧客想了想，看看周邊有什麼工具可以使用的，沉思了一下，便在自己的西裝衣襟上，取下了一根別針，用針尖在郵票四周間的連接處，扎了一連串的小孔，然後輕輕一撕，就完整地撕下了幾張的小張郵票。這個場景讓亨利·阿察爾看到之後，便有了靈感啟示：如果能製造出一台打孔的機器，在兩張相鄰小郵票連接處之間，都打上鋸齒小孔，不需工具用手就能撕開，使用起來就會更方便了。就在當年，一台裝有兩個滾輪切刀的打孔機被亨利·阿察爾研製出來了，它能打出由縱向和橫向切口組成的連續性齒孔。這台能在郵票四周打出鋸齒孔的機器，後來也賣給了英國郵政管理局，於是新式樣帶有鋸齒孔的郵票，就此誕生了，改善不方便，造福全世界。

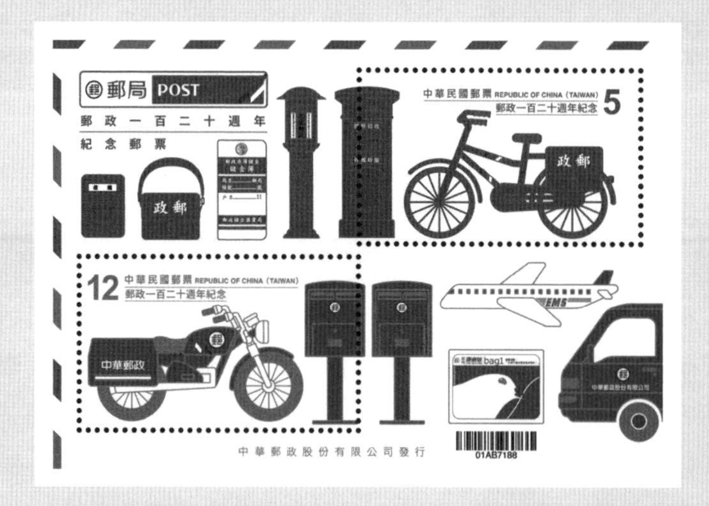

現代的郵票都帶有鋸齒小孔，方便人們撕下來貼在信封上使用。
圖片來源：中華郵政全球資訊網，https://www.post.gov.tw/

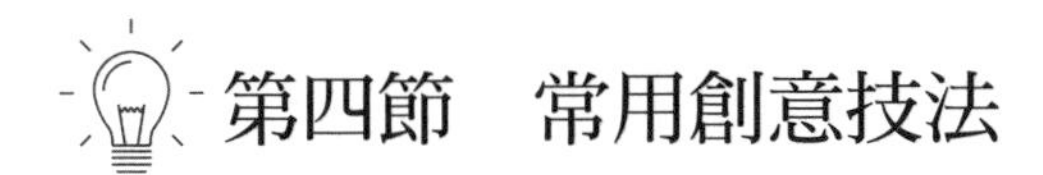

第四節　常用創意技法

一、創意的產生與技法體系分類

在諸多創意的產生方法中，有屬於直觀方式的，亦有經使用各種創意的技法或以實物調查分析而得到創意方案的，目前世界上已被開發出來的創意技法超過兩百種以上，諸如腦力激盪法、特性列表法、梅迪奇效應創思法、型態分析法、因果分析法、特性要因圖法、關連圖法、KJ法（親和圖法）、Story（故事法）等，技法非常多，也因各種技法的適用場合不一，技巧性與方法各異，但綜合各類技法的創意產生特質，可將之歸納為分析型、聯想型和冥想型等三大體系（**圖1-4**）。

(一)分析型技法體系

這類型的技法，是指根據實物目標題材設定所做的各種「調查分析」技法運用，而後所掌握新需求的創意或解決問題的創意方案等，均屬

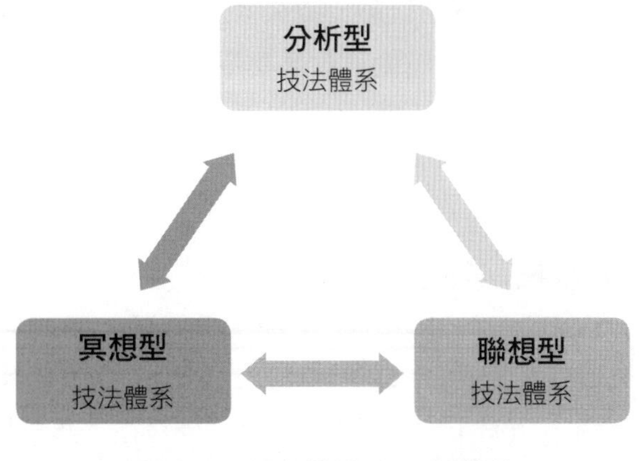

圖1-4　創意技法的三大體系

之。例如，特性列表法、問題編目法、因果分析法、型態分析法等。這是一種應用面非常廣的技法體系。

(二)聯想型技法體系

這類型的技法為透過人的思考聯想，將不同領域的知識及經驗，做「連結和聯想」而能產生新的創思、想法、觀念等，此體系之技法有別於前項以「調查分析」作為主體的技法。例如，梅迪奇效應創思法、腦力激盪法、相互矛盾法、觀念移植法、語言創思法等，這也是一項最常被應用的技法體系。

(三)冥想型技法體系

這類型的技法，在東、西方的文化元素裡都有，此技法是透過心靈的安靜以獲致精神統一，並藉此來建構能使之進行創造的心境，也就是由所謂的「靈感」來啟動產生具有新穎性、突破性的創意，從心理學的角度來看，靈感是「人的精神與能力在特別充沛和集中的狀態下，所呈現出來的一種複雜而微妙的心理現象」。例如，在東方文化中的禪定、瑜伽、超覺靜坐；西方文化中的科學催眠等。冥想靈感的產生，雖在一剎那之間，但它仍與一個人的知識、經驗及敏覺力，有著密切的相關性。

一個創意的產生，有時可由上述的某個單一體系而產生，有時並非單純的依靠著某個單一體系完成，而是經由這三大體系的多種技法交互作用激盪而產生出來的。

二、常用的創意技法概要

在目前已被開發出來的兩百多種創意技法中，因各種技法的特質、適用場合、技巧性等各有不同，某些技法有其同質性，亦有某些技法存在著程度不一的差異性，若要細分出來切割明確，實屬不易。以下要介紹的是我們最常用、應用面最廣、易於使用的幾種重要創意技法。

(一)腦力激盪法

腦力激盪（Brainstorming），這是一種群體創意產生的方法，也是新產品開發方法中，最常被使用的方法，其原理是由美國的奧斯朋（Alex F. Osborn）所發明，其應用基本原則有下列幾項：

1.聚會人數約五至十人，每次聚會時間約一小時左右。

2.主題應予以特定、明確化。

3.主席應掌控進度。

4.運作機制的四大要領為：

(1)創意延伸發展與組合：由一個創意再經組員聯想，而連鎖產生更多的其他創意。

(2)不做批判：對所有提出的創意暫不做任何的批評，並將其再轉化為正面的創意，反面的意見留待以後再說。

(3)鼓勵自由討論：在輕鬆的氣氛中發想對談，不要有思想的拘束，因為在輕鬆的環境中，才有助於發揮其想像力。

(4)數量要多：有愈多的想法愈好，無論這一個創意是否具有價值，總之，數量愈多時，能從中產生有益的新構想之機率就會愈高。

具有創造性的思考，是要能提出許多不同的想法，而這些想法最後也必須找出具體可行的方法。在這過程中必須先提出「創意點子」（Creative Idea），而在眾多創意點子中，經過客觀「評價」（Appraise）的程序，找出最具「可行性」（Feasibility）的項目去「執行」（Execution），即可順利達成目標。

通常人們的習慣是在提出創意點子構思的同時，就會自己先做「自我認知」的評價，在這當中又常會發生自認為這點子太差勁或太幼稚了，根本不可行，提出來會被同組一起討論的人「笑」，所以，東想西想，卻也開不了口，連一個創意點子也沒提出來，其實這是不正確的。若一邊構思創意點子一邊做評價，其結果反而會破壞及壓抑了創造性思考力，正確的做法應該是——在提「創意點子」階段時，所有組內成員都先不要去做任何評價，哪怕是天馬行空的點子，都不可恥笑，只要盡可能的去發揮創意、想出各式各樣的點子，數量愈多愈好。於下階段做「評價」時，再由全組人員共同討論各個創意點子的優點、缺點、可行性等，然後選出可行性「高」者，去「執行」即可。若可行性「高」者的項目太多時，則可進行「再評價」來選出「最高可行性」者，然後去「執行」（**圖1-5**）。

腦力激盪法是基於一種共同的目標信念，透過一個群體成員的互相討論，刺激思考延伸創意，在有組織的運作活動中，激發出更大的想像力和更具價值的創意。

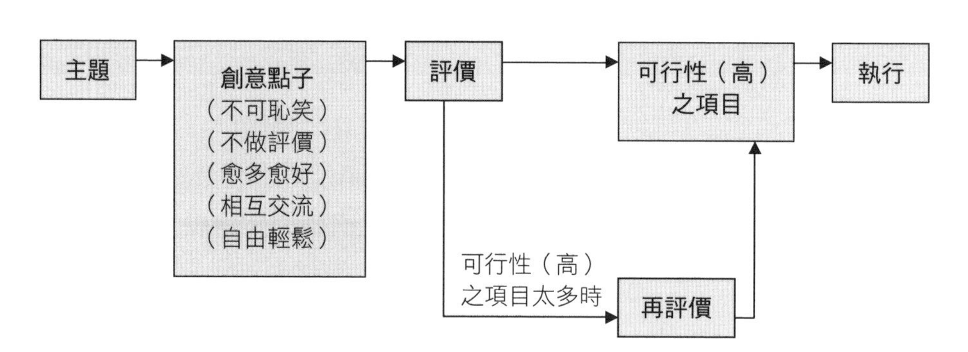

圖1-5　腦力激盪之創意產生與評價模式

(二)問題編目法

也稱「問題分析法」或「調查分析法」，是以設計問卷表的方式，讓消費大眾對他們所關切熟悉的產品或希望未來能上市的新產品，有一些創新性的概念，以供廠商研發新產品時的參考。例如，化妝品、食品、藥

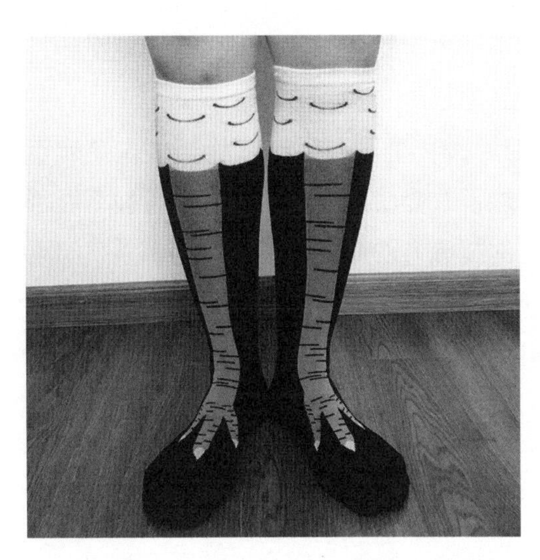

動物爪襪Animal Paws Socks

您是否曾夢想過在野外散步？好了，現在您可以感謝這些時髦的動物爪子襪子！ 將腳變成動物的爪子，您將在自己家的野外行走！

圖片來源：Inspire Uplift LLC.新發明設計商品網，www.inspireuplift.com

品、家電、汽車等，針對某一類產品的特定問題，結合自己的偏好、熟悉的性能、使用習慣和新的需求聯繫起來，再經過濾分析萃取具有價值的想法，從中誘發出對新產品的創意構想。

(三)筆記法

此法是將日常所遇到的問題及解決問題方法的靈感，都隨時逐一的記錄下來，經不斷反覆的思考，沉澱過濾，消除盲點，然後就會很容易「直覺」的想到解決問題的靈感，再經仔細推敲找出最可行的方法來執行，透過這種方法可以啟發人們更多的創意，此法也是愛迪生最常使用的技巧之一。

(四)特性列表法

又稱「創意檢查表法」，也就是將各種提示予以強制性連結，對於創新產品而言，這是一種周密而嚴謹的方法，它是將現有產品或某一問題的特性，如形狀、構造、成分、參數以表列方式，作為指引和啟發創意的一種方法，使用此法可經由多面向不同角度的觀察，逐一修改變更這些特性，即可在短時間內引發出新的產品創意。

其表列提示，例如，有無其他用途？是否可省略？能否擴大？能否縮小？組合呢？分離呢？對調呢？能否改變使用方法？能否被置換？能否予以替代？有否其他素材？有否其他製造方法？能否重新排列調整？如果顛倒的話？如果結合的話？等等。各種產品或專案會有各種不同的表列提示項目，這可視使用者所需自行訂定。

(五)大自然啟示法

這是一種透過觀察研究大自然生態如何克服困難解決問題的方法，創意的產生可以運用這種觀察生態的做法，解開生物界之謎後，並加以仿效，再應用到人類的世界中，例如，背包、衣服及鞋子上所使用的魔鬼貼，它的發明就是模仿了刺果的結構，這種植物刺果長了很多附著力極強的短毛細鉤，因而能緊緊的黏在一起，發明者因而創造出了魔鬼貼。又如，手工具中的鉗子，就是仿效螃蟹鉗而來，飛機則是仿效小鳥的飛行所發明的。

(六)相互矛盾法

此法亦稱「逆向思考法」，就是將對立矛盾的事物重新構思的方法，有些看似違背邏輯常理或習慣的事重新結合起來，卻能解決問題，鉛筆加上橡皮擦的創意，原本一項是用來寫字的，而另一項卻是擦去字跡的，將它的對立用途結合起來，就能創造出有用的統一體。又如，玻璃窗的特性是「透光不透風」，為了解決某些場所的需求，要「透風不透光」，而依其對立矛盾的原則，設計出了百葉窗的產品。

(七)觀念移植法

此法是把一個領域的觀念移植到另一個領域去應用，例如，人類好

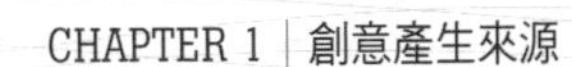

賭的天性，從古至今中外皆然，與其將這種人性中行為地下化，倒不如讓它檯面化，所以，就有很多的國家政府將此一「人性好賭」的觀念移植到運動彩券、公益彩券的發行做法上，不但滿足了人們好賭的天性，也讓社會福利基金有了大筆的經費來源。

(八)語言創思法

就是如何辨識出挑戰之所在，並透過語意學的分析應用，迅速形成各種應對之道，這是運用語言的相關性及引申性，來進行創意聯想，此法常用於廣告創意中，例如，日本內衣生產商華歌爾的廣告語詞創意中，使用了「用美麗把女人包起來」的創思語言；及某廠牌的保肝藥品廣告語：「肝若好人生是彩色，肝若不好人生是黑白的」（台語）；又如，由NW愛爾（N. W. Ayer & Son）廣告公司為戴比爾斯聯合礦業有限公司（De Beers Consolidated Mines Limited）製作的「鑽石恆久遠，一顆永流傳」創意廣告一詞，其廣告宣傳成就不凡，且已註冊為商標等，令人印象深刻的廣告創意語言。

再如，年輕人的許多創思語言：520（我愛你）、可愛（可憐沒人愛）、蛋白質（笨蛋白癡沒氣質）等。

專欄 1-4 文盲也有創新能力 外牆透明電梯的發明

有一個墨西哥的文盲在美國擔任大樓清潔的工人，他是大樓外牆透明電梯的發明者。

這位文盲任職於聖地牙哥（Santlago）的希爾頓大飯店（Hilton Hotel），有一天，他在使用吸塵器從事清潔工作時，有一位當地著名的建築師帶著一群工程師，走到這位文盲工作的地方，要求他暫時停下工作，因為吸塵器的聲音太吵了，他們無法交談。這位清潔工就停

下工作站在一旁聽他們談論計畫，原來是因為飯店客人很多，大樓內的電梯不敷使用，想要在建築物內再增設一部電梯，要在這棟大樓的每一層鋼筋水泥的地板挖一個大洞，以裝設新電梯，這是一棟二十層高的大樓，此事真是一個大工程。

這位清潔工聽了他們的談話，心裡覺得這位建築師實在太笨了，要多加一部電梯只要在牆外將鋼架搭好再用玻璃圍起來做就行了嘛！於是這位清潔工就走近問那位建築師說：「你們要做什麼呢？」那是一位很有名的建築師，他就說：「你不懂，不要問！」再過了一會兒，他實在忍不住了，再次問那位建築師：「你們到底要做什麼呢？」建築師生氣的回答：「Shut up！」（你不要說話！）於是這位清潔工就大聲自言自語說，如果像你們計畫的這樣，每層樓挖一個大洞，這是一棟二十層的大樓，到時候「大飯店」就要變成了「大工地」，這麼長的施工期間，誰願意來住宿消費呢？要多裝設一部電梯

大樓外牆透明電梯的發明者是一位文盲，任職於美國聖地牙哥的希爾頓大飯店，擔任大樓清潔的工人。

圖片來源：葉忠福攝（太平洋SOGO百貨公司的外牆透明電梯）

只要在牆外將鋼架搭好並用透明玻璃圍起來，再將靠近大樓牆面的原來大樓玻璃拆下，改為電梯門供客人進出，不就行了，而且大樓外面的風景也很漂亮，客人也可欣賞風景，不是一舉兩得嗎？

這位傲慢的建築師聽了之後都傻了，竟驚叫地說「Good idea！」於是世界上首部大樓外牆透明電梯就這樣誕生了。

在這個故事中，我們可獲得一些啟發：「不要看不起那些沒受教育的人，因為他們沒受教育，思考不受制式教條的約束，反而思想自由，也許比受高等教育的人還要有創意。」

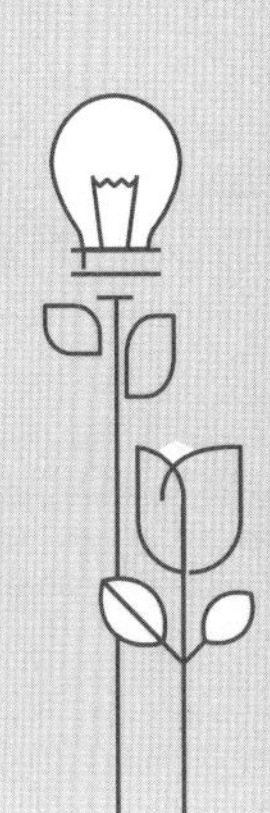

Chapter 2

創新能力應用

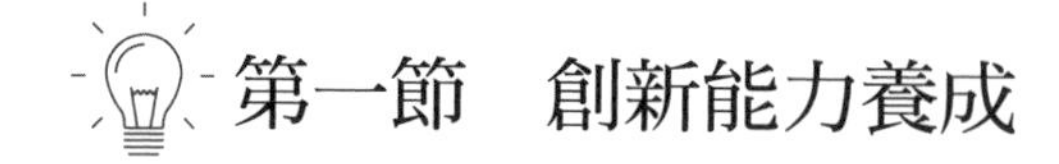

第一節　創新能力養成

一、創造力的殺手

台北市立師範學院在2004年6月，發表一項調查資料，結果顯示父母和老師是孩子創造力的最大殺手。父母和老師應該都是愛護孩子的才對吧！為何反而會成了孩子創造力的殺手呢？這其中的問題就出在升學主義的教育制度上。

又當在社會上工作時，無論是企業或機關也常因文化上、制度上、管理上的某些做法或限制，而阻礙了創造力的發揮。

綜觀，創造力的發展阻礙有「個人因素」及「組織因素」兩大區塊。

(一)個人因素

1.依循傳統的個性。

2.舊有習慣的制約。

3.價值觀念的單一。

4.對標準答案的依賴。

5.自滿與自大。

6.缺乏信心，自我否定與被否定。

7.缺乏勇氣，害怕失敗的心理。

(二)組織因素

1.文化面：

(1)保守心態，一言堂。

(2)循例照辦，墨守成規。

2.制度面：

(1)防弊多於興利的諸多限制。

(2)扣分主義，多做多錯，少做少錯。

(3)缺乏激勵制度，有功無賞。

3.管理面：

(1)由上而下，單線領導。

(2)缺乏授權，有責無權。

(3)本位主義，溝通不良。

防傾杯Anti-Tipping Mug

這個防傾斜杯是最穩定的杯子！即使您不小心將它敲了一下也是如此，非常適合旅行和在辦公室中使用。可固定的安全吸盤，可牢固地固定在任何平面上，即使碰到也不會鬆動，因此您的杯子不會翻倒。

圖片來源：Inspire Uplift LLC.新發明設計商品網，www.inspireuplift.com

二、如何培養創造力

創造學於20世紀興起於美國，創造力的形成要素中，部分是先天遺傳的，部分是後天磨練出來的，也就是說先天和後天交互影響的結果。而大部分是受後天的影響居多，基本上每個人都有潛在的創造力，只是有待開發出來而已。

很多人以為發明創造是天才、專家們才辦得到的事，目前已證實這種觀念並不正確。許多天才、專家過往所學的舊知識不能活用與創新，而終生無所創造者也不在少數。這樣的人只能稱為是「知識的使用者」，他主要依靠的是「記憶力及理解力」來學習「既有已知」的知識為之運用。而「知識的創造者」主要依靠的則是「想像力及實踐力」，將創意點子實踐後，再經由「驗證」過程，進而創造出新的知識，世界上眾多新科學成就和發明產品，都是這類的人所創造出來的，可見創造力與學業成就並非絕對的正比關係。

世界上許多赫赫有名的科學家或發明家，在學校裡的求學過程中大多有一些痛苦的經驗或糗事，例如，愛因斯坦大學考了三次才被錄取；牛頓也曾被老師視為愚笨的兒童；愛迪生上學不到四個月就因無法適應學校的教學方式而被迫退學。

創造力人人都能培養，但並非一蹴可幾，而是須經過長時間的習慣養成與落實於日常生活中，如此才能真正出現成效，許多心理學家的研究結果及探索以往富有創造性的發明家或科學家的成長背景，不難發現他們有共同的成長背景因素，如加以歸納整理必可發現培養創造力的有效方法。

(一)激發好奇心

「好奇」是人類的天性，人類的創造力起源於好奇心，居里夫人說：「好奇心是人類的第一美德。」但是一個人有了好奇心並不一定就能成大器，必須還要再加上汗水的付出，不斷的努力去實踐與求證的毅力才行。好奇心就像一棵大樹的種子，有了這顆種子若沒有陽光的照射及辛勤的水分灌溉及施肥，它是沒有辦法長成大樹的，所以我們不只要種下「好奇心」這顆種子，更要耐心的灌溉。

(二)營造輕鬆的創造環境

輕鬆的學習環境或工作環境能催化人的創造性思維，雖然人在處於高度精神壓力之下也有集中意志、激發創意的效果，但這只是短期的現象，若人在長期的高度精神壓力之下，對於創造力的產生反倒是有負面的影響，以常態性而言，在較為輕鬆的環境下，人更容易產生具有創造性的思維，所以我們可以發現目前在台灣有很多高科技的公司，在公司裡規劃了一些很漂亮且富有人文藝術氣息的公共空間或休息場所，讓公司人員能在此放鬆心情，激發創意。

(三)突顯非智力因素的作用與認知

什麼是「非智力因素」？舉凡意志力、承受挫折能力、抗壓性、熱

情、興趣等，排除智力因素外的其他因子影響人的認知心理因素都稱為非智力因素。在心理學的研究裡，顯示一個人的成就，智力因素大約只占了20%左右，而非智力因素所占的比重約高達80%，所以創造力的培養更應著重於非智力的種種因素上，應有此認知。

(四)培養獨立思考及分析問題、解決問題的能力

培養個人的獨立思考能力是不可缺少的重要一環，若做事都是依賴他人的指示或決定去做，無法自己去分析問題與尋求解決之道，則因此創造心理逐漸被淡化，反而養成依賴心理。

(五)養成隨時觀察環境及事物的敏感性

「創造」通常都需要運用已知的知識或經驗，再利用聯想力（想像力）所產生的，簡言之，「即事物在組合中變化，在變化中產生新事物」。也就是說「已知的知識及經驗是創造力的原料」，而觀察力卻又是吸收累積知識與經驗的必備條件，所以有了敏銳的觀察力就能快速的累積知識及經驗，也就能保有充足的創造力原料。

(六)培養追根究柢的習慣

宇宙之間的智識浩瀚無窮，人類累積的知識並不完美，至今仍是非常有限的，從事研究創新工作時必須依靠追根究柢的精神，才能探求真理發現新知。

(七)培養創造的動機與實踐行動力

一般大家常說的「創造意識」，指的就是主動想要去創造的欲望及自覺性，而希望改善現狀與成就感都是產生創造意識的重要動機。對某事有強烈的動機，在一個人的成功因素裡，可能比其他的才華更重要，創造也是如此，沒有創造的動機和欲望的人，創造力是無法維持的，所以激發

創造意識及動機至為關鍵。另一方面，實踐的行動力也甚為重要，若無實踐的行動力則一切將流於空談無所成果。

除了上述的各種培養方法之外，針對在學學生的培育方面更有些積極的方法及引導方向，例如：積極引導培養學生創造的興趣、珍惜學生的好奇心與尊重所提看似愚蠢的問題、鼓勵學生敢於去實做、鼓勵學生多思善問，且大膽而合理地懷疑、鼓勵勇於表達獨自的思想，激發創造性思維與肯定學生超常想法，以培養發展思維的獨特性、變通性及流暢性等，這些都是值得好好用心培養的方向。

專欄 2-1　甜甜圈源自小朋友的創意發明

甜甜圈（donut/ doughnut），又稱多拿滋、唐納滋。是一種用發酵過的麵糰，或特殊種類的蛋糕麵糊、砂糖、奶油和雞蛋混合後經過油炸製作的甜食。最普遍的兩種形狀是中空的環狀，或麵糰中間包入奶油、奶黃等甜餡料的封閉型甜甜圈。相信大都數人都吃過這種食物，尤其是小朋友都視它為天堂般的美食。現在市售的做法，則是油炸之後，在環狀的甜甜圈上，再撒上糖粉、肉桂粉，或以糖衣包裹。或在圓圈狀的中心空洞處再注入奶油或奶黃。但是你知道甜甜圈是怎麼發明的嗎？這也是小朋友的發明，後來慢慢傳播開來的。

1940年代，美國的格雷戈里（Gregory）的媽媽常做油炸餅給小孩吃，他將麵糰壓扁後，放在油鍋裡炸，再撈出來食用。但有一天格雷戈里發現炸餅的中央部分還沒完全熟，吃起來挺不可口的，格雷戈里便詢問媽媽原因，所得到的答案卻是「若油炸的時間太長了，會變成是中央部分熟度剛好，但周邊卻又太焦了」。於是格雷戈里靈機一動，拿起了胡椒罐在新的餅皮中央戳出一個圓洞，再請媽媽試試油炸

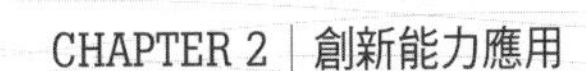

的效果，媽媽很驚訝這個小小創意的結果，竟然使圓圈狀的炸餅熟度很平均且十分鬆軟，變得更美味可口，於是這個方法就慢慢傳播開來了。因為讓甜甜圈好吃的秘訣，就在於如何在短時間內，讓甜甜圈完全炸熟。

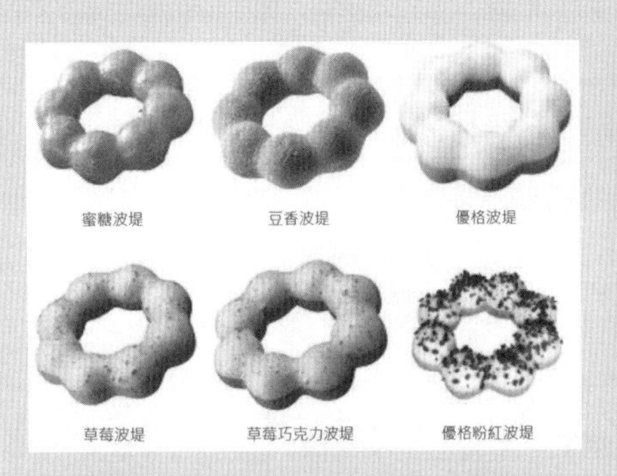

甜甜圈是大人及小朋友都喜歡的甜點美食

圖片來源：統一多拿滋Mister Donut，http://www.misterdonut.com.tw/

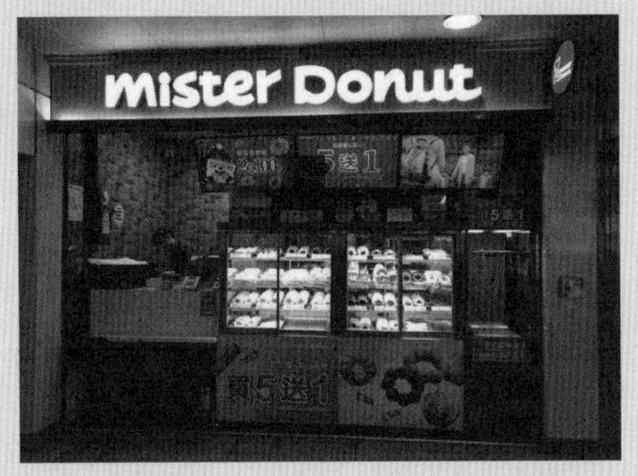

台北捷運科技大樓站，統一多拿滋門市店面

圖片來源：葉忠福攝

第二節　創造力表現之完整過程

一、創造力的表現包含內在行為和外在行為

在整個創造力表現的完整過程中，學理上包含了內在行為的「創意的產生」和外在行為的「具體的行動」兩大部分。首先，創意的產生必須由已有的知識和經驗，再依據需求（待解決的問題或具有價值的事物）來進行思考活動（運用想像力及創意技法），而產生了新想法、新概念，即

有了「創意」。然後再進入第二部分的具體行動，在經過具體行動的執行後，就能產生實質的創新，這也就是實質而完整創造力表現的成果（**圖2-1**）。若一個人他的創意產生是很豐富的，但都沒有具體行動去執行，那此人的創造力（或稱創新力）也就只是表現了一半而已，變成流於空幻，故以創造力表現之完整過程而論，其具體行動的能力乃是相當重要的一部分。所以，創新能力的公式即為：

創造力＝創意力＋執行力

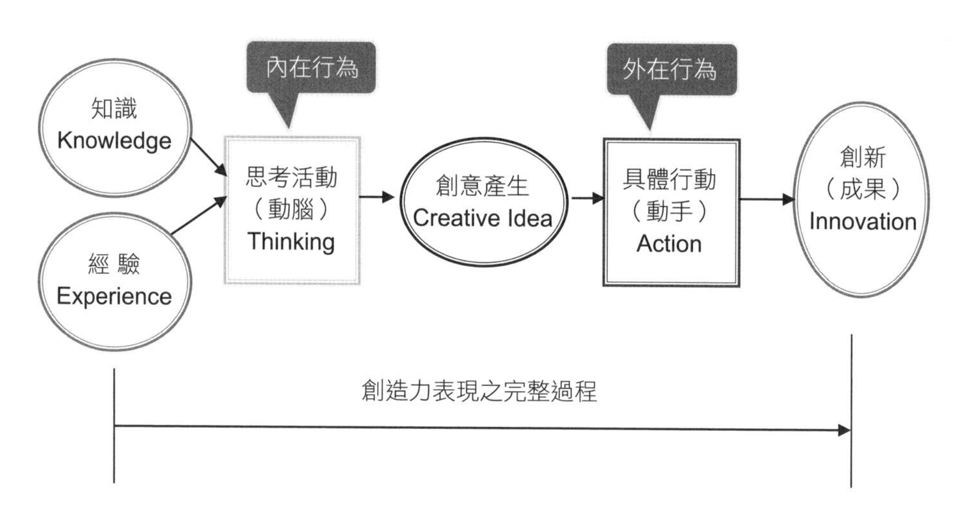

圖2-1　創造力之表現

二、創造力的迷思與善用已有的知識和經驗

(一)迷思1：愈聰明就代表愈有創造力？

依據許多的研究及事實證明，創造力與智能的關係只在某一種基本的程度內成立而已，一個人只要具有中等以上的智能，在創造力的表現方

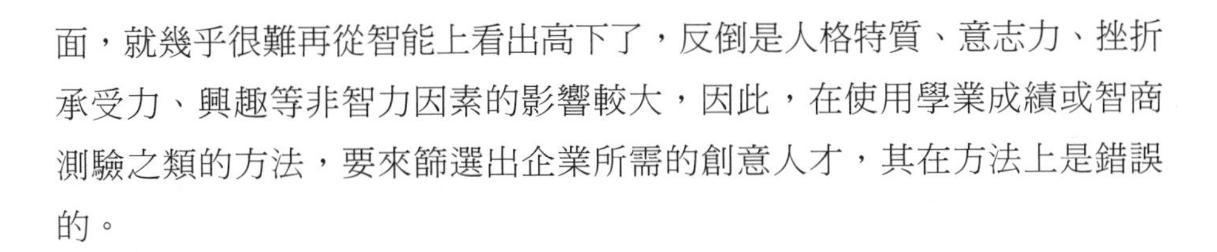

面，就幾乎很難再從智能上看出高下了，反倒是人格特質、意志力、挫折承受力、興趣等非智力因素的影響較大，因此，在使用學業成績或智商測驗之類的方法，要來篩選出企業所需的創意人才，其在方法上是錯誤的。

(二)迷思2：只有大膽的冒險者才有創造力？

創造力的展現是要冒風險的，這並沒有錯，但它不等同於你必須要完全特異獨行，天不怕地不怕的盲目冒險，因為此般做法是很危險的。喬治・巴頓（George S. Patton）將軍曾說：「冒險之前應經過仔細規劃，這和莽撞有很大的不同，我們要的是勇士，而不是莽夫。」

所謂冒險的精神，應該是願意冒經過詳細評估過的風險，這樣才會對創造力有所助益，且不至使企業陷入危險的狀態。

(三)迷思3：年輕者較年長者更有創造力？

事實上，年齡並非創造力的主要決定因素，然而，我們會有這樣的刻板印象，其主因乃在於通常年長者在某一方面領域的深厚專業使然，專業雖然是很多知識的累積，但專業也可能扼殺創造力，專家有時會難以跳脫既有的思考模式或觀察的角度。所以，當從事於創新研發時，請顧及新人與老手之間的平衡，老手擁有深厚的專業，而新人的思維可能更加開放，若能結合兩者的優點，必能發揮更強的創造力。

(四)迷思4：創造力是個人行為？

其實創造力不只在個體產生，它更可以用集體的方式來產生更具價值的創意，世界上有很多重要的發明都是運用集體的智慧腦力激盪、截長補短，靠許多人共同合作而完成的。

(五)迷思5：創造力是無法管理的？

插畫繪圖：連佳瑄

雖然我們永遠無法預知誰會在何時產生何種創意、創意內容是什麼，或是如何產生的；但企業的經營者卻能營造出有利於激發創造力的環境，諸如適當的資源分配運用、獎勵措施、研習訓練、企業組織架構、智慧財產管理制度等，在這些方面做良好的管理，是能有效激發創造力的。

三、善用已有的知識和經驗

對發明人而言，隨時吸收新的知識是非常重要的一件事，有句話說：「今日的傳統是因有昨日的創新，而今日的創新也將成為明日的傳統。」故想要在明日有所創新必定要會善用今日已有的知識和經驗，在不斷推陳出新的歷程中，物質文明才能永續的進步及便利。生活在忙碌工商社會的現代人，大家都有豐厚的做事幹勁，但卻普遍缺乏想像力，其實利用事物的聯想來產生創意是個很好的方法，任何的事物皆可引發豐富的聯想，再將聯想中的事物做共通處歸納整理及比較差異，經常可讓我們得到一些有價值的創意啟發。

如何善用已有的知識和經驗來得到創意啟發呢？美國哈佛大學拜德（Amar Bhide）教授曾做過的研究調查顯示，71%的成功創新案例都是透過複製或修正先前的工作經驗及已有的知識而來的。以聽診器的發明為例來說，現在醫生所用的聽診器最早是由一位名叫海辛斯・萊內克（Hyacinthe Laennec, 1781-1826）的法國醫生發明的，當時的醫生在為病患看診時，皆須以耳朵貼在病患的胸前和胸後來聽內臟、心跳、呼吸等聲音，以利診斷病情，海辛斯・萊內克醫生遇到的問題就是病患若為女性時，他這樣以耳朵貼在女性病患胸前、胸後聽來聽去，心裡實在覺得非常不好意思，感到難為情，心裡想若有一種聽診的工具可代替以耳朵貼胸的聽診方式，那對女性病患而言將是多一層性別尊重的意義，於是就想到自己小時候在玩蹺蹺板時，曾經以耳朵貼在蹺蹺板的一端，聽著玩伴在另一端用小石頭敲擊的聲音，而且聲音聽起來非常的清楚，他就利用這個經驗及聯想力，拿了竹筒及皮管製作成了最原始的聽診器，因為聽診的效果他非常滿意，對女性病患也多了一層的尊重，所以女性病患都較願意到他的診所看病，也讓診所建立了良好的口碑。這樣的聽診器經過不斷的改良後就成了今日每個醫生的隨身聽診配備了，而且這項發明目前不僅醫生在用，就連工程界也常拿來用於聽取判斷機械結構噪音產生的來源元件之用途。

聽診器是現代每位醫師必備的病人病狀檢查器具

圖片來源：精國醫療器材有限公司，http://www.spiritmedical.com.tw/zh-hant/

四、發明家的人格特質

18世紀時的瑞士物理學家金默曼（Johann Georg von Zimmermann）的名言：「不瞭解自己的人不會成功」，在21世紀的今天仍然彌足珍貴，一個人如能清楚瞭解自己的人格特質，對於判別自己是否適合於從事發明研究創新的工作，會有很大助益。

美國的學者阿爾巴穆（Dr. Albaum）教授曾經做過發明家人格特質的研究，其研究結果顯示這些發明家在「基本心理特質」方面為對各種障礙的情緒反應很強烈，對於排除障礙也非常積極，不滿現狀激動的情緒喚起了他們的整個神經系統和意志，因而促進了各種觀念間之重整與組合，如此的現象再加上發明家的革新態度與毅力及執行能力，便促成了他們的各種發明成就。而在「行為特質」方面為具有創新創造力、耐心毅力、想像力、分析力、做事有衝勁有爆發力及勇氣、主觀性強但卻較為缺少經營管理的能力與人際事務的活動性。總而言之，這些發明家最大的特質就是具有創新與創造性，對於環境中的各種缺點勇於提出各式各樣的建議，且會是具有建設性的，他們更具有決心毅力和勇氣去克服各種缺點及困難。

日本的學者也曾對日本國內的發明家做過人格特質的研究調查，其研究結果顯示這些發明家的人格特質在與非發明者的比較上，更具有濃厚的個人主義色彩、處事熱誠、內心坦白、熱心公益、愛冒險、行為特異獨立、富於情緒反應、不夠謹慎而衝動行事等等特質，但其動機大多為進取心與好奇心過強所致、極具創新的行為等。另一方面也顯示了發明者較具苦幹實幹的精神，做事有目的感及責任感，也較能臨機應變等等的人格特質。

在台灣的發明家身上大致也可以發現上述的人格特質，台灣學者陳昭儀教授也曾對台灣的發明家做過研究，其結果發現這些發明家的人格特質為具有創意、具好奇心、反應靈敏、努力工作、有自信、喜歡激發腦力、執行力強、有變通性、貫徹實施、追求成就、喜歡突破、樂觀奮鬥、積極進取，這些都是很積極正面的人格特質。

在發明家的智商（IQ）方面，也許很多人認為發明家的智商必定都很高，其實不然，有許多針對發明家智商的測驗，都顯示發明家的智商與發明成就並非一定成正比狀態，而其影響較為明顯的是人格的特質（性格）而非智商，這就顯示了智商在發明創造上並非占很重要的地位。一般而言，發明創造所需的智商只要中等，再加上創意力，即可以有很好的表現。所以，智商的高低並非是發明創造的絕對條件。

另外，在發明家的發明動機裡，喜愛創造、希望改善現狀、成就感、經濟誘因等都是發明的重要動機。發明家們能在發明創造的歷程中得到成就感與興奮、滿足感等，使得發明家樂在其中，而能不斷的去尋求新的發明題材，以期待不斷的獲得這種成就感。而經濟誘因也是主要的動機之一，因為發明者也總是希望發明創作品，能在市場上為他們賺進經濟上的實質利益。

專欄 2-2　橡皮擦是由麵包屑演變而來

鉛筆筆心為石墨（Graphite）製成，紙是由纖維所製成的，表面細部纖維突起和皺紋。當在紙上寫字時，筆尖上的石墨粉會與紙上突起和皺紋接觸石墨被磨下來，而留下字跡。橡皮擦的主要構成物料是橡膠，當橡皮在紙上摩擦時，石墨分子與橡皮接觸後結合得很好，紙與橡皮結合得較差，因此石墨就從紙上被帶走了，而留下一些橡皮屑渣，這就橡皮擦擦去筆跡的原理。

在橡皮擦尚未發明以前，歐洲人是用出爐已久硬掉的舊麵包來擦掉鉛筆字跡的。1770年，英國工程師愛德華．納爾恩（Edward Nairne），在一次無意之中撿到一塊橡膠當作麵包屑擦去筆跡，發覺它的效果很好。於是他嗅到商機，將橡膠切成小方塊開始進行銷售，他被認為是第一位發明橡皮擦且商品化的人。

1840年代初期，美國發明家查爾斯．固特異（Charles Goodyear）投入橡皮擦的硫化製程研發，在天然橡膠中添加硫磺及在高壓下蒸煮，這比天然橡膠更好用了。1858年美國費城的海曼．利普曼（Hymen Lipman）因為在鉛筆尾部把橡皮擦嵌入，使鉛筆與橡皮擦合而為一，讓使用者更方便，而取得了一項專利（第19783號）。但後來這種附有橡皮擦的鉛筆，在1875年被商業競爭對手埃伯哈特．輝柏

（Eberhard Faber）提起舉發訴訟，之後因被判定為「只是把兩項已有的東西嵌在一起，不是新的技術發明，欠缺專利要件中的「進步性」條件，因而被取消了專利權。

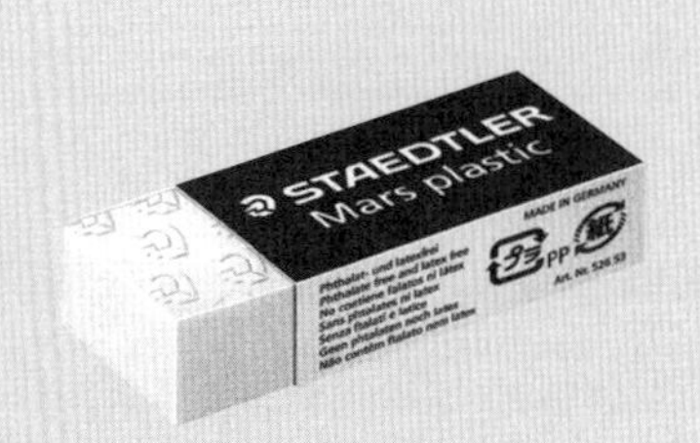

德國STAEDTLER（施德樓）橡皮擦
圖片來源：Yahoo奇摩購物中心，
https://tw.buy.yahoo.com/

德國LYRA
百年經典黃桿鉛筆——附橡皮擦
筆尾附有橡皮擦設計，方便好擦
圖片來源：PChome 24小時購物，
https://24h.pchome.com.tw/

第三節　創新機會來源

一、創新機會的主要七種來源

從事創新的工作，它需要大量知識為基礎，也需要策略和方法，當這些因素都齊備時，創新工作就變成明確的目標、專注投入、辛勤與毅力了。若想要將創新擴大到某種規模或全面性的在企業內獲得良好的發

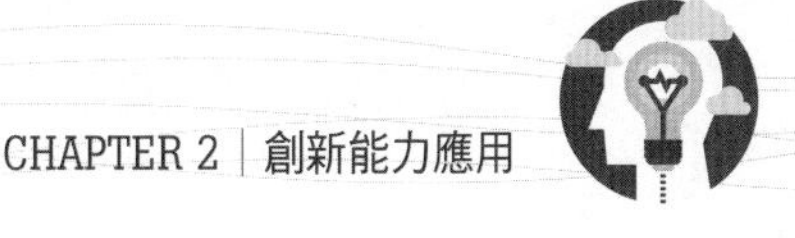

展，那創新必須是普通人就能夠操作才行。

美國的管理學大師彼得・杜拉克（Peter Ferdinand Drucker）曾對創新機會的主要來源做了研究與歸納。創新機會的七種來源分別為：(1)不預期的意外事件；(2)不調和的矛盾狀況；(3)作業程序的需求；(4)產業與市場之經濟結構變化；(5)人口結的變化；(6)認知的變化；(7)新知識的導入。

(一)不預期的意外事件

此種創新機會來源，是因為突發意外狀況所帶來的，這種機會來的速度很快，消失的也可能很快，所以在掌握此一類型的創新機會上，企業的靈活度與應變能力必須要非常敏捷，否則機會稍縱即逝。例如，2002年SARS病毒全球的傳染擴散事件，以及2010年H1N1新流感等意外事件，和2020年新型冠狀病毒（COVID-19）等，隨之造就了疫苗、醫藥防護防疫器材用品等，多項產品的研發創新。

(二)不調和的矛盾狀況

這是一種實際狀況與預期狀況的落差現象，所產生出來的創新機會，它的徵兆會表現出不調和或矛盾的現象，在這種不平衡或不穩定的情況下，只要稍加留意，就能產生創新的機會，並促成結構的重新調整。例如，在科學園區上班的男女人數比例相差太多，較無機會結識異性朋友，於是婚友社便大行其道，創新規劃安排海外相親活動行程，向東歐、俄羅斯等地跨域發展。

(三)作業程序的需求

這類型的創新機會，主要來自於既有工作需求，或尚待改善的事項，它不同於其他的創新機會來源之處，則在於它是屬於環境內部而非外部環境事件所帶來的機會，它專注於工作本身，將作業程序改善，取代脆弱的環節，基於程序上的需求而創新，並回饋於既有產品製程或服務流程中，而達創新之性質。例如，台灣最大的網路書店（博客來），為了克服消費者在網路上購物時，不放心線上刷卡的安全性，以及單一郵寄貨件時，物流成本過高的問題，而採取與7-11便利商店合作的整批送貨模式，可指定將貨件送到住家附近的7-11便利商店，消費者取貨的同時付款即可。如此，不但解決了消費者擔心的線上刷卡安全性問題，更降低了貨件物流成本，使之大幅提升了商品的銷售業績與企業獲利能力。

(四)產業與市場之經濟結構變化

此一經濟結構的變化，主要為產業型態的市場變遷所產生的結果，當產業與市場產生變化的同時，在原有產業內的人會將它視為一種威脅，但相對於這個產業外的人而言，則會將它視為一種機會。因此，產業與市場的板塊移動就在這時發生。例如，原本傳統相機的大廠只有Nikon、Canon、Leica、PENTAX、OLYMPUS等，家數並不多，但是當數位相機興起時，許多原非相機製造的廠商，則將此一產業與市場的變化，視為切入的大好機會，而加強研發各式各樣的數位相機。如今，市場上的數位相機品牌，就增加了很多，如SONY、Panasonic等，原本是電器、電子產業的廠商，也一起在市場上加入競爭。又如，英國創新家電產品的戴森公司（Dyson），2019也正式投入電動車研發的競爭市場。

(五)人口結構的變化

人口結構的統計數據，是最為明確的社會變遷狀況科學數據，其資料甚具創新來源的參考價值，諸如新生兒的出生率、老年人口數、總人口數、年齡結構、結婚離婚統計數、家庭組成狀況、教育水準、所得水準等，都清楚可見。從這些人口結構的變化，即可找出創新的來源，例如，日本和台灣等區域老年人口的增加，可創造出保健營養食品的生技產業、老人醫療用品、遠距居家照護系統、安養機構等許多產業的蓬勃發展。

(六)認知的變化

所謂認知的改變，就是原本的事實並沒改變，只是對這個既有事實的看法做了改變。例如，一個杯子裝了一半的水，我們可說它是「半滿的杯子」，但若用另一個看法來說，我們卻也能說它是「半空的杯子」。其實這兩種說法，都沒有違背同一個事實，這也就是當看法不一樣時，即便是同一個事實，都會產生不一樣的結論，在這樣的認知改變時，其實就有許多的創新機會暗藏在裡面。就如大家最常舉的例子，有兩位賣鞋子的業務員，到非洲考察，看到那邊的人都沒穿鞋子，有一位業務員就說：他們都沒穿鞋子的習慣，鞋子在這裡大概是賣不出去的。而另一位業務員卻認為：他們都沒穿鞋子，只要用對方法來加以推廣，這裡一定是個大市場。其實機會就在這種不同的認知上產生了。

(七)新知識的導入

通常由新知識的出現到可應用的產品技術，這段時間是相當漫長的，基於此一基本特性，創新企業應就自身的專長核心技術，從中切入，如此將可縮短新知識導入產品的時程。例如，奈米科技技術的導入，在奈米電腦、奈米水、奈米防病毒口罩、奈米電池等，各式各樣的產品上做應用與創新。

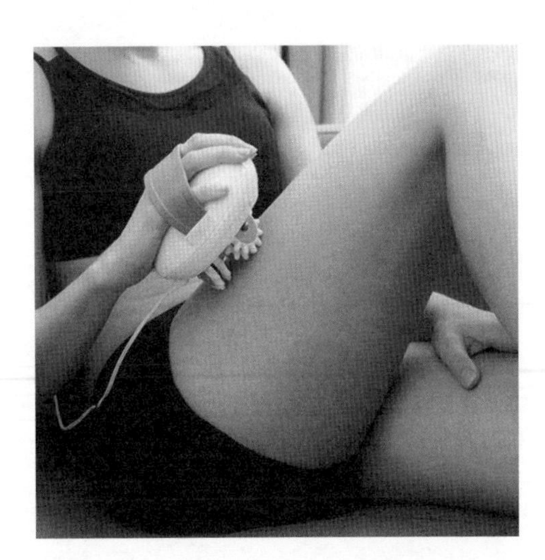

消除脂肪燃燒按摩器Anti Cellulite & Fat Burner Massager

抗脂肪燃脂按摩器可有效收緊腿部、手臂、大腿、腹部和臀部！它還可以減少橘皮組織並促進緊緻、光滑的皮膚。

圖片來源：Inspire Uplift LLC.新發明設計商品網，www.inspireuplift.com

二、創意漏斗的意義

在很多的創意概念中，真正能通過層層的考驗而進入市場上市的比率是相當低的，目前許多的企業也大都能理解此一淘汰過程的重要性，因為企業必須把有限的資源，投注在最有可能成功的創意上，所以有些創意在評價過程中，也許是研發費用過高、技術能力不足、商業價值太低、客戶難以接受等等問題，而遭淘汰出局。

在創意漏斗（Idea Funnel）（**圖2-2**）所示，當在創意（概念）階段時是無標準、無限制的，任何天馬行空的想法，都能提出作為討論的題材。而後經低標準的門檻初步篩選，淘汰一些不符基本條件，如重量、體

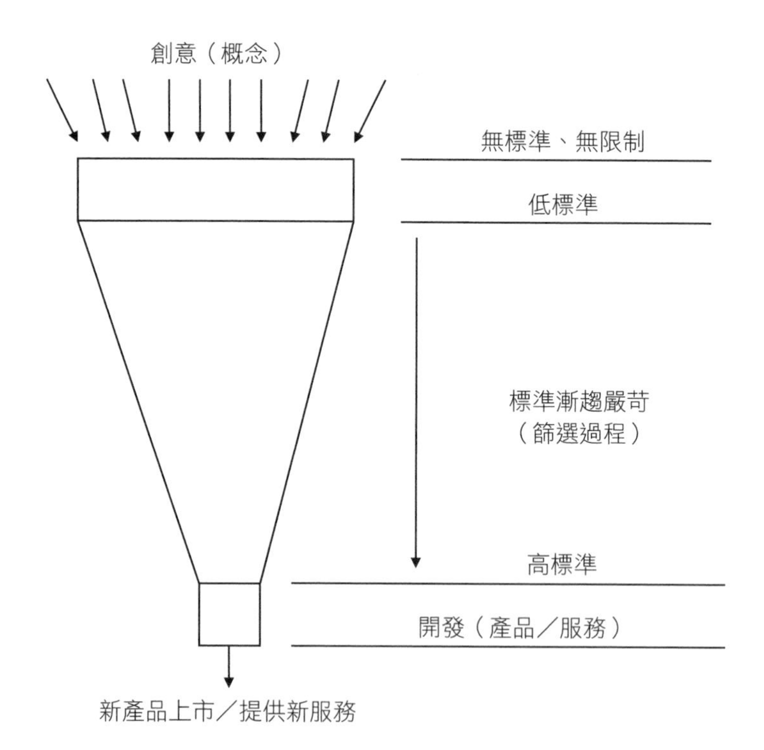

圖2-2　創意漏斗

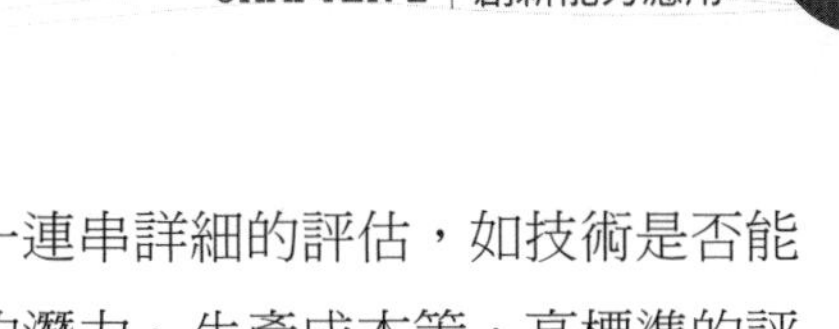

積尺寸等基本限制的創意。然後再經由一連串詳細的評估，如技術是否能落實、研發費用是否能承擔、產品市場的潛力、生產成本等，高標準的評價後，才能真正的將其創意進行商品化，而後推出新產品上市或提供新服務。

三、創新的三部曲

「守、破、離」是創新的三部曲。

自古「守、破、離」的哲理，常被用來詮釋學藝的歷程，「守、破、離」之精神哲學，原自日本劍道（Kendo）的哲學，後來則被廣泛的沿用至各種不同的學藝上，如茶道、柔道、花道、書法、繪畫等。

「創新」與「學藝」的旅程一般，「創新」不會無中生有，也不可能橫空出世，創新的歷程發展亦脫離不了「守」、「破」、「離」這三步驟學習的階段，在精神上，有其「循序漸進」的意義，也就是「依規矩」、「脫規矩」、「創規矩」進展過程的意思，只要學習得當、拿捏得宜，相信在創新能力的表現上，必然會令人刮目相看。

(一)守

「守」可謂「守成」，當學藝剛入門之初，必然一竅不通，對於師傅所教導的技法，只有唯命是從照單全收了，在這階段是一成不變的加以模仿，先研習舊有的、已知的技法，在基礎上做學習臨摹，蕭規曹隨但求無過，這是「守」的階段。

(二)破

「破」則是「變」的開始，當學藝假以時日之後，則會對所學新鮮感不再，不滿現狀、憎恨陋規，也必然會發現師傅所教內容仍有改善的空間，只要肯用心思考，積極進取，善用自己的機智與努力用功，再配合本身的特質給予彌補，將它突破，就能呈現出自己特有氣質的技法，而能別樹一幟，這是屬於「破」的階段。

(三)離

「離」就是真正的「創新」階段，也可視為「意境策略」的一種轉換。當學藝再經更長時間的磨練後，必能領悟出更上一層樓的技法，並躍離師傅所傳授的技藝框架，而「獨創一格」，此為所有創新的具體表現，也可成為該領域中的一代大師，這就是「離」的境界了。

從科技創新者的角度來看，「守、破、離」之歷程三部曲，仍是科技創新過程所必需，每一位發明人也都必須經由知識的不斷學習，和經驗的持續累積，才能成為傑出的發明家。故，創新者在學習的精神上，亦應謹記「守、破、離」這三字箴言。

專欄 2-3 螺絲與螺絲起子是世界上最偉大的小發明

螺絲（Screw）或稱螺絲釘，是一種常見的緊固件，在機械、電器及建築物上廣泛使用。螺紋是一個環繞螺絲側面的螺旋傾斜面，讓螺絲可應用螺旋機制緊鎖著螺帽或其他物體上。看似普通又簡單的螺絲，但若沒有它，人類的科學工程技術進展可能大受阻礙。螺絲的發明讓人類可以輕易地將物件緊密的接合緊固，但它也是經常被我們所忽略的一個小東西。綜觀我們的生活周遭，大多數的產品其實都是由螺絲所串連結合，如手機、眼鏡、手錶、腳踏車、汽車、火車、飛機等等。若將螺絲瞬間抽離原本的產品，我們將發現所有的產品會瓦解至不可使用的狀態。

螺絲起子（Screwdriver），也稱作螺釘旋具、螺絲刀，是用以旋緊或旋鬆螺絲的工具，主要有一字（負號）和十字（正號）兩種。在

現代生活中，無論誰都用得上這看似不起眼的螺絲與螺絲起子，它們的發明時間比我們想像得還要古老！當然，現代的螺絲與螺絲起子，已經改良及演化出非常多樣式及新功能出來。

螺絲的發明要追溯到西元前，希臘科學家阿基米德（Archimedes）是第一個描述螺旋物的人，「阿基米德螺旋」是一個裝在木製圓筒裡的巨大螺旋狀物，用來把水從一個水平面提升到另一個高處的水平面，對田地進行灌溉。但真正的發明者並非阿基米德本人，他只是描述了某個已經存在的東西。說不定早在古代埃及時，已有能工巧匠們設計了它，用於尼羅河兩岸的灌溉。

中世紀時，木匠們使用木釘或金屬釘子把家具和木頭結構的建築物連接起來。16世紀時，製釘工人開始生產木質帶螺旋線的釘子。1797年，亨利．莫茲利（Henry Maudslay）在倫敦發明全金屬製造的精密螺絲車床。1936年，亨利．飛利浦（Henry Phillips）為十字槽釘頭的螺絲釘申請了專利，這種設計使螺絲起子自動居中，不易滑脫，因此深受歡迎。

莫茲利，英國人，發明家，現代車床的發明人，被稱為英國機床工業之父。1771年8月22日生於肯特郡伍利奇，1831年2月14日卒於倫敦。莫茲利於1797年製成第一台螺紋切削車床，它帶有絲桿和光桿，採用滑動刀架——莫氏刀架和導軌，可車削不同螺距的螺紋，製造出全金屬螺絲釘

圖片來源：華人百科，https://www.itsfun.com.tw

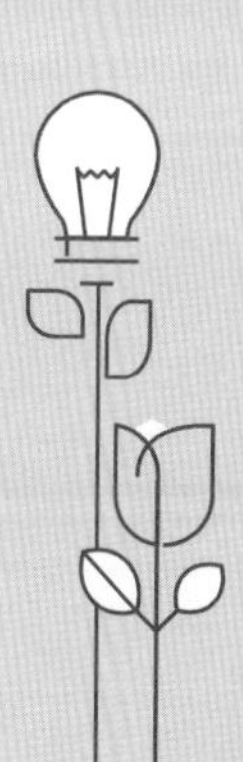

關於螺絲起子的發明者是誰？已難考據。依波蘭裔英國經濟學家塔杜斯·羅伯津斯基（Tadeusz Rybczynski）的研究，證明手持的螺絲起子，早在15世紀之前，就已經存在使用。不過到了18世紀，配合大量商業化的全金屬螺絲釘，才開始被廣為使用至今。

現代螺絲與螺絲起子，已經改良及演化出非常多的樣式及新功能出來。依照螺旋機制鎖緊的原理，製造螺栓、螺帽、螺絲釘等全金屬緊固件

圖片來源：葉忠福攝

第四節　創新潛能自我測驗

一、創造力的自我測驗

在未正式開始進入介紹「創造力」的內容之前，您可先行測驗瞭解一下，目前自己的「創造潛力」指數為何？

這是一份能測驗「自我創造潛力」的有趣問卷，以下有50道題目，請您用約十分鐘的時間作答，並以直接的個人感受勾選，千萬不要試圖去猜測勾選哪一個才是富有創造力的，請盡量以自己實際的觀點、直覺、坦率地快速勾選即可（註：測驗者若為學生，請自行將以下題目中之相關情境角色做轉換即可，例如，上班→上課；同事→同學）。

勾選說明：

A：非常贊同　B：贊同　C：猶豫、不清楚、不知道　D：反對　E：非常反對

題目	請勾選				
1.我經常以「直覺」來判斷一件事情的正確或錯誤。	A	B	C	D	E
2.我有明確及堅定的自我意識，且常與人爭辯。	A	B	C	D	E
3.要對一件新的事情發生興趣，我總覺得比別人慢且困難。	A	B	C	D	E
4.有時我很欣賞詐騙集團的騙術很有獨創性，雖然騙人是不對的行為。	A	B	C	D	E
5.喜歡做白日夢或想入非非是不切實際的人。	A	B	C	D	E
6.對於工作上的種種挫折和反對，我仍能保持工作熱情不退。	A	B	C	D	E
7.在空閒時我反而常會想出好的主意。	A	B	C	D	E
8.愛用古怪或不常用的詞彙，像這種作家我認為其實他們是為了炫耀自己罷了。	A	B	C	D	E
9.我希望我的工作對別人是具有影響力的。	A	B	C	D	E
10.我欣賞那種對他自己的想法非常堅定不移的人。	A	B	C	D	E
11.我能在工作忙碌緊張時，仍保持內心的沉著與鎮靜。	A	B	C	D	E
12.從上班到回家的這段路，我喜歡變換路線走走看。	A	B	C	D	E
13.對於同一個問題，我能以很長的時間，發揮耐心的去解決它。	A	B	C	D	E
14.除目前的本職外，若能由兩種工作再挑選一種時，我會選當醫生，而不會選當一名偵探家。	A	B	C	D	E
15.為了做一件正確的事，我會不管家人的反對，而努力去做。	A	B	C	D	E
16.若只是提出問題而不能得到答案，我認為這是在浪費時間。	A	B	C	D	E
17.以循序漸進，一切合乎邏輯分析的方法來解決所遭遇的問題，我認為這是最好也最有效率的方法。	A	B	C	D	E
18.我不會提出那種看似幼稚無知的問題。	A	B	C	D	E
19.在生活中，我常遇到難以用「對」或「錯」直接了當去判斷的事情，常常是、非、對、錯總是在灰色地帶遊走。	A	B	C	D	E
20.我樂於一人獨處一整天。	A	B	C	D	E
21.我喜歡參與或觀賞各種藝文展覽、活動。	A	B	C	D	E
22.一旦有任務在身，我會克服一切困難挫折，堅決的將它完成。	A	B	C	D	E
23.我是一個做事講求理性的人。	A	B	C	D	E
24.我用了很多時間來想像別人到底是如何看待我這個人的。	A	B	C	D	E

題目	請勾選				
25.我有蒐集特定物品的癖好（如Kitty、史努比、套幣、模型等）。	A	B	C	D	E
26.我欣賞那些用點小聰明而把事情做得很好的人。	A	B	C	D	E
27.對於美感我的鑑賞力與領悟力特別敏鋭。	A	B	C	D	E
28.我看不慣那些做事緩慢、動作慢條斯理的人。	A	B	C	D	E
29.我喜愛在大家一起努力下工作，而不愛一個人單獨做事。	A	B	C	D	E
30我不喜歡做那些無法預料或沒把握的事。	A	B	C	D	E
31.我不太在意同僚們是否把我看成一位「好」的工作者。	A	B	C	D	E
32.我經常能正確的預測到事態的發展與其最後的結果。	A	B	C	D	E
33.工作第一、休假第二，這是很好的工作原則。	A	B	C	D	E
34.憑直覺去判斷解決問題，我認為這是靠不住的。	A	B	C	D	E
35.我常會忘記路名、人名等看似簡單的問題。	A	B	C	D	E
36.我常因無意間説話不小心中傷了別人而感到愧疚。	A	B	C	D	E
37.我認為喜歡出怪主意的人，其實他們只是想表現自己的與眾不同。	A	B	C	D	E
38.一些看起來沒有價值的建議，就不需再浪費時間去推敲了。	A	B	C	D	E
39.我經常會在沒事做時胡思亂想、做白日夢。	A	B	C	D	E
40.在小組討論時，我經常為了讓氣氛融洽，而不好意思提出不受歡迎的意見。	A	B	C	D	E
41.我總是先知先覺的提出可能會發生的問題點與其可能導致的結果。	A	B	C	D	E
42.對於那些做事猶豫不決的人，我會看不起他們。	A	B	C	D	E
43.若所提出的問題是得不到答案的，那提出這個問題簡直就是在浪費時間。	A	B	C	D	E
44.按邏輯推理，一步一步去探索解決問題，是最好的方法。	A	B	C	D	E
45.我喜歡去新開設的餐館吃飯，縱然我還不知道口味好不好。	A	B	C	D	E
46.我不愛閱讀本身興趣以外的書報、雜誌、網路文章等。	A	B	C	D	E
47.「人生無常」，像這種對事情看法是「事事難料」的人生觀，我心有同感。	A	B	C	D	E
48.我難以忍受和個性不合的人，一起做事。	A	B	C	D	E
49.我認為看待問題的觀點和角度，常是影響問題能否順利解決的關鍵。	A	B	C	D	E
50.我常會想到一些生活中的小秘方，讓生活變得更美好。	A	B	C	D	E

計分方式：

請依下表計算您的得分，再將分數加總。

題目	1	2	3	4	5	6	7	8	9	10	11	12	13	14	15	16
A	4	0	0	4	0	4	4	0	4	0	4	4	4	0	4	0
B	3	1	1	3	1	3	3	1	3	1	3	3	3	1	3	1
C	2	2	2	2	2	2	2	2	2	2	2	2	2	2	2	2
D	1	3	3	1	3	1	1	3	1	3	1	1	1	3	1	3
E	0	4	4	0	4	0	0	4	0	4	0	0	0	4	0	4

題目	17	18	19	20	21	22	23	24	25	26	27	28	29	30	31	32
A	0	0	4	4	4	4	0	0	0	4	4	0	0	0	4	4
B	1	1	3	3	3	3	1	1	1	3	3	1	1	1	3	3
C	2	2	2	2	2	2	2	2	2	2	2	2	2	2	2	2
D	3	3	1	1	1	1	3	3	3	1	1	3	3	3	1	1
E	4	4	0	0	0	0	4	4	4	0	0	4	4	4	0	0

題目	33	34	35	36	37	38	39	40	41	42	43	44	45	46	47	48
A	0	0	4	0	0	0	4	0	4	0	0	0	4	0	4	0
B	1	1	3	1	1	1	3	1	3	1	1	1	3	1	3	1
C	2	2	2	2	2	2	2	2	2	2	2	2	2	2	2	2
D	3	3	1	3	3	3	1	3	1	3	3	3	1	3	1	3
E	4	4	0	4	4	4	0	4	0	4	4	4	0	4	0	4

題目	49	50
A	4	4
B	3	3
C	2	2
D	1	1
E	4	4

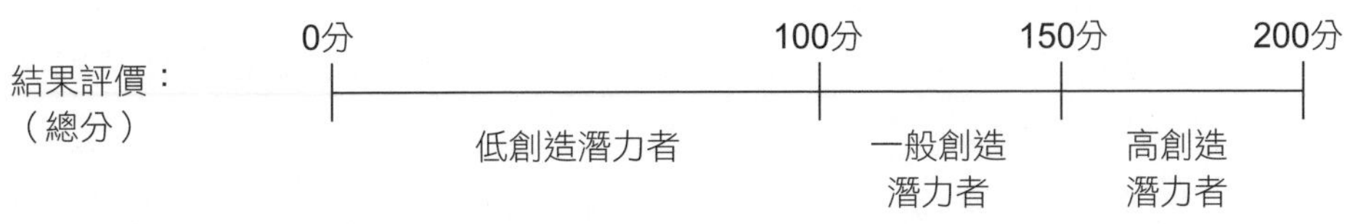

註：本測驗主要針對人的先天性格方面，僅供參考，而後天的創造力是能透過技法訓練來獲得提升的。

二、「直覺力」的自我測驗

創意的產生需要靠「直覺力」，即東方文化思想中所謂的「直觀」，也就是不細切分析即能整體判斷的一種快速感應（反應）能力。

以下20道題目，將可測試您的「直覺力」敏銳強度，每道題目都很簡單，您只要花五分鐘的時間，同樣用直覺的方式，回想一下之前的親身體驗，來作為快速自我評分即可。不要刻意去揣測如何作答才能得高分。

評分方式：

每一題，分數為1～10分（1分表示有10%的準確度，10分表示有100%的準確度機率）。

「直覺力」測試題目：

1.您在猜拳時贏的機率有多高？（自我評分：______分）

2.當身處在一個陌生的地方，您曾依靠直覺找對路的機率有多高？（自我評分：______分）

3.以「直覺」下決定而做對了的機率有多高？（自我評分：______分）

4.如果您心中有好的預兆，不久，就有好事發生的機率有多高？（自我評分：______分）

5.如果您心中有不好的預兆，結果真的有壞事來臨的機率有多高？（自我評分：______分）

6.當腦海中浮現好久不見的老友時，卻能在不久之後真的於偶然場合中相遇的機率有多高？（自我評分：______分）

7.做夢時的夢境在現實中出現的機率有多高？（自我評分：______分）

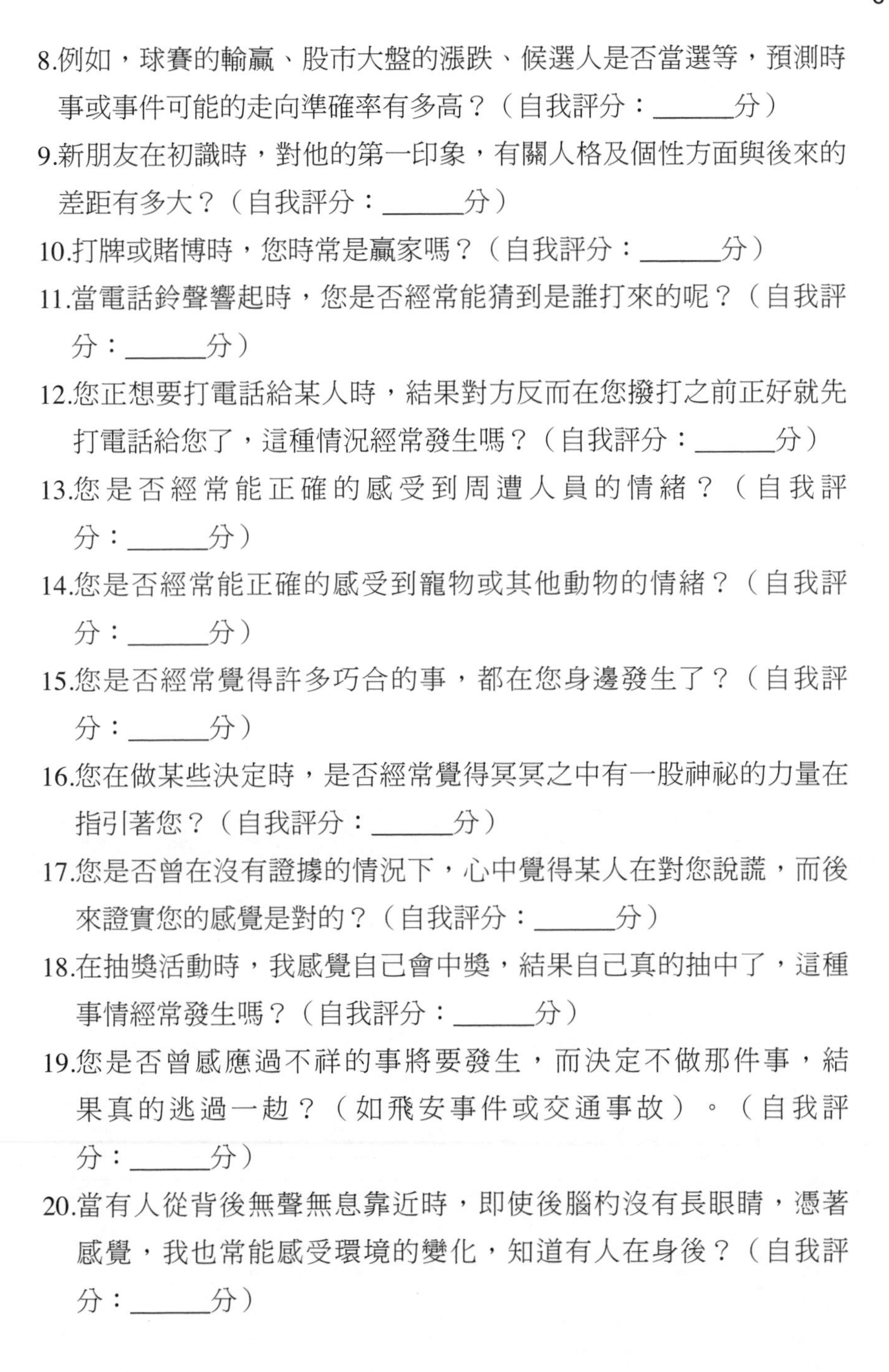

8.例如，球賽的輸贏、股市大盤的漲跌、候選人是否當選等，預測時事或事件可能的走向準確率有多高？（自我評分：______分）

9.新朋友在初識時，對他的第一印象，有關人格及個性方面與後來的差距有多大？（自我評分：______分）

10.打牌或賭博時，您時常是贏家嗎？（自我評分：______分）

11.當電話鈴聲響起時，您是否經常能猜到是誰打來的呢？（自我評分：______分）

12.您正想要打電話給某人時，結果對方反而在您撥打之前正好就先打電話給您了，這種情況經常發生嗎？（自我評分：______分）

13.您是否經常能正確的感受到周遭人員的情緒？（自我評分：______分）

14.您是否經常能正確的感受到寵物或其他動物的情緒？（自我評分：______分）

15.您是否經常覺得許多巧合的事，都在您身邊發生了？（自我評分：______分）

16.您在做某些決定時，是否經常覺得冥冥之中有一股神祕的力量在指引著您？（自我評分：______分）

17.您是否曾在沒有證據的情況下，心中覺得某人在對您說謊，而後來證實您的感覺是對的？（自我評分：______分）

18.在抽獎活動時，我感覺自己會中獎，結果自己真的抽中了，這種事情經常發生嗎？（自我評分：______分）

19.您是否曾感應過不祥的事將要發生，而決定不做那件事，結果真的逃過一劫？（如飛安事件或交通事故）。（自我評分：______分）

20.當有人從背後無聲無息靠近時，即使後腦杓沒有長眼睛，憑著感覺，我也常能感受環境的變化，知道有人在身後？（自我評分：______分）

評價方法：

1.將20題的分數加總。

2.總分為：

160分以上：直覺敏銳度極強（說明：您從小應該就常以直覺來作決定，這種行為也得到不錯的成果，恭喜您保有人類這項天賦的本能。但是要注意，不能凡事全靠直覺，也應適度加入邏輯的判斷，如此您所做的決策將會更完美）

120～159分：直覺良好

80～119分：直覺平平

79分以下：直覺似乎沒有發揮作用（說明：您的直覺似乎被隱藏起來了，可能您的成長過程中，對於自我的要求非常嚴格，一切的判斷與決定都是依照理性及邏輯思考而來。「直覺」是上天賦予人們的本能之一，所以您不用擔心，只要多加練習，您必能重啟敏銳的第六感）

專欄 2-4　梅迪奇效應

所謂「聯想障礙」，就像很多各領域中的專家，他們各有其專業素養，如電腦專家、汽車專家、食品專家、企管專家，但因通常各領域的專家僅專精於本行，故經常會發現，當需要創新思維時，這些人的思考範疇就難以跨越自己的本行，而產生了「聯想障礙」的狀況，以致難以產生「突破性」的創意點子，這就是難以跨越的聯想障礙。

梅迪奇是15世紀時，義大利佛羅倫斯（Florence）的銀行家族，非常富有，曾經長期資助眾多範疇領域的創作家，因梅迪奇家族的長期努力及資助，使得眾多的科學家、哲學家、金融家、詩人、雕

刻家、藝術家、建築家、作家、畫家等等，經常匯聚於佛羅倫斯，在這裡大家彼此交會、學習、打破不同領域與文化的界線，共同打造出一個以新觀念為基礎的新世界，這個在當時達到顛峰狀態的創新世代裡，各領域皆有突破性的發展，後來人們就將它稱之為「文藝復興時代」。這種把不同領域交會的地方叫做「異場域碰撞點」（Intersection），而這種異場域碰撞所引爆出來的驚人突破性創新，稱之為「梅迪奇效應」（Medici Effect）。

要跨越「聯想障礙」，增加「跨域創新能力」的有效方法，就是運用產生「梅迪奇效應」的兩個方法：

方法1：廣納多元文化：參與不同領域的事務，吸取各方的知識價值與觀念。

方法2：從事思想散步：讓思想自由，在異場域的碰撞點上，尋找可能的連結關係。

應用以上兩個方法，我們將很容易的找到具有價值的突破性創意點子。例如，有位建築師米克·皮爾斯（Mick Pearce），接下了一個有趣的挑戰，他必須在辛巴威的首都哈拉雷（Harare）建造一棟不裝空調設備，外觀美麗又好用的辦公大樓，哈拉雷是在沙漠地區，一個

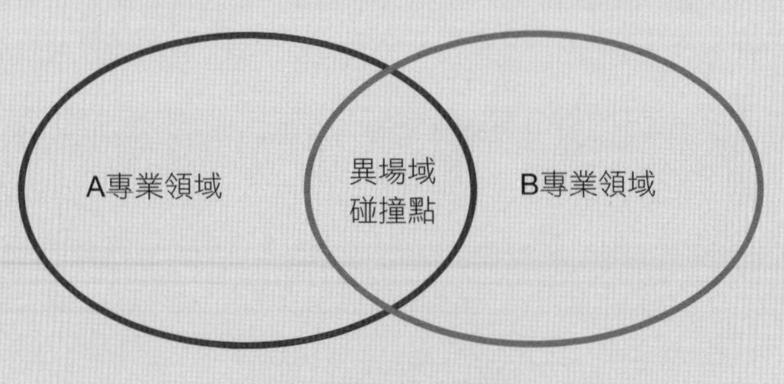

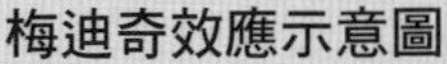
梅迪奇效應示意圖

夜間很冷白天很熱的地方，要如何不使用空調設備，去設計一棟辦公大樓呢？

米克·皮爾斯除了是位建築師外，其興趣顯然超越建築學，他長年以來也喜歡生態學，經常觀察生態系統，在他的思緒中，突然間將這兩個領域匯集在一起，他想到了白蟻塔狀蟻丘的冷卻方法，白蟻能巧妙的把微風從蟻丘底部引進，經底部涼爽濕泥構成的蟻室冷卻空氣，再把冷卻的空氣向上送到蟻丘頂端，靠著不斷的通風、換氣，就能很精確的調節溫度。

米克·皮爾斯所設計的東門大樓購物中心，利用蟻丘的冷卻方法，經底部涼爽濕泥構成的冷卻空氣向上送到頂端，就能調節大樓室內溫度。

圖片來源：辛巴威（津巴布韋時報），www.zimbabwetimes.com

課後複習題

填充題：

1.創造性思考歷程的四個階段：分別為「______期」、「______期」、「______期」、「______期」。

2.在創新的基本發展型態上，我們可將它分為「______創新」與「______創新」。

3.「思考方式的二元論」，而「二元」所指乃是所謂的「______式思考」與「______式思考」。

4.思考是「______」活動，而非「外顯」的行為。

5.創造力基本上不是「有與無」的問題，而是「______」程度上的不同。

6.傳統上對藝術的定義是：「美學」加「技術」，但現在的新定義則必須再加上「______」與「______」這兩項重要的素質。

7.「______」和「______」的創造力表現是一樣的，而且兩者有相輔相成的效果，除此之外，對「直覺」和「美感」的敏銳感受力也是缺一不可的。

8.美國在1993年，國會通過了教育法中將藝術教育並列於自然科學、數學、語文、歷史等基礎教育核心學科內。此舉，最大的目的在於使更多的人成為「______」的創造性人才，這也是21世紀最重要的人才培育方向。

9.在整個創造力表現的完整過程中，學理上包含了內在行為的「　　」和外在行為的「　　」兩大部分。

10.創新的歷程發展亦脫離不了「______」、「______」、「______」這三步驟學習的階段，在精神上，有其「循序漸進」的意義，也就是「______」、「______」、「______」進展過程的意思。

問答題：

1.何謂「創造力」？

2.何謂「創意」？

3.何謂「創新」？

4.何謂「水平式思考」？

5.何謂「垂直式思考」？

6.創意的產生技法體系分類，有哪三類？

7.腦力激盪（Brainstorming），其應用基本原則有哪幾項？

8.創造力的發展阻礙有個人因素及組織因素兩大區塊，就個人因素方面有哪？

9.培養創造力的有效方法有哪些？

10.美國的管理學大師彼得．杜拉克（Peter Ferdinand Drucker）曾對創新機會的主要來源做了研究與歸納。創新機會的七種來，分別為哪些？

在「創新經濟」的時代潮流中，產品的多元化和生命週期大幅縮短，經營管理型態也急速的在改變，企業必須勇於創新及快速提供市場所需的產品，才能提升企業的價值。

「創新」與「速度」，是21世紀企業競爭力的兩根大支柱，也可以說：「創新精神主宰著企業的價值，而速度是超越對手的最佳利器」，企業唯有讓本身的創新研發能力及產品設計生產的速度領先，並整合全球布局等多面向的經營管理思維，才能創造出企業的價值及永續的發展。

本篇學習重點

在於讓學員學習具有正確產品開發、創新發明的概念和要領，當面對從新產品設計到消費者使用端，應有的態度和認知。一方面讓企業獲利，另一方面讓消費者得到優良的商品，促進社會產業繁榮。

Chapter 3

產品創新概論

第一節　發明新產品基本要素

第二節　新產品創意的生成方法

第三節　市場導入的考量

第四節　發明創新的類型

第一節　發明新產品基本要素

一、發明來自於需求

「創新」與「速度」，是21世紀企業競爭力的兩根大支柱。而所謂「需求為發明之母」，大部分具有實用性的發明作品，都是來自於有實際的「需求」，而非來自於為發明而發明的作品。只要掌握何處有需求、需求是什麼，在每個有待解決的困難、問題或不方便的背後，就是一項需求，只要我們對身邊每件事物的困難、問題或不方便之處，多加用心觀察，必定會很容易找到「需求」在哪裡？當然發明創作的機會也就出現了。也有人開玩笑的說：「懶惰為發明之父」，對發明創造而言，人類凡事想要追求便利的這種「懶惰」天性，和相對的「需求」渴望，其實只是一體的兩面。

例如，早期的電視機，想要看別的頻道時，必須人走到電視機前，用手去轉頻道鈕，人們覺得很不方便，於是就有了「需求」，這個需求就是最好能坐在椅子上看電視，不需起身就能轉換頻道，欣賞愛看的節目，當有了這樣的需求，於是發明電視遙控器的機會就來了，所以，現在的電視機每台都會附有遙控器，已解決了早期的不便之處。又如，簡便的蔬果農藥殘留檢測光筆，如能像驗偽鈔的光筆一樣，使用簡易方便，能提供家庭主婦在菜市場購買蔬果時使用，這也必定有廣大的需求。這種「供」、「需」的關係，其實就是「需求」與「發明」的關係。

別小看一個不起眼天馬行空的構想，一旦實現，可能會改變全人類的生活，例如現在每個人都會使用到的迴紋針就是發明者在等車時無聊，隨手拿起鐵絲把玩，在無意中所發明的，雖是小小的創意發明卻能帶給人們無盡的生活便利。

二、商品化與行銷是重點

據近年來台灣發明界的估計，台灣的業餘發明人及專業發明家人口約五萬人，這當然還不包括在各大企業中研發部門的工程師及大學教授等，這些實際有在從事研發工作的人，若要將這群工程師及教授們都計算在內的話，台灣的研發工作人口估計約有一百萬人。

發明創新產品的研發，及每一件專利案的提出申請，發明人都是必須付出有形的金錢費用代價的，相對的，它背後也潛在著龐大利益的可能性，若是一個沒有利益可言的專利案，就實在沒有提出申請的必要性，就是因為專利的提出涉及到龐大的商業利益（若商品化成功的話），所以專利案的申請長久以來就被認為是一種「以小搏大」的工具和手段，可在重要的關鍵時刻發揮它極大的槓桿作用，一項成功的發明創作，可為發明人帶來極大的名與利。

參加發明展，尋求曝光機會是很重要的。然而，是不是在發明展中獲得大獎的肯定，就證明這項發明的商品化能成功呢？答案是「不一定」。因為商品化要成功，還必須有許多行銷策略條件的配合。但發明人如能在國際性的發明展中獲獎，對於日後的商品化在行銷推廣宣傳上，是會有相當大正面助益的。

參加國際發明展的另一個好處，為「培養國際觀」，在世界各國眾多發明家的作品當中，我們可以觀摩學習到世界上產品發明的最新趨勢，而且很多廠商企業都會派專家在展場，尋找具有市場潛力的原創性發明作品，若你的發明作品是具有「市場潛力」及「原創性」這兩種特質的，則很可能在國際發明展的現場，就會有人以高價向你買斷專利權，這是發明人最簡易的「發明致富」方法，所以發明人應多參加各種發明展。讓發明人「錢進口袋」多一些成功的機率。就如有句話說：「發明就是要實現以創新變現金，用智慧換機會。」

蘋果削皮切片機和去核Apple Peeler Slicer & Corer

您可以對其進行調整，使其僅會剝離，或僅去芯和切片。這款方便的削皮器由耐用的鑄鐵製成，具有吸盤式底座，可黏在任何光滑的桌面或櫃檯上。

圖片來源：Inspire Uplift LLC.新發明設計商品網，www.inspireuplift.com

三、學習發明須掌握六項重點

「發明」並非如一般人刻板印象中那麼的困難與神祕，它是可以透過學習，用正確的創作歷程及態度作為開始，靠按部就班的做法，而可達到一定的發明創作水平。

長久以來，很多人對發明有所迷思，以為發明是純屬在種種因緣巧合下所發生的，而非後天所能培養。其實發明是一套完整的策略思考工具的總成，就如學開車、學烹飪一樣，它能學習亦能應用。

在學習正確的創作歷程與態度中，應掌握下列幾項基本的重點：

1.發現需求：要去瞭解想要創作的東西，是否有其實用性？市場價值在哪裡？

2.掌握創意的產生及訣竅：在發明的過程中，這是很重要的一項。

3.善用已有的知識：善用已有的知識加以變化及整合，便會有所創新。

4.道德的考量：應將創意用於正途上，不要去做改造槍砲、提煉毒品等違法工作。

5.避免重複發明：必須明確的蒐集與查詢現有的專利資料情報，以免徒勞無功，白忙一場。

6.行動：別光說不練，要腳踏實地的去做。

若能掌握以上幾項基本的重點，再參照本書的各種技巧加以學習與應用，你的發明之路差不多就已經成功一半了。

四、發明設計新產品的基本概念

現今企業之間的競爭非常激烈，若想要打贏這場商品大戰，創新商品的美觀設計、功能、品質、價格、可靠度等，產品本身競爭力的強弱，有其關鍵的重要性。蘋果電腦創辦人賈伯斯，對新產品設計的核心理念之一就是：「精湛的設計和高超的科技同樣重要。」所以，唯有不斷地在技術及產品造型設計和人性化的操作介面上，不斷自我創新與改革，才能在市場上屹立不搖。

包裝袋固定夾Bag Holder Clips

剛撈起一批新鮮的辣調味汁，都非常有可能將其保存在一個塑料儲物袋中。有了這些巧妙且易於使用的袋夾，橡膠防滑底座可將支架固定在適當的位置，而可調節的臂和夾子，可夾住各種不同高度和尺寸的袋子。

圖片來源：Inspire Uplift LLC.新發明設計商品網，www.inspireuplift.com

所謂「新產品」，在其內涵上是非常廣泛，也很難定義的概念，其中，包括新的功能結構設計、新的製造方式、新的材料應用、新的市場定位、新的行銷策略等，都是「新產品」開發的範疇。

舉凡日常生活中所有的用品，在發明及改良時，必須考量以下幾項：

1.創新引導設計：設計者不能一直以工程師的專業觀點為依歸，好的產品設計，是需要常常用心去聽取與顧客第一線接觸的「行銷者」之心聲，以他的創新點子為產品設計的藍本。

2.客戶導向：設計創新產品時，要以客戶的觀點為導向，必須掌握大多數消費者的想法與需求，以客戶使用者的觀點為考量，無論在功能上、操作介面人性化、使用方法上或成本上做考量，不可只用技術者的觀點，閉門造車式的設計產品。否則可能自認為產品很好，但消費者卻覺得不適用的嚴重產品認知差距。這也就是所謂的「超越硬體思維」，設計者一定要去瞭解及研究顧客對產品使用的所有相關訊息，以及使用產品的行為與習慣等，必須完全的洞悉。

3.實際解決問題：產品必須能實際解決問題，每一個消費者都希望他所買到的產品是真正能替他解決所遇到的困難，或使他得到更大的便利。

4.物美價廉：成品須物美價廉而且實用，無論是一般生活日常用品，甚至是工業產品，都要掌握這個原則，唯有在初期設計時，就將這些項目好好考慮衡量一番，才能真正在大量生產製造時，做出完美的產品。

5.結構簡單好用：設計者應要有「第一流的設計是簡單又好用，第二流的設計是複雜但好用，第三流的設計是複雜又難用」的這種認知，有了這種認知，再去著手計設計出一流的產品，才能在成本與品質上有出色的表現。

6.良好維修性：結構設計，必須要考量到良好的維修性，尤其是工業產品或機具、家電等須做維修服務的產品，應在設計之初就加以注意，免得量產之後，產品有故障須維修時，為了換一個小零件，結果必須把整台機器全拆光了，才換得了這個零件，這是很多新手設計者常犯的毛病。如能在產品開發時，就有良好的維修性設計考量，對日後的售後服務，不但可以節省維修時間及人工成本，更能減少顧客的抱怨。

專欄 3-1 飲料界傳奇可口可樂的問世

可口可樂（Coca-Cola；簡稱Coke；可樂），是由美國可口可樂公司生產的一種飲料。於1886年5月8日在美國喬治亞州亞特蘭大市誕生，至今已有一百三十多年的歷史。

可口可樂的發明者是美國的約翰・彭伯頓（John Pemberton），他是名美利堅邦聯退伍軍人的藥師。美國內戰期間在北方服役，退役後為了治傷對嗎啡上癮，為了戒癮，他開始尋求替代品，如古柯葉或古柯酒。在1885年就已研發完成可口可樂的原配方，稱為「Pemberton's French Wine Coca；彭伯頓的法國葡萄酒古柯」。因當時的配方含有古柯鹼和酒精。而正好喬治亞州的亞特蘭大市，在這時發出禁酒令，他不得不又再次研發無酒精成分的可口可樂。因在主要藥效成分中分別是古柯鹼（Cocaine）及咖啡因（Caffeine），它同時也具有治療感冒頭痛等功效。而古柯鹼提取自古柯葉（Coca leaf），咖啡因則提取自可樂果（Kola nut）。當時的品牌名稱命名是把可樂果Kola的K字以C字代替，從而得出Coca-Cola此名字。目前市面上可口可樂已不含古柯鹼，咖啡因含量也低了許多。

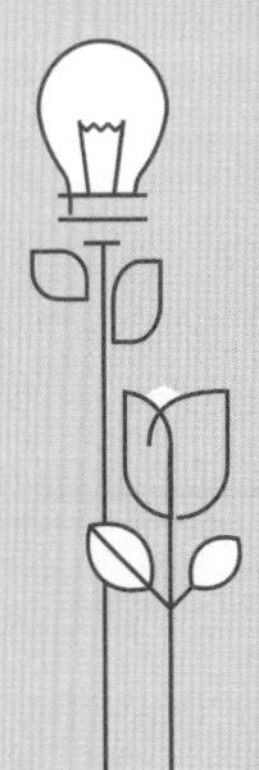

關於可口可樂的配方之謎，至今仍一直為人津津樂道，事實上，

可口可樂的主要配方是公開的，包含碳酸水、果糖糖漿、蔗糖、焦糖、磷酸、咖啡因及香料（包括失效的古柯葉與可樂果所提煉的物質及神秘配料等）。但重點則在於占不到產品量體1%的香料神秘配料，正是所謂神秘「7X」配方。這秘方被保存在亞特蘭大一家銀行的保險庫裡。它由三種關鍵成分組成，這三種成分分別由公司的三個高級職員掌握，三人的身分被絕對保密。連他們自己都不知道另外兩種成分是什麼。三人也不允許乘坐同一交通工具外出，以防止發生事故或飛機失事等，而導致秘方失傳。

美國發明家約翰・彭伯頓（1831-1888，57歲），發明了可口可樂的神秘配方。

圖片來源：https://kknews.cc/news/eorjmq.html

1886年5月8日，可口可樂在美國喬治亞州亞特蘭大市，推出上市。曲線瓶身是運用大英百科全書上的一幅可可豆的圖案所設計而成。

圖片來源：https://kknews.cc/food/epmgly4.html

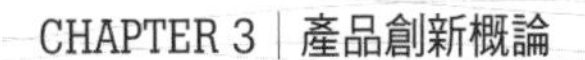

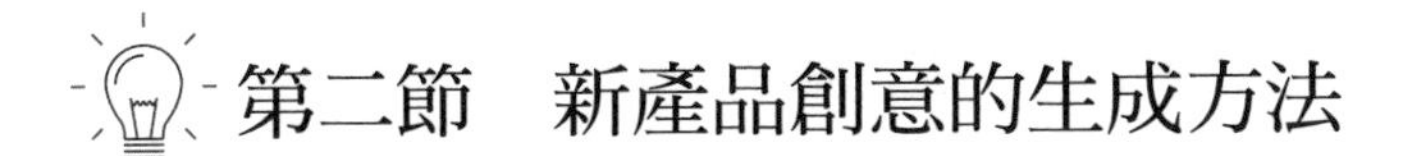

第二節　新產品創意的生成方法

一、商品創意的產生及訣竅

每一個人除了在各個專業領域所遇到的瓶頸外，在生活當中，也一定都會遇到困難或感到不方便的事項，此時正好就是產生創意思考去解決問題的時機。然而，發明家不只在想辦法解決自己所遇到的困難，更能去幫別人解決更多的問題，尤其當創意是有經濟價值的誘因時，從一個創意產生到可行性評估，再到實際實踐，是需要訣竅的。

(一)從既有的商品中取得靈感

可經常到國內外的各種商品專賣店或展覽會場及網路的世界中尋找靈感，由各家所設計的產品去觀察、比較、分析，看看是否有哪方面的缺點是大家所沒有解決的，或是可以怎樣設計出更好的功能，再應用下列所提的各種方法，相信要產生有價值的發明創意並不困難。

(二)掌握創作靈感的訣竅

◆隨時作筆記

一有創作靈感就隨時摘錄下來，這是全世界的發明家最慣用而且非常有效的訣竅。每個人在生活及學習的歷程中，不斷的在累積經驗，這些看似不起眼的經驗或許正是靈感的來源，而靈感在人類的大腦中經常是過了即忘。醫學專家指出，這種靈感快閃呈現，在大腦中停留的時間極為短促，通常只有數秒至數十秒之間而已，真的是過了即忘，若不即刻記錄下來，唯恐會錯過許多很好的靈感。就像很多的歌手或詞曲創作者一樣，當靈感一來時，即使是在三更半夜，也會馬上起床趕快將靈感記錄下來，其實發明靈感也是相同的。而且當你運筆記錄時常又會引出新的靈感，這種連鎖的反應，是最有效的創作靈感取得方法。

◆善用潛意識

這也是個很好的方法，相信大多數人都有這種經驗，當遇到問題或困難無法解決想不出辦法時，不妨先去吃個飯、看場電影或小睡片刻，將人轉移到另一種情境裡，時常就這樣想出了解決問題的方法，這就是我們人類大腦潛意識神奇的效果。

(三)腦力激盪

這個方法也是發明家們最常用的訣竅之一，由筆記所摘錄的靈感中，一再經有系統的反向思考、整理整合、反轉應用等腦力激盪探究後，必定會有更好的構思。

◆反向思考

此種手法即是把原有物品用完全相反的角度去看待，並將其缺點改進，例如，以前的自用小轎車皆為後輪驅動，因汽車引擎在車前方，必須用傳動軸連接將引擎動力傳送到後輪來驅動汽車，因後輪驅動的車子，駕駛起來引擎動力損耗較大，以及方向盤轉向操控性較差等缺點，為了改善這些缺點，使小轎車的性能更好。所以，後來就有人將它改為前輪驅動的設計，而得到很好的效果，因此，目前市售的小轎車，大部分已都採用前輪驅動的設計了。如此，只是利用安裝位置前端與後端的改變，就可得到很大的效果改善，只要我們看待事物能以一百八十度的衝突性，用完全相反的眼光去看待及思考，說不定有很多事情可因此而獲得解決的。

◆整理整合

這也是發明家慣用的手法，例如，早期鉛筆和橡皮擦是分開生產製造的，使用者寫字時，必須一次準備兩樣物品，後來有人將它整合為

一，使得現在製造的鉛筆，大多為筆尾附有橡皮擦，方便人們寫錯字時之需。又如，早期的螺絲釘頭部分，分別為一字或十字型，使用的起子也必須是完全相符的一字或十字型，才能去鎖緊或鬆開，後來有人將它整合製造，成為無論是用一字或十字型起子，皆可方便使用的螺絲釘頭部。再如，加上雷射瞄準器的高爾夫球桿，此項整合，可大大的提升揮桿球向的準確度。

◆反轉應用

可將目前已有的產品或已知的各種原理、理論加以反轉探討研究，說不定可以得到新的應用，例如，利用冷氣機的冷凍原理，將原本循環於室外側散熱器冷媒的流向，與室內側冷卻器冷媒的流向，反轉過來，使其熱氣往室內側吹，在寒冷的冬天裡，室內可享受到暖氣的功能，如此的設計稱為熱泵暖氣（Heat Pump），不但可在冬天裡享受到暖氣，而且省電效率更是傳統電熱式電暖器的三倍，是非常節省電力能源的產品，此種設計原理可說是很典型反轉手法的應用。

啤酒冷卻器Beer Chiller

光滑的不銹鋼冷棒，將啤酒冷藏更長的時間！ 啤酒冷卻器旨在從瓶內立即冷卻您的飲料，這使您可以隨時隨地自由享用冰鎮啤酒！

圖片來源：Inspire Uplift LLC.新發明設計商品網，www.inspireuplift.com

(四)沉澱與過濾

當我們想到一個好的構思時，在當時一定認為它很完美，但是經過一些時日的沉澱與過濾後，必定會發覺原先的構想其實並沒那麼完美，或許在成本、效能、美觀、強度、製程、可靠度、維修性、耐久性等等，各方面有不理想之處。在不斷的由筆記本記錄中反覆探索後，必能出現更好的構思，再從這些構思中，找出一個最理想的方案後才去執行。如此，成功的機率就能大增。

二、新產品創意的形成模式

一項新產品的創意來源形成模式有兩種，分別為「群體」產生及「個人」產生（**圖3-1**）。在一個可獲利的發明商品中，從創新管理（Innovation Management）的角度來看，它包括了發明→專利→商品→獲利這四階段，而新產品的發明創意構想是整個產品研發到獲利的流程之首，也是研發成敗的重要關鍵所在，無論是群體或個人的創意，一個完美的創意構想，能使後續開發工作進行順利，反之則可能導致失敗結果。

在群體創意的產生方面，可透過集體腦力激盪、組織研討會、成員的經驗分享、新知識的學習等，來提高創意的品質及構想的完整性。而在個人創意的產生方面，則可經由個人知識的累積、經驗的體會及個人性格與思考模式的特質，發揮想像力來獲取高素質的創意構想。

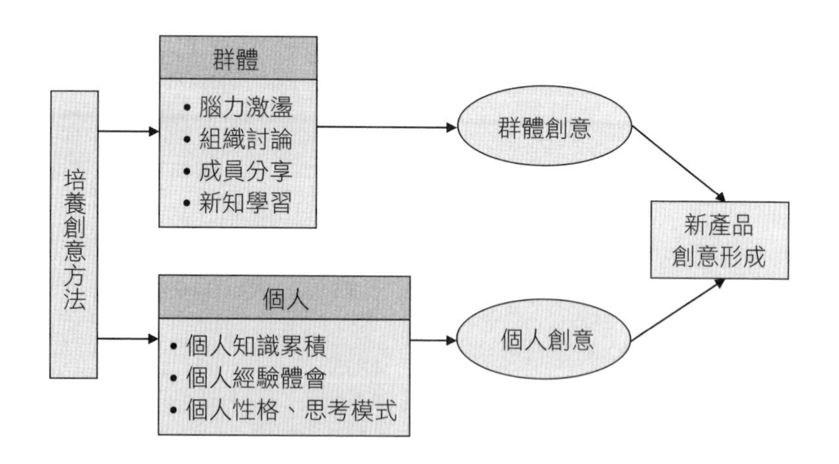

圖3-1　新產品創意的形成

三、專業發明與非專業發明

在創新發明的領域中，可劃分為「專業發明」（或稱大發明）與「非專業發明」（或稱小發明）兩大類，分述如下：

1.專業發明：係指需要「專業知識」才能完成的發明，例如，航空、機械、電子、醫藥生技等，各專業領域的產品發明。

2.非專業發明：係指僅需「一般知識」即可完成的創作，例如，方便收納的茶杯組、簡易型地板拖把、創意面紙抽取盒等，只要具備一般常識者，皆可完成的簡易性創意發明。

有句話說：「黑貓白貓，會捉老鼠的貓，就是好貓。」這是一種務實的觀念，若換成發明界的話語，應該就是：「大發明小發明，有實用市場價值的發明，就是好發明。」

任何人對發明產生了興致之後，很自然的便會湧出許多發明的構想，但無論這些構想是大發明或是小發明，其實發明應該是選擇「具有實用市場價值，及自己能力所能勝任的」為投入的重點。

其實光從「專業發明或非專業發明」，是很難直接斷言何者較具市場價值，必須視個案的創新程度及市場需求而定。

四、研發效率與成本效益

在發明界裡常可見到許多人好高騖遠，未能正確的衡量自己的專業知識或技能，以及自身的財力，而去研究發明本身外行的事物，或投資金額負擔非自己所能負荷的案子，這經常是導致發明失敗的兩大主因。一旦發明失敗，會使得時間、精神、金錢三方面，受到程度大小不同的損失。

我們都知道，昔日愛迪生發明電燈時，所做的實驗失敗次數達數千次才成功。但在今日科技發展一日千里的時代，已經不是當時愛迪生所處的19世紀環境所能相比擬的。我們要學習的是他堅持到底的精神和毅力，至於研發方法方面，我們更應該要有尋求現代研發「高效率與速度」的觀念和做法，我們要強調現今發明工作中「研發效率」與「成本效益」的基本觀念，才能在今日競爭激烈的環境中，以最低的投入成本，來換取最大的效益目標。

專欄 3-2 為愛創業——行銷可口可樂致富

自從美國的發明家約翰·彭伯頓（John Pemberton），在1886年發明可口可樂（Coca-Cola）配方，在喬治亞州亞特蘭大市問市以來。至今可口可樂公司的產品，已大約在兩百多個國家銷售，是世界最大的飲料公司。而行銷業務的成功拓展奇蹟，則是阿薩·坎德勒（Asa Griggs Candler）所開創。

深具生意頭腦的阿薩·坎德勒，1851出生在美國喬治亞州，卡特斯維爾小鎮一個富裕的家庭，父親希望他成為一位名醫，阿薩·坎德勒年少時正是美國內戰之時，當父親患了重病後，家庭經濟狀況開始惡化，19歲的他毅然選擇了就業，替父母分擔家計。他在小鎮裡的小藥店當學徒，在學徒生涯中他決要做一個藥劑師，因藥劑師是離醫學最近的一種行業，也算是距離父親對他心願最相關的職業。

1873年，阿薩·坎德勒想到大城市發展，口袋裡僅有1.75美元的他，在亞特蘭大市從上午到晚上，他走遍了城市的大街小巷，就是沒有藥店要接受他的求職。一直到了晚上九點鐘，他來到一家「大眾藥房」。藥房老闆見了這疲憊不堪的年輕人，勉強同意他留下試用。早年，在藥店工作是緊張又辛苦的，經自己的努力工作和發揮以往所學，他很快當上了店長，也跟老闆的女兒露西相愛了。而這兩位情侶並沒有得到老闆的祝福，因為阿薩·坎德勒也就只是個領薪水的雇員，家境也不好，怎麼配得上老闆的女兒呢？但是他並沒有屈服，從

此下定決心要自己創業成為大富翁。

1877年，阿薩・坎德勒與友人合夥開了批發零售藥材公司，隔年便與戀人露西結婚，並意識到僅僅靠批發藥材，不能贏來更多利潤而發大財，必須尋覓更有價值和市場潛力的藥方。同為藥劑師的原可口可樂發明人約翰・彭伯頓，不善於經營，行銷能力也不高明，一生並沒有賺進太多錢，且在1888年過世了。而阿薩・坎德勒在約翰・彭伯頓過世之前，以身上僅存的2,300美元買下了祕密配方（私下稱之「魔水」），而在1892年正式設立可口可樂公司，並推出了許多促銷活動、發送贈品等，使得這個商標迅速廣為人知。

可口可樂的瓶身設計，也是有典故的。阿薩・坎德勒在推出首批產品時，認為：瓶身外形不僅要獨樹一格，在黑暗中也要能輕易辨識，就連摔破成片，也要能一眼認出。所以就請當時的印第安那魯特玻璃公司，運用大英百科全書上的一幅可可豆的圖案，而創造出全世界人人熟識的獨特「可口可樂曲線瓶身」。

可口可樂的行銷推手，也是公司第一任的總裁——阿薩・坎德勒（1851-1929，78歲）

圖片來源：維基百科，https://zh.wikipedia.org/

可口可樂的誕生，至今已有一百三十多年的歷史。曲線瓶身是運用大英百科全書上的一幅可可豆的圖案，而創造出全世界人人熟識的獨特產品風格。

圖片來源：可口可樂公司，http://www.coke.com.tw/

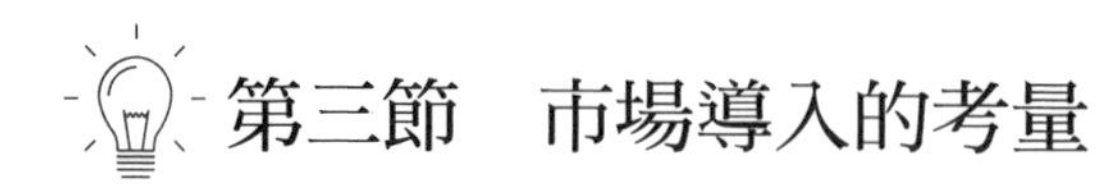

第三節　市場導入的考量

一、創新產品市場導入與消費者行為

當新產品開始導入市場行銷後，消費族群依其消費行為及動機，可分為四大類，這四大類族群的比率通常會呈常態分布，且有不同的特性（圖3-2）。

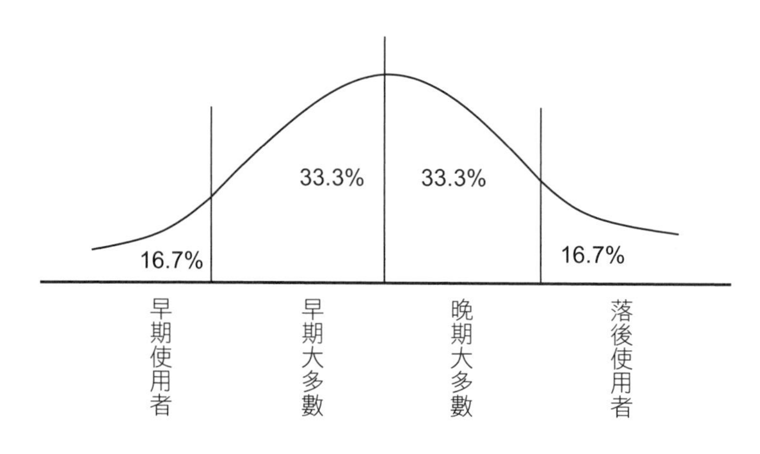

圖3-2　創新產品使用的四大族群分布

(一)早期使用者

這個族群的消費者，偏好使用新產品新科技的樂趣，對於新產品的價格較不在意，雖然這個族群的數量並不多，但他們是創新產品銷售成敗的關鍵族群，因為一項創新的產品必須先爭取早期使用者的認同，肯定其功能與品質或使用後所帶來的效益，如此才能讓其他的使用者相信該產品的適用性，並建立良好的口碑。

(二)早期大多數

他們是一群「務實主義者」，對於新產品的功能、品質、效益和成本，會經過評估比較後再出手消費，他們會將採用新產品所帶來的利益作為優先的考量，也會等到周邊的技術或資源成熟或有人已使用成功後，再進行採用，創新產品的市場成長必須靠這一族群的支持。

(三)晚期大多數

這是一群對創新產品的使用較缺乏自行處理新科技能力的人，他們的基本思維和早期大多數相類似，但心態上是更保守的，他們會等到該產品已普及化，很多人在使用了，才加入使用，當一項產品進入此階段時，即表示該產品已進入市場成熟期，消費者會選擇大品牌、口碑好的產品來購買。

(四)落後使用者

這群落後者通常是一些不關心新科技、新產品的人，他們對於創新商品往往抱著懷疑的態度，不會主動去購買，而是必須將新科技融入在其他的產品中使用，才會被動式的自然接受而使用它。例如，將新的通訊

便攜式小狗飲用水瓶BottleDoggy Portable Drinking Water Bottle

使用BottleDoggy便攜式飲用水瓶和水杯，確保您最好的犬伴侶朋友保持健康和水分充足。無論是全天遠足，在海灘上度過一個下午，還是只是去公園旅行，這都是犬伴侶的理想之選。只需擠壓一下瓶子，即可將連接的碗裝滿，再給小狗喝一杯新鮮、涼爽的水。

圖片來源：Inspire Uplift LLC.新發明設計商品網，www.inspireuplift.com

科技或衛星導航融入汽車中，這群使用者是因汽車進而使用這些新科技的。

二、如何避免重複發明

在從事發明工作時，如何避免重複發明，是相當重要的課題，也許你覺得你的創意很好，但在這個世界上人口那麼多，或許早已有人和你一樣，想出相同或類似的創作了，也許他人已申請了專利，你再花時間、金錢、精神去研究一樣的東西，就是在浪費資源。

例如，近年來依據歐洲專利局所做的統計，在歐洲各國的產業界，因不必要的重複研究經費，每一年就多浪費了約兩百億美金，原因無他，就是「缺乏完整的資訊」所致。所以，當你需要研發某一方面的技術時，一定要多蒐集現有相關資訊，包括報章、雜誌、專業書刊、網路訊息和市面上已有的產品技術，以及本國與外國智慧財產局的專利資料。尤其是以專利資料最為重要，因為能從各專利申請說明書中，全盤查閱到有關各專業「核心技術」的資料，這是唯一的管道。

(一)專利資料是最即時的產業技術開發動向指標

根據國際經濟合作暨發展組織（Organization for Economic Cooperation and Development, OECD）的統計結果顯示，有關科技的知識和詳細的實施方法，有90%以上是被記錄在專利文件中的，而大部分被記錄在專利文件中的技術及思想，並沒有被記載在其他的發行刊物中，而且專利文件是對所有的人公開開放查閱的。當你在構想一項創作時，所遇到的某些技術問題，往往能在查詢閱讀當中獲得克服問題的新靈感。

專利資料也是最新最即時的產業技術開發動向的明確指標，因為大家最新開發出來的創作，都會先來申請專利，以尋求智慧財產權的保護。專利文件如有必要還可下載下來，供查閱人做進一步的研究之用。可

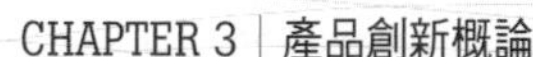

上網經濟部智慧財產局網站（http://www.tipo.gov.tw/）即可進行查詢，且可免費下載資料，大家可多利用。

專利的檢索，發明人要好好善加利用這項重要的資訊來源，如此，不但可增加你在開發設計時的知識及縮短開發時程，更可避免侵權到他人的專利，如能善加應用已有的技術，再加上你自己最新的創意，將會更容易完成你的創作作品，更重要的是能防止重複的發明，免得浪費資源又白忙一場。

(二)專利資料的公開具良性競爭之效果

另一方面，可藉由專利的保護與資料的公開，讓原發明人得到法定期間內的權益保障，也因技術的公開，讓更多人瞭解該項研發成果，他人雖然不能仿冒其專利，但能依此吸取技術精華，做更進一步的研究開發新產品，如此對整體的產業環境而言，是有良性競爭的效果，使技術一直不斷的被改良，也使產品能夠日新月異的推出，嘉惠於整體社會，而各國政府都將專利文件公開的最大意義與目的也就在此。

常用網路專利查詢網址：

1.經濟部智慧財產局，http://www.tipo.gov.tw
2.中華民國專利資訊檢索系統，https://twpat.tipo.gov.tw/
3.美國專利局專利查詢，http://www.uspto.gov/patft/index.html
4.中國國家知識產權局，http://www.sipo.gov.cn/
5.中國大陸專利檢索，http://www.sipo.gov.cn/zhfwpt/zlxxcx/zgjdgzlscxxcx/
6.日本專利局Japan Patent Office，http://www.jpo.go.jp
7.谷歌專利檢索系統Google Patents Search，https://patents.google.com/

三、發明家的創業考量

發明人適不適合以自己的發明作品來作為創業呢？通常發明家在性格上是有其特質的，他們的心思細密、見識廣博、對「物」能仔細觀察、愛幻想、勇於嘗試且富冒險精神、個性執著因而能努力不懈堅持到底，直到自己的創意實踐為止。然而創業者（即公司經營管理者），通常在性格上的特質是善於與人接觸及溝通，也擅長於瞭解人們心思行為，對於產品的行銷、企劃與商品包裝具有專才的人，然而發明人與創業者這兩種不同的性格，通常很難同時存在於一人身上。

曾有一位聰明又傑出的發明家，要向銀行借貸資金來創業，雖然他有很新的高科技發明產品，但銀行經過評估後，卻不敢放款給他。原因在於這位發明家無法具體說出新創業的公司要如何經營管理，以及自己的發明產品客戶群是誰、市場需求在哪裡、如何去販售。

有一些發明家會以為，創業者的行銷管理能力與市場調查不是那麼重要，只要產品優異，自然就會有消費者上門來買。這是常見到的一般專業技術創業者的最大盲點，若創業者無強烈的市場意識而只會閉門造車，無論再怎麼埋頭苦幹，也可能只會以失敗收場。

從過去實例中可以發現，發明人自行創業成功的例子並不多，大都是以失敗為收場的，究其原因，一般多為「經營管理不善」與「行銷不利」，而非發明作品本身不好。所以，發明人最好專心在發明創作上，至於行銷上的業務，可交由專業的經理人執行。故然，作品發明本身非常重要，但有好的行銷更重要，若能兩者彼此協調合作各司其職，將可有一番作為。

專欄 3-3 世界上最特殊的餐具——筷子的發明

筷子（chopsticks）的使用原於古代中國，至今有三千年以上，後來流傳到日本、越南、韓國等。為世界上食器使用歷史最悠久，也是結構最簡單，且物美價廉、用法多變的偉大食器發明，它具有挑、撥、夾、拌、扒等多功能。筷子也是當今全球的一種獨特餐具。有別於另外兩大食器系統，如歐洲和北美所用「刀、叉、匙」食器系統，和印度所用的「徒手抓食」系統。

在先秦時期叫筷子為「挾」，秦漢時期稱「箸」。古人十分講究忌諱，因為「箸」與「住」字是諧音，「住」有停止之意，為不吉利之語意，故就反其意而稱之為「筷」，這就是筷子名稱的由來。

筷子的發明者到底誰？現今已難以考據，但基本上有三種傳說：一說為商朝紂王時期的妲己所發明；一說為周文王時期的姜子牙；另一說則為堯舜時代的大禹。經歷史學家考證，認為筷子應是大禹所發明的可信度最高。

據傳說，大禹發明筷子的故事為：在堯舜時代，洪水經常氾濫成災，舜命令大禹去治理水患！大禹受命後，發誓要為人民解決洪水之患，所以三過家門而不入，他日以繼夜的思考和工作。別說休息，就連吃飯、睡覺也捨不得多耽誤一分鐘。有一次吃飯時，肉在水中煮沸後，因燙手無法馬上用手抓食。大禹不願浪費時間等肉冷卻，便砍下兩根樹枝把肉從熱湯中夾出來吃了。從此，為節約時間，大禹總是以細竹或樹枝從滾燙的熱鍋中撈食。手下的人見他這樣吃飯，既不燙手，又不會使手上沾染油膩，於是紛紛仿效，就這樣大家漸漸形成了進食時使用筷子的習慣。而後也因竹子容易取得，纖維直挺且緊密，重複清洗使用也不易發霉，是很好的製筷材料，受到大多數人的喜好，所以後來無論是「箸」或「筷」，都是以「竹」為部首的字。

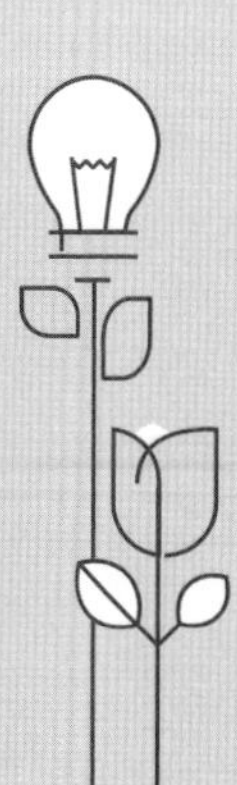

筷子造型與飲食文化有關，中國筷子平頭；日本筷子尖頭；韓國筷子金屬。因中國餐飲文化中，不允許夾不起時，用筷子扎起食物，因扎饅頭扎飯是祭奠死人的。而日本極愛生食，尤其生魚片，因生魚片滑而不易夾住，故日本文化裡是允許扎住魚片的，如同魚叉一般。又因韓國喜愛燒烤，竹筷子上了爐台易著火，於是金屬筷子就應運而生，而筷子後方的四角造形，是為了放在餐桌時不會亂滾。

圖片來源：AHOYE【GREEGREEN】筷子，yahoo!購物中心，https://tw.buy.yahoo.com/

第四節　發明創新的類型

一、企業創新的四種型式

在企業整體經營的創新上，依其創新的規模及層面，可將它分為四種類型，即：作業創新、流程創新、策略創新、產品創新。

(一)作業創新

這種創新可稱之為「點」的創新，也就是從一個作業點上所進行的

創新。例如，生產線上原本以人工拿著螺絲起子去上螺絲，改為以電動起子去做，則工作效率提升兩倍，且螺絲扭力緊度易於控制，有助於產品品質的提升。像這類型以單一工作項目作為目標的創新均屬之。這類型創新雖在企業的一個小點上，單一來看並不起眼，但企業中有很多這種工作作業點可供改善，所以，如能多加進行「工作創新」，其對企業的貢獻仍不可小覷。

(二)流程創新

這種創新可稱之為「線」的創新，它是屬於改善企業目前流程程序為主的創新，此種創新的層面較廣，它一次就會牽動著數個部門的作業流程程序，此一改善成效會比單一工作點的改善來得顯著。例如，企業資源整合規劃系統（ERP）的導入，它能整合各部門的作業流程程序，將財務、人力、生產、進銷存等，做有效的流程改善，讓企業的效率加倍。

(三)策略創新

此即為「面」的創新，也就是創造企業新的經營模式，此一層面創新的影響甚巨，若方向正確、創新得當，能使企業整體體質完全改善，促成另一波的成功高峰。例如，全球最大的家居用品零售商，瑞典的宜家家居（IKEA）以DIY組合式設計的平價家具為經營策略，打造了家具業的王國。又如，台灣的台鹽公司，投入生技業化妝保養品的經營，也創造出一片榮景，這都是成功的「策略創新」例子。

(四)產品創新

這是以產品研發創新為主軸，但未改變其既有的經營模式，這是一般企業最熟悉也最為積極的一種類型，公司不斷推陳出新具有創意點子的產品。例如，平板電腦、數位相機、智慧型手機等，消費性電子產品即是

輪廓複製量規Contour Duplication Gauge

輪廓複製儀讓您輕鬆地一次複製精確的測量結果和形狀！該輪廓儀可用於測量不規則物品的形狀，以創建即時模板以標記精確的切口，因為它完全符合形狀並保持其圖案。

圖片來源：Inspire Uplift LLC.新發明設計商品網，www.inspireuplift.com

這種創新的典型例子，企業總是在積極研發下一個熱賣商品。

以上這四種類型的創新，其在投入成本、成果顯現時間、效益大小等三方面皆有很大的不同，以「作業創新」來說，其具有投入成本低、成果顯現快但效益較小的特質。而從「策略創新」來看，其具有投入成本高、風險高、成果顯現時間慢，但若創新成功則可帶來巨大成效，可以刺激公司的大幅成長等特質。

每一家企業所需要的創新層面及類型與急迫性皆有不同，但要成為具有競爭力的企業，應該要認知以上這四種類型的創新，皆應積極投入的思維，並依自身企業狀況，衡量輕、重、緩、急和資源的合理分配來投入。

企業的創新需要「持續力」，假如企業不知持續創新的重要性，總是活在過去成功美好的回憶中，此時，一旦環境發生變化或有更強的競爭者加入時，馬上就會被淘汰出局。

二、專利技術商品化的實踐

大多數的發明人要將專利技術商品化時，所面臨到最直接的問題，就是「資金來源」及「產品行銷」這兩大難題。在目前台灣的大環境中，若發明人無法完全自行處理解決這兩個難題時，則可考慮向外求援來協助，使之達成商品化的目標。

達成商品化目標的三種方式：

(一)專利權由發明人自行實施使之成為商品化

這種方式以商品化的過程而言，最為單純，利益所得也全歸發明人所有，但在實際執行上，卻是最為艱難，也最為辛苦的一種方式。因為從「資金來源」、「專利技術應用」、「商品生產」、「產品行銷」，都由發明人自行來處理，不用借助於外力，省去與他人合作的各種事宜和可能的紛爭。當然以整個商品化的過程而言，是最為單純的。但這種方式的艱難及辛苦之處，正因為什麼都是自己來，所以此種從頭至尾，各項事務並無專業分工的做法，這對發明人來說，是一種很大的負擔和挑戰。

(二)專利權讓與賣斷完全交由他人實施使之成為商品化

這種方式對發明人而言，是最為方便且權益所得最為清楚的做法。因為只要發明人與專利權買家雙方，協商買賣條件達成，簽約完畢及在智慧財產局辦理專利權轉移登記完成，買方履約交付給發明人應得的權利金，就算大功告成了。以後有關該專利商品化的資金、生產、行銷等事務，全由專利權買方自行負責，日後若產品暢銷，對原發明人而言，並不會再增加收益。相對的，若產品滯銷也與原發明人無關。

(三)專利權授權他人實施使之成為商品化

這種方式對發明人的應得權益最有保障，但實施過程則較為複雜。

以發明人權益的角度來看，這種方式能依實際商品銷售的狀況，依其比率取得相對的權利金，商品銷售狀況越好，發明人就能有越多的權利金收益。

而實施過程之所以較複雜，即在於發明人與被授權者必須長期合作及互信，無論從授權條件權利義務的協商、合約的簽訂、生產技術的轉移、實際銷售狀況的互信、是否如約給付權利金給原發明人等，都需要雙方具有耐心的執行，及真誠的互信。在許多的合作失敗案例中，常是因為雙方缺乏執行的耐心及互信的基礎上。

以上三種達成商品化的方式，發明人要採取哪一種方式較為適宜呢？這並沒有一定的答案，完全要看個人的時空環境條件自行衡量，以採取對本身最有利的方式為之。

旅行罩枕頭Custom Travel Hood Pillow

這款超棒的旅行罩枕頭具有內置罩，具有可拉緊的束帶，可阻擋所有光線，使您閉上眼睛休息一下，到達目的地！非常適合長途旅行或搭乘飛機的人。

圖片來源：Inspire Uplift LLC.新發明設計商品網，www.inspireuplift.com

三、協助發明人「商品化」的機構

在台灣目前的發明環境中，要將專利技術商品化，除了發明人自行實施外，其他可尋求外界協助的管道如下：

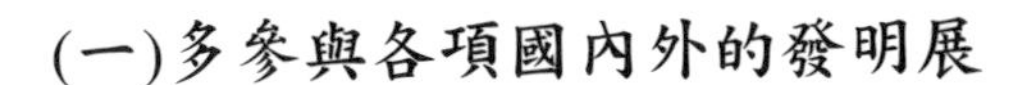

(一)多參與各項國內外的發明展

每年國內外舉辦的發明展場次相當多，在各種的展覽會中，就有很多的企業家或投資者，在尋找新的產品，發明人可利用這些機會，找到有意的投資者，將你的專利商品化。

(二)加入中小企業處推廣的創新育成中心

加入創新育成中心的行列，也是個很好的方式，中小企業創新育成中心，創立於1996年，在運用中小企業發展基金的推動下，現在經濟部中小企業處，已和很多大學及公民營機構合作成立「創新育成中心」。在育成中心能協助發明人減輕創業過程的投資費用與風險，增進初創業者的成功率，及提供產學合作場所，加速產品順利開發，與營運管理之諮詢服務。每所創新育成中心，依其特色及專精領域的不同，所配合輔導的專業類別與對象也有所差異，發明人不妨先去諮詢一下各創新育成中心。

(三)尋求創投公司或天使基金加入

備妥你的發明作品相關資料，主動請創業投資公司或天使基金，來為你評估可行性及投資開發商品化。我國自1983年引進創業投資事業，目前台灣的創業投資公司非常多，如：中華創投、華彩創投、華陽開發、台灣工銀創投、中科創投等約200多家，詳細的資料可由中華民國創業投資商業同業公會網站（http://www.tvca.org.tw）查詢。

每一家創投公司，都有其專長的創投領域，有些是電子業，有些專攻高科技，某些主要焦點在電機、機械領域，或主力放在生化領域者，也許某些創投公司，只對重大投資的大案子有興趣，但也有很多創投公司，主要是在看產品及技術的將來，是否深具發展的潛力，而來決定是否投資。

(四)委由各發明協會尋求合作者

台灣各發明協會或學會，大多有推介專利權合作投資生產，或專利權買賣轉讓等項目的服務，發明人可將已取得專利權的案件，委由適當的發明協會或學會，來尋求投資合作者，一般情況，若媒合成功，各發明協會就會合理的向發明人抽取約10~15%的媒合服務費，以充實該會務基金。

目前台灣各專利事務所，除了幫發明人辦理專利案申請外，也大多有仲介專利權買賣的業務，當然也是需收取媒合服務費的，各家收費情況有所差異，發明人不妨多諮詢比較。

(五)政府資源的協助與運用

在智慧財產局的網站（http://www.tipo.gov.tw）中的「專利商品化教育宣導網站」內，可讓發明人來登錄尋求合作的對象以進行商品化。

另外，工業技術研究院為提升產學研機構及個人發明之技術／專利的流通與運用，以創造其經濟利益，經濟部工業局已於2010年3月委託工研院技轉中心成立「台灣技術交易整合服務中心」（TWTM），並建置「台灣技術交易資訊網」（TWTM資訊網，https://www.twtm.com.tw/），蒐集及網羅產學研機構及個人之專利技術，與智財技術服務業合作，提供多元化行銷媒合活動，期活絡創新研發成果的流通與運用。

(六)自行推廣尋求合作者

有許多發明人是用這種方式推廣尋求商品化途徑，自行登報或上網查詢合作目標對象，自備商品化投資企劃書，親自登門拜訪相關企業毛遂自薦。總之，這種方式要發明人勤於主動出擊，也許就能遇到獨具慧眼的投資者來加入，將你的專利商品化。

(七)透過「群眾募資」平台達成商品化

群眾募資平台自2008年及2009年在美國相繼成立的Indiegogo和Kickstarter平台後，台灣也在2011年及2012年成立了flyingV及zeczec（嘖嘖）等群眾募資平台。

群眾募資提案，主要在於以創新的思維研發新產品，改善人們對於生活上的不便，或對生活的新體驗，孕育而生的創新作品。該創作品透過群眾募資平台公諸於世，讓認同此創新構想作品的人得到共鳴，進而出資贊助，使其提案者能運用匯集而成的資金，來實現商品化生產產品，再將產品回饋給贊助者。這是一種兩全其美的商品化模式，發明人籌到了商品化所需的資金，而贊助者則能以優惠的價格取得該項新產品，生活得到新的體驗。

專欄 3-4　立可白的誕生

在美國德州長大的貝蒂．奈斯密絲（Bette Nesmith），1951年任職於德州信託銀行的秘書工作時，經常需要使用打字機，而當打錯字時，幾乎沒有辦法擦掉修正，一整頁的文件就必須重打，這個問題一直困擾著她。

有一次在聖誕節前夕，她看到銀行請了一些工人在重新粉刷門窗，頓時她心中有了錦囊妙計，打錯字時，何不像粉刷工人一樣，把錯字刷上白色顏料，待顏料乾了之後再重新把字打上就行了，這個秘密方法她一直藏著，但後來還是被她的同事知道了，她說：「打錯字是不太光彩的事情，能不說就不說吧！」

打錯字或寫錯字是大家常遇到的困擾，這個秘密方法傳開來後，很多同棟辦公大樓的同事，都來向她要這種修正液，後來當地的辦

公室用品公司建議她把這個點子拿來賣錢，她這才瞭解原來創意是有價的，是可以賺錢的，起初她把這個發明命名為Mistake Out（除錯液），後來覺得這個名稱太拗口了，也不好記，於是又改名為Liquid Paper（立可白），就是「液體紙」之意，並申請了商標及專利，企業化經營。

在1976年，她把「立可白」公司以四千七百萬美元的高價賣給了吉列集團，自己則投入慈善事業和過著快樂的退休生活。

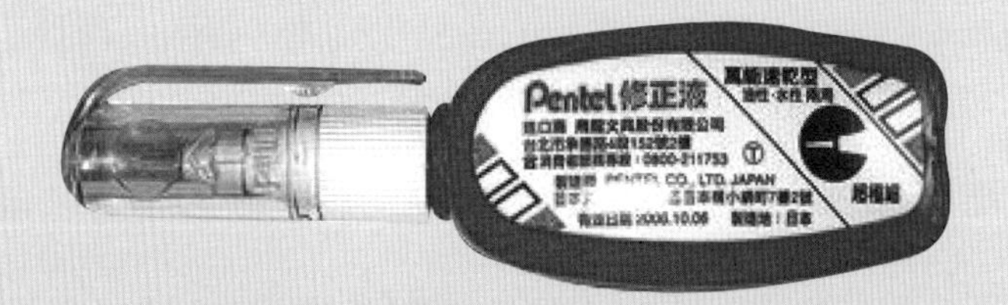

立可白的發明帶來很大方便，Liquid Paper是「液體紙」的意思。而中文譯成「立可白」也是個很棒的商業用語翻譯，不但發音近似，且一看便會有「塗上立刻變白」的直覺聯想。

圖片來源：PChome 24小時購物，https://24h.pchome.com.tw/

Chapter 4

產品研發實務

第一節　創新發明原理流程

第二節　新產品研發樣態

第三節　產品設計與可靠度

第四節　世界著名發明展與設計展

課後複習題

第一節　創新發明原理流程

一、創新發明的原理及流程

創新與發明並非只有天才、專家能夠做，其實每個人天生皆具有不滿現狀天性和改變現狀的能力，只是我們沒有用心去發掘罷了，在經過系統化學習創新發明的原理及流程後，一般大眾只要再綜合善用已有的各類知識與思考變通，再加入創意點子，人人都能成為出色的發明家。

在現代實務上的「創新發明原理流程」中（**圖4-1**），發明來自於「需求」，而「需求」的背後成因，其實就是人們所遭遇到的種種「問題」，這些問題，可能是你我日常生活中的「困擾」之事，簡單舉例，如夜晚蚊子多是人們的「困擾」，於是人們發明了捕蚊燈、捕蚊拍等器具，來解決夜晚蚊子多的「問題」。這些問題，也可能是你我的「不方便」之事，如上下樓層不方便，尤其當樓層很高時，所以我們發明了電梯，來解決此一上下樓層不方便的「問題」。又如，人們常有「美好夢想」，想要到外太空旅行甚至上月球渡假等，所以人們不斷的研發快速、安全、低成本的飛行器，希望有一天讓夢想成真。如上所述，這些「問題」在表徵上就是「困擾」、「不方便」、「美好夢想」之事，會以千萬種不同的型態出現，只要發明人細心觀察必能有所感受。因此，我們可以如此的說：「發明來自於需求，需求來自於問題。」

當我們有了「產品需求」時，就可透過「構思」，運用綜合已有的各類知識，如技術經驗、科學原理、常識與邏輯判斷等，經過思考變通，再加入新點子，就可以產生新的「創意」出來，然而在產生具有實用價值的「構思」過程中，則必須考量到「限制條件」的存在。所謂「限制條件」是指每一項具實用價值的發明新產品，它一定會受到某些「不可避免」的先天條件限制。以捕蚊拍為例，它的重量一定要輕，成本要低，其

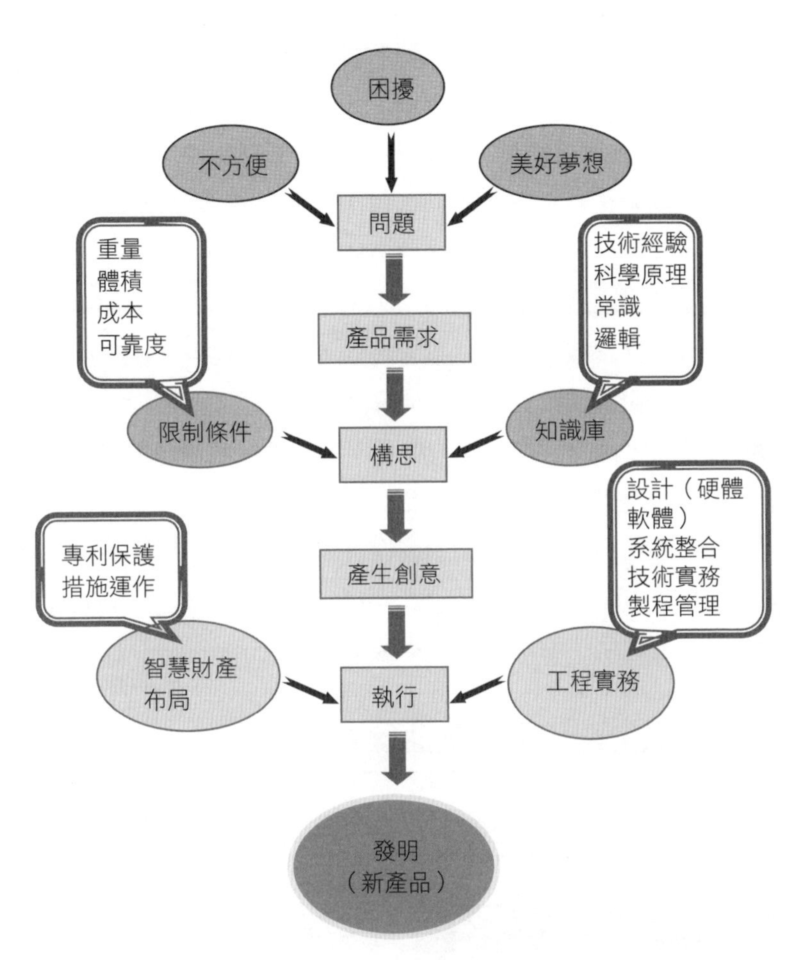

圖4-1　創新發明原理流程

可靠度至少要能品質保證使用一年以上不故障，這些都是具體的「限制條件」。反之，若不將「限制條件」考慮進去而產生的「構思」，如捕蚊拍的成本一支為5,000元，重量10公斤，即使它的捕蚊功能再好，產品大概也是賣不出去的。所以，目前市面上大賣的捕蚊拍，實際產品一支大約100~200元之間，重量也只有300公克左右，每年在台灣就可以賣出400萬支。

有了好的「創意」產生之後，接著就是要去「執行」創意，在執行創意的過程中，必然要使用「工程實務」才能化創意為真實，首先透過「設計」將硬體及軟體的功能做「系統整合」後展現出來，並運用「技術實務」施作，將創意化為真實的產品，再由效率化的「製程管理」，將發明的新產品快速大量生產，提供給消費者使用。然而在「創意」產生之後，還有一項重點就是「智慧財產布局」，當在「執行」創意的同時，我們就應該要將「專利保護措施運作」包含在內，本項必須先由專利的檢索查詢開始，以避免重複發明及侵權行為的發生，另一方面，也應針對本身具獨特性的創意發明，提出國內、外的專利申請，來保障自身的發明成果。

有些創意在學理上和科學原理上，是合理可行的，也符合在專利取得申請上的要件，但在工程實務的施作上卻無法達成，到最後這項發明還是屬於失敗的。所以，有了「創意」之後，接續而來在「執行」階段的「可行性」綜合評估，就顯得非常重要了。

二、產業的微笑曲線與苦笑曲線

在全球化產業競爭的型態下，每一家企業都有它的一條價值鏈，

去角質涼鞋刷Exfoliating Sandal Brush

去角質涼鞋刷具有柔軟的清潔刷毛，可按摩、去角質並去除雜質，清潔腳就容易了很多。帶有吸盤的腳形墊，可黏附在您的浴缸、淋浴地板或幾乎任何光滑的表面上，並提供柔軟的刷毛表面，非常容易清除腳部污垢。

圖片來源：Inspire Uplift LLC.新發明設計商品網，www.inspireuplift.com

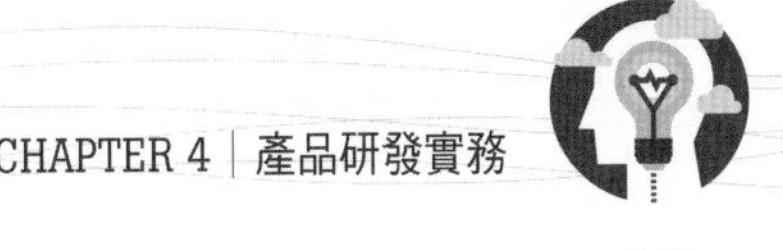
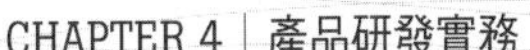

至於企業是站在這條價值鏈的哪個位置，就要看該企業的「整體資源能力」了。

在工業年代的初期，市場由「賣方」主導，因為產量有限，消費者也別無選擇，企業的重心都放在如何提高產能大量生產，在這樣的經濟型態中，哪家企業能擁有高超的生產技術和降低成本的能力，就能從中取得巨大的利潤。但是，這樣的年代已經過去了，我們所面對的現在與未來情況都會是「買方」主導的市場，當全球的企業製造產能已不是問題時，則會變成一個供過於求的時代，相對的，生產製造成本會無限度的被要求壓低，此時企業若僅從事生產代工，其利潤即會變得非常微薄。

處於這樣供過於求的年代中，顧客有了多重的選擇，如何以顧客導向思維，提供具有更多附加價值的創新研發或品牌行銷及新的服務，這才是未來具有競爭力的企業，也就是說，整個產業的發展趨勢，已經從過去有形的「產品製造能力」為重心，轉變成無形的「產品創新能力」為重心，在這樣的趨勢下，企業的保命符其實就是「智慧財產權」和「專利技術」了。

(一)如何將苦笑曲線變成微笑曲線

以下用「微笑曲線」和「苦笑曲線」（**圖4-2**），來說明企業在產業價值鏈中的處境位置與競爭能力。

(二)企業的「整體資源能力」與獲利利基

一家企業的獲利基到底在哪裡？其實很難直接了當的說一定在微笑曲線或苦笑曲線的哪個價值鏈位置上，而是要先去看這家企業已經累積了多少「整體資源能力」，也就是先要看自己是一家「先進企業」，還是一家「後進企業」，當你是一家技術研發能力有待提升的後進企業時，若貿然投入大量資源進行創新研發或自創品牌，則有可能在尚未成功之前，企

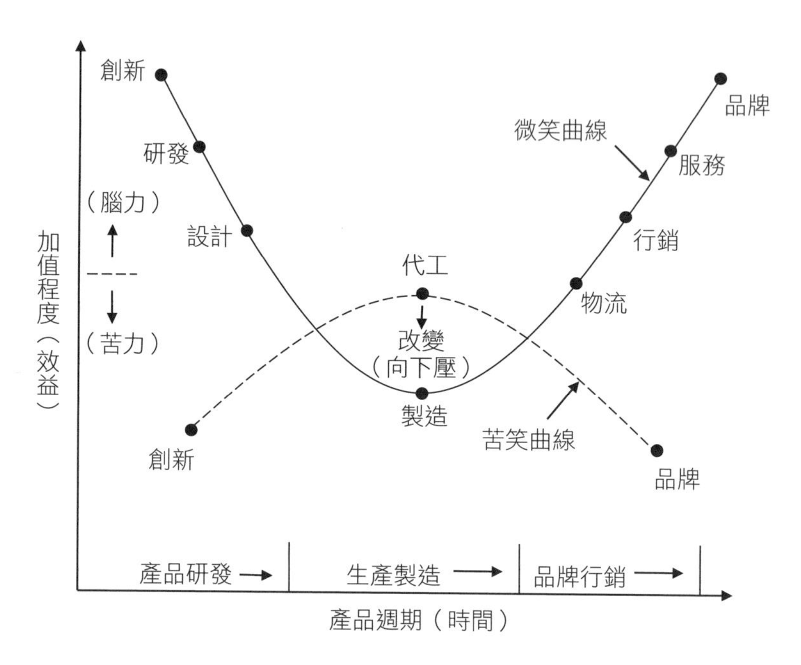

圖4-2　產業的微笑曲線與苦笑曲線

業已被拖垮了，這類型的企業只能先在降低成本、改善作業、提升品質等製造代工上努力，獲取「苦力」的利潤（就如苦笑曲線一般）。然後逐漸調整腳步，積極學習先進技術，累積更多的智慧財產權和專利技術等「腦力」資源，將苦笑曲線向下壓，便可成「一直線」，這個階段則可進行一些較有把握的小規模核心能力創新研發及品牌行銷，從中進一步累積更多的資源能力，使企業能逐步邁向「先進企業」之路。在有足夠的「腦力」資源時，即能將直線再向下壓，而形成微笑曲線，此時企業即可完全由創新研發及品牌行銷的智慧資產經營上，獲取更高的附加價值，而將生產製造這種「苦力」的工作委外代工。

專欄 4-1　不經意的發明——雙金屬材料的誕生

在我們日常生活中所用的很多東西，在發明的當時，其實並不是有意的去研究創造出來的，而是陰錯陽差歪打正著所產生的，至於歪打正著又能成功的關鍵，就在於「能否從失敗的經驗結果中發現它的新用途」。這一種「無心插柳柳成蔭」的事情，在人類的發明史上，也占了相當重要的一部分，例如，現在醫藥界熱賣的威而剛壯陽藥，其實原本是研發來治療心血管疾病的。

雙金屬材料的誕生

再舉幾個例子來說，比如，我們常用的電鍋中雙金屬電源開關，和眼鏡的不怕折能自動恢復原狀的記憶合金耳架，這種具記憶特性的雙金屬材料的誕生和新用途的發現，是在1962年服務於美國海軍武器研究室的金屬專家——比勒，當時因研究工作所需，要使用到鎳鈦合金絲，所以到倉庫取出鎳鈦合金絲放在工作室的角落，但並未即時使用，過了幾天，當比勒要使用時，卻發現這些合金絲每根都呈現彎曲狀，沒有一根是直的，比勒記得他從倉庫取出時都是直的，為什麼現在會全變成彎曲狀呢？後來比勒發現放合金絲的角落有台電熱爐，這地方周圍的溫度特別熱，所以直覺的認知，合金絲的形狀變化一定和溫度的冷熱有關，於是又從倉庫中取出直的合金絲，放在酒燈上加熱實驗，果然合金絲因受熱馬上彎曲

「雙金屬開關」是電鍋中的必要零件之一（大同電鍋是電鍋界的老品牌——活潑可愛的現代產品設計）

圖片來源：PChome 24小時購物，https://24h.pchome.com.tw/

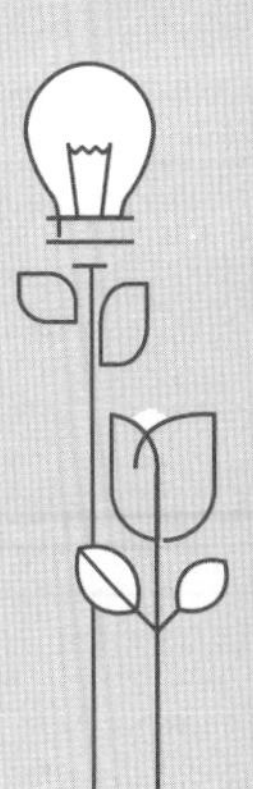

起來，放置冷卻後又能恢復原狀，後來又發現除了鎳鈦合金外，銀鎘、鎳鋁、銅鋅合金等，都具有此種溫度記憶的特性，這種記憶特性的材料，後來除了應用於民生用品上，也被製成特殊的機械接頭扣件，當在較低溫時接頭能緊扣在一起絕不脫落，而在常溫下又能自動恢復鬆開的原狀，這項發明後來也應用到美國海軍F-18大黃蜂及F-14熊貓式戰鬥機上。

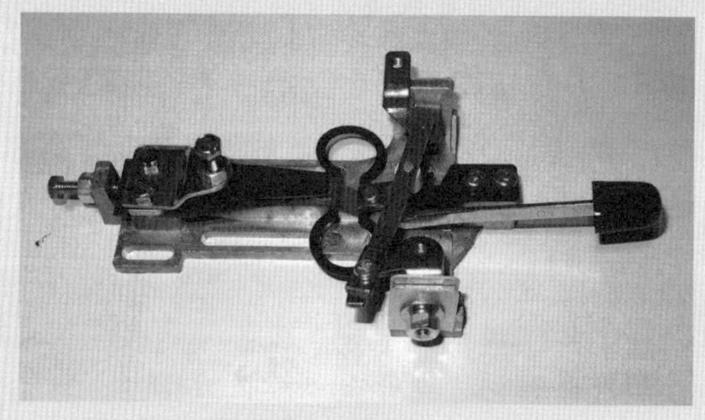

大同電鍋中的零件「雙金屬開關」
圖片來源：PChome商店街-雨林工作室，https://seller.pcstore.com.tw/S112882924/C1024677257.htm

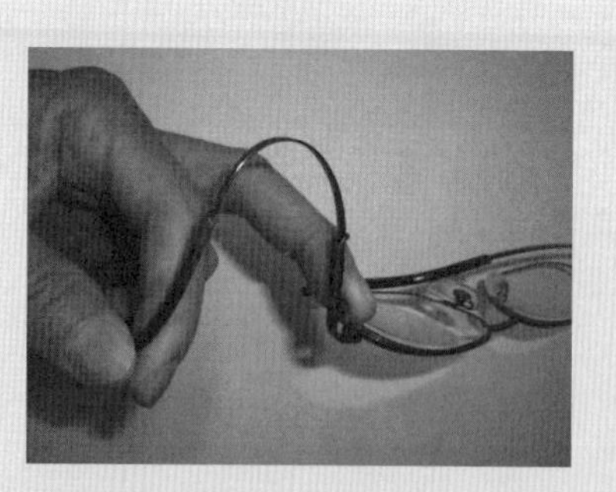

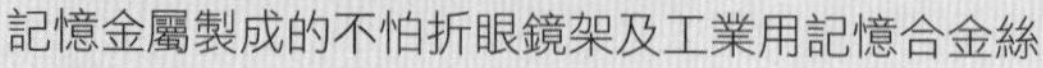
記憶金屬製成的不怕折眼鏡架及工業用記憶合金絲
圖片來源：葉忠福攝

第二節　新產品研發樣態

一、新產品研發的類型

創新產品研發的類型（**圖4-3**），可分為四類，即「競爭性之商品」、「一般性之商品」、「研發中之商品」、「可商品化之專利商品」。其中專業技術程度強而市場需求還處於弱勢，但以後有高度市場潛力的商品，就必須以取得專利來作為研發成果之保障。

專利技術的商品化，對發明人而言是具體經濟利益的獲取，對工商企業界而言，則是可獲創新產品，帶來營銷利基，消費者更可獲得功能好、效益高的商品，提升生活水平，就國家整體而言，可以提升產業技術與國際競爭力，故各國政府無不卯足全力，全面推廣創新之產業。

(一)專利技術之考量因素

創新產品的設計研發，必須考量下列幾個因素（**圖4-4**），應在有市

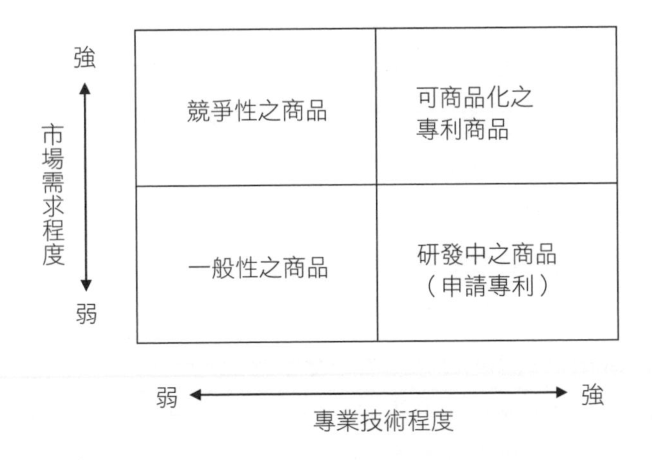

圖4-3　商品研發的類型

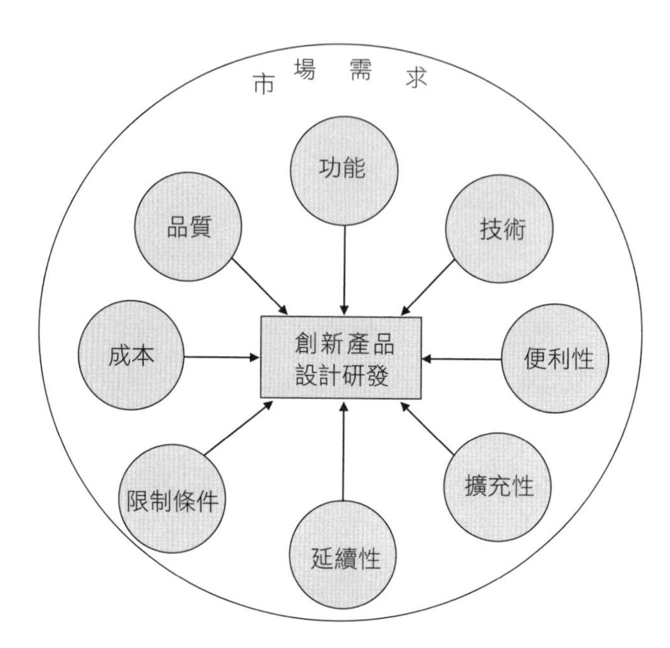

圖4-4　專利研發之考量因素

場需求的狀況下來進行產品研發，否則只有產品而無市場，這將會是失敗的研發。

1.功能：新產品的功能是否比原產品更多、更好、更有效益。

2.技術：新產品的技術門檻高或低，他人是否容易模仿。

3.品質：專利的新產品經常是功能上的創新，但不代表絕對的品質保證，以往許多的專利產品失敗，其關鍵就在於沒有將品質做好，依照消費者行為的許多研究指出，只有20%的人用到好的產品會告訴親朋好友，但有80%的人用到不好的產品會告訴親朋好友身邊的人，故產品品質的口碑是成功商品非常重要的一環。

4.成本：產品售價與成本息息相關，如何控制好產品的成本，是能否將商品普及化的重要關鍵因素。

5.限制條件：符合市場需求的產品在研發設計時，都有其不同程度的

各種限制條件，例如，空間、重量、體積、效率等主客觀的限制條件，必須在這些條件的限制下，發揮智慧及創意，將產品設計出來，如此才能符合市場的需求。

6.便利性：新產品必須具有更大的便利性。

7.擴充性：須考量其功能是否具更多擴充性，以利日後的功能提升。

8.延續性：對後續的技術發展是否能提供第一代、第二代、第三代等延續性的產品研發設計之衍生商品。

(二)專利技術發展的生命週期S曲線

在專利技術發展上，其生命週期（**圖4-5**）於萌芽期時技術效益尚不明顯，企業還處於投資研發階段，這段期間還未能真正創造利潤。而在成

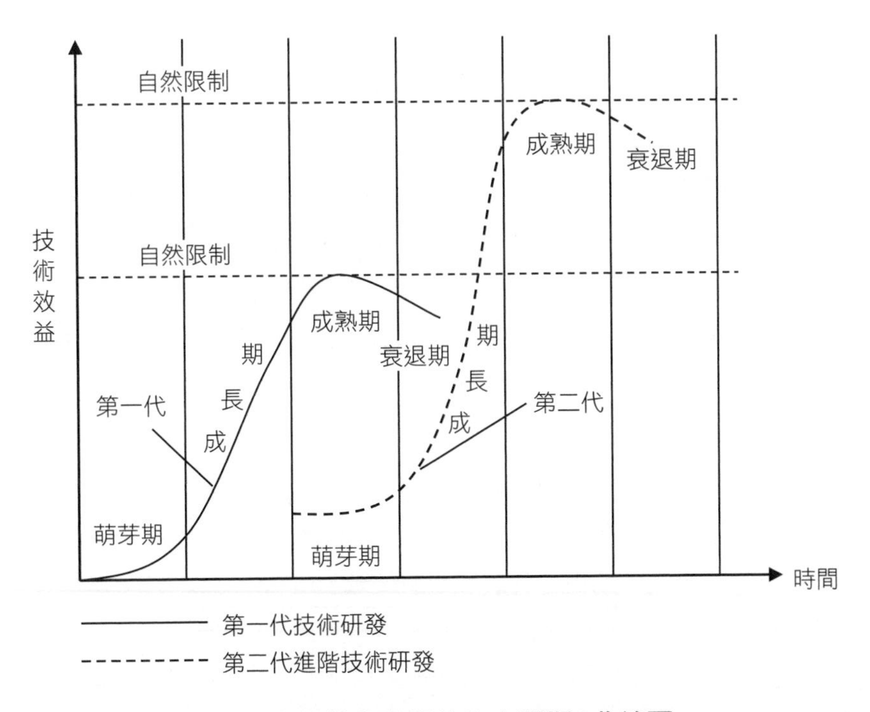

圖4-5　專利技術發展的生命週期S曲線圖

長期時，為開始商品化及行銷的時期，此段時期因有專利的保護，所以能快速的成長，也為企業創造利潤。而在成熟期時，因競爭者類似功能產品的加入市場競爭，及受到整體市場規模的自然限制，在行銷及利潤上就會受到擠壓，而呈飽和狀態。更在衰退期時，開始呈現下滑的現象。

(三)產品生命週期之延續策略

在第一代的技術研發處於「成熟期」時，就應即刻進行第二代進階技術的研發，如此才能順利的以第二代的商品成長，來取代第一代的商品「衰退期」，再造另一波的技術效益高峰，為企業持續創造利潤。

二、創新產品設計工作展開

科技產業所面對的競爭非常劇烈，產品的生命週期也越來越短，所以大家都在拚速度，交期要更短、產品推出要比別人早、服務要快、改善要更快……，什麼都要快，使得很多從業人員日以繼夜，工作壓力非常大。

由於研發時程的被壓縮，相對的，研發人員的工作壓力隨之增加，為了在極短的時間內就能研發出高水平的產品，所以對創新產品研發的作業流程熟悉度及管理能力的提升，就相對顯得非常重要。因此，如何進行研發資訊的蒐集與技巧活用之學習，以及如何產生創意進而應用在創新產品概念上，乃至研發設計、性能驗證、生產系統規劃等，對研發人員而言，都是一連串嚴苛的考驗。

在此，將產品研發的型態與各階段研發程序，及使命目標予以明確化介紹，其用意在於讓學習者有整體而明確的概念，以便在實際進行研發工作時，達成所追求的效率性與精準性之實踐。

由於產品之研發涉及到設計規模、設計時程、人力投入、性能確認、可靠度與品質的管理、周邊資源的配合等，多重的因素要項，是一種甚為複雜的總體技術及管理能力的整合工作，在此盡量以簡單易懂及重點的表達方式來做介紹。

(一)創新產品研發的分類

產品的研發設計依其設計規模及程度的不同，在型態上可分為三大類：

◆新產品（New Product）

所有功能、規格、特性、結構、外觀，均完全新設計之全新產品（例如，研發一部全新的車型汽車）。

◆型式變更（Model Change）

由既有之產品中進行局部的設計變更，變更後與既有之產品大致功能相近但已有某部分不相同（例如，在既有的汽車中，將變速箱系統的規格變大，以增強動力輸出，達更高車速之目的）。

◆細部變更（Minor Change）

由既有之產品中進行小部分的設計變更，一般均不違其原有功能及特性的衍生性產品（例如，在既有的汽車中，將方形尾燈變更為圓形尾燈。或原燈泡為外包廠商A牌元件，變更為採用外包廠商B牌同規格之元件等，都是屬細部變更的設計規範）。

懸掛式太陽能旋風轉盤

Hanging Solar Swirl Wind Spinner

懸掛式太陽能旋風旋轉器可將您的房屋或後院變成童話中的某個地方。太陽能電池板白天為電池充電，以便傳感器可以像黃昏一樣自動在黃昏時打開LED燈！即使是微風，也會使旋轉器旋轉，為您的房屋、後院或露台增添美麗和幻想元素。

圖片來源：Inspire Uplift LLC.新發明設計商品網，www.inspireuplift.com

(二)創新產品研發設計之各階段說明

由於以上三類（新產品、型式變更、細部變更）產品設計的設計規模及須確認研發的項目不一，所以在產品研發設需求之各階段上，可分為新產品企劃（NPP）、機能試作（EP）、樣品試作（SP）、試驗性生產（PP）、大量生產（MP）、銷售（Sell）等六個階段（圖4-6）。

對於「新產品」設計各階段的「設計檢討會」在 EP、SP、PP等各階段試作告一段落後，都須召集研發部門、生產技術部門、品質管理部門、行銷業務部門及其他相關者（如採購、財會），共同檢討與評價各階段「試作當中」所需繼續改善之事項及下一階段試作須注意及加強之處，以期能在大量生產（MP）時，追求生產效率及品質穩定。

有關「型式變更」及「細部變更」在哪一階段導入試作較為適合，則必須視其性能確認的需要性，選擇由SP或PP或MP階段時導入。

(三)創新產品研發設計之各階段展開作業（圖4-7）

◆新產品企劃（New Product Planning）

主要目的與使命在蒐集產品研發時的相關資訊，依據市場需求透過顧客、通路商、專利資訊、專案研究人員等多重資訊管道進行資訊蒐集後，加上「產品創意技法」的活用，來做新產品的構思與相關事宜之企劃，並設定「產品概念」之特性、功能、市場可接受之售價、開發時程與上市時間，以及目標市場行銷通路等之「行銷組合規劃」事項。

◆機能試作（Engineering Production，簡稱EP）

主要目的在探索新產品的核心技術之所在與關鍵性新機能及新技術之可行性。

此階段的使命目標為研究活動之展開及透過企業內、外部的研究資產（包括研發設備、專業人才、技術知識庫等）的應用及施以「可靠度

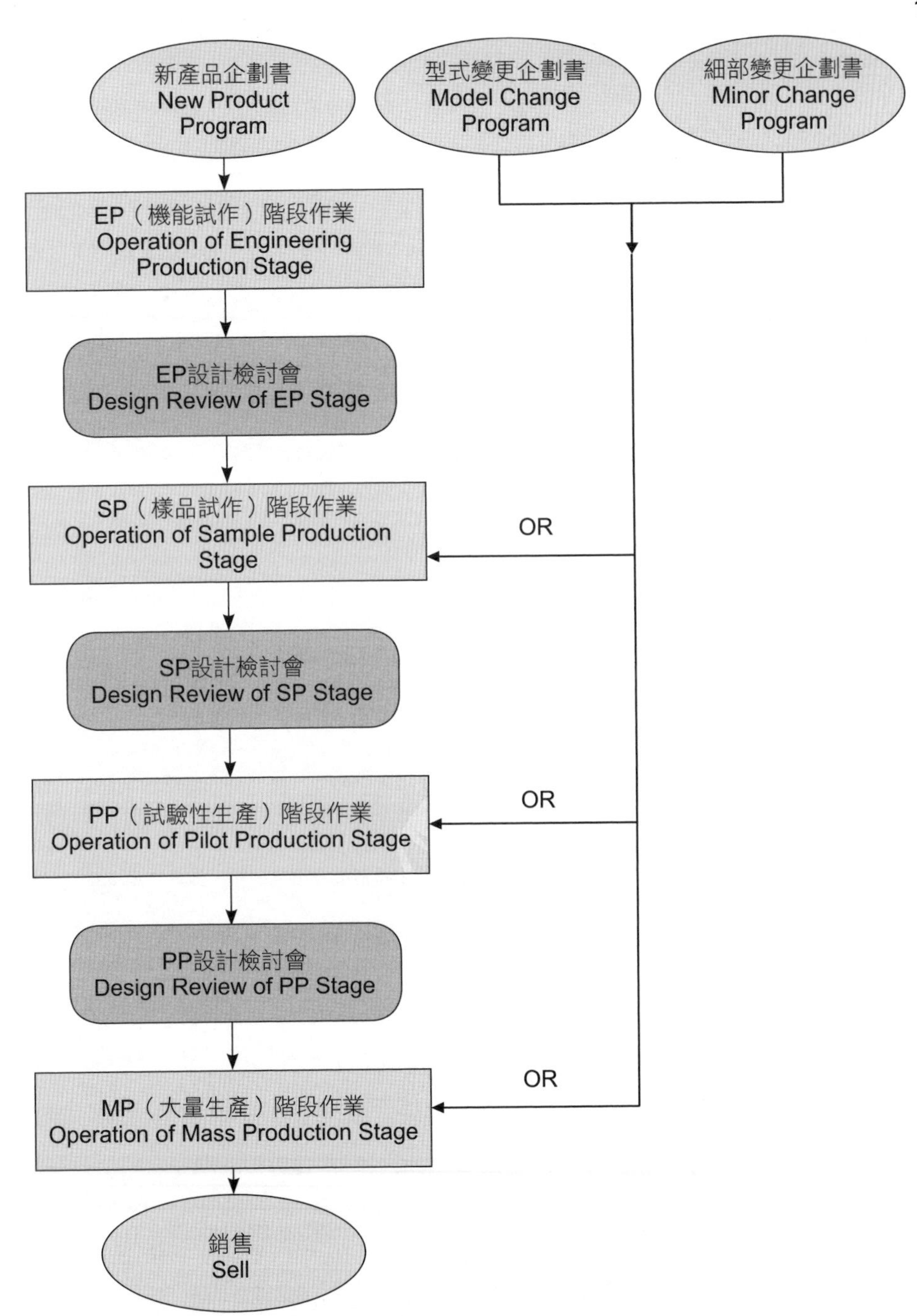

圖4-6　創新產品研發設計流程圖

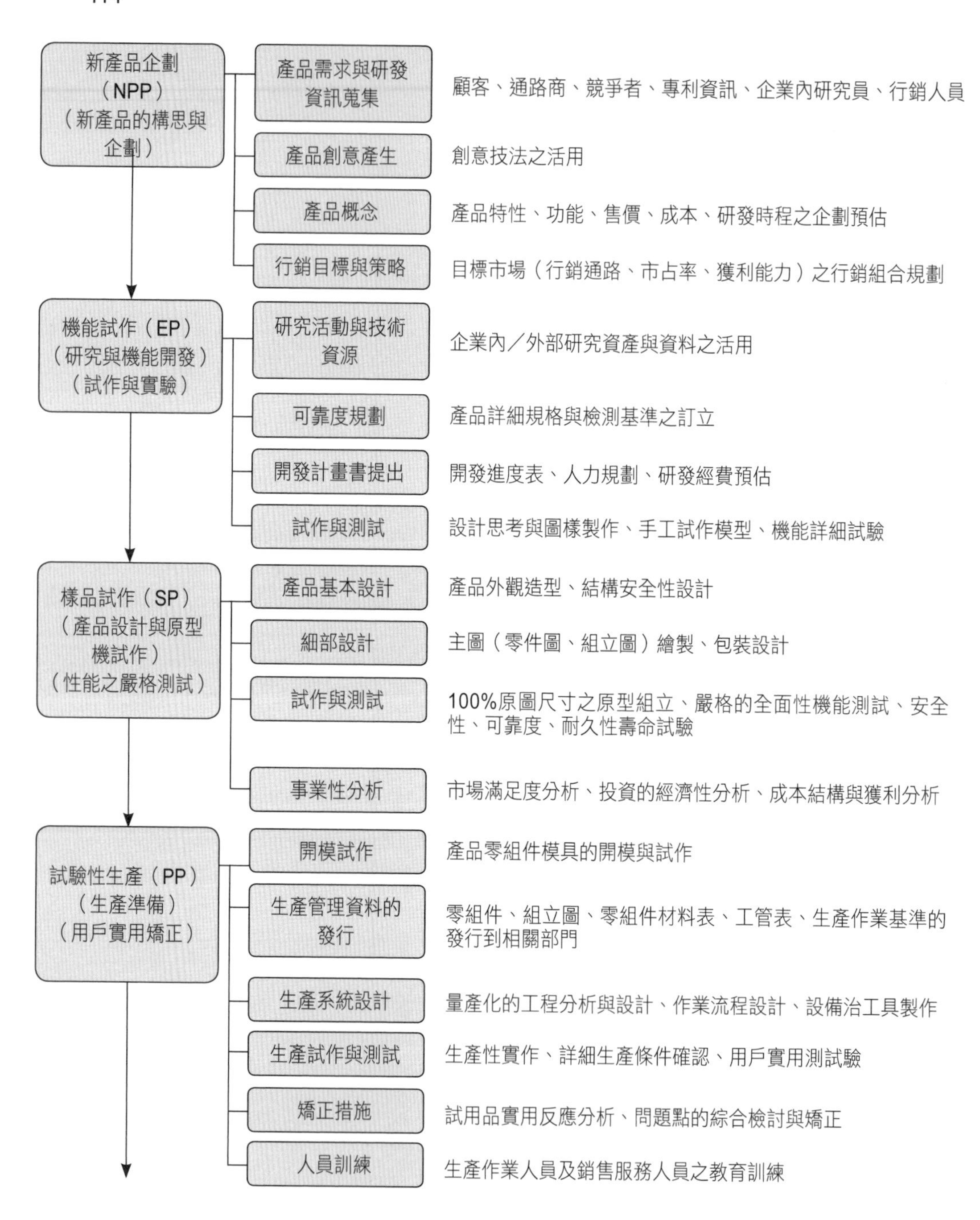

新產品企劃（NPP）（新產品的構思與企劃）
產品需求與研發資訊蒐集
顧客、通路商、競爭者、專利資訊、企業內研究員、行銷人員
產品創意產生
創意技法之活用
產品概念
產品特性、功能、售價、成本、研發時程之企劃預估
行銷目標與策略
目標市場（行銷通路、市占率、獲利能力）之行銷組合規劃
機能試作（EP）（研究與機能開發）（試作與實驗）
研究活動與技術資源
企業內／外部研究資產與資料之活用
可靠度規劃
產品詳細規格與檢測基準之訂立
開發計畫書提出
開發進度表、人力規劃、研發經費預估
試作與測試
設計思考與圖樣製作、手工試作模型、機能詳細試驗
樣品試作（SP）（產品設計與原型機試作）（性能之嚴格測試）
產品基本設計
產品外觀造型、結構安全性設計
細部設計
主圖（零件圖、組立圖）繪製、包裝設計
試作與測試
100%原圖尺寸之原型組立、嚴格的全面性機能測試、安全性、可靠度、耐久性壽命試驗
事業性分析
市場滿足度分析、投資的經濟性分析、成本結構與獲利分析
試驗性生產（PP）（生產準備）（用戶實用矯正）
開模試作
產品零組件模具的開模與試作
生產管理資料的發行
零組件、組立圖、零組件材料表、工管表、生產作業基準的發行到相關部門
生產系統設計
量產化的工程分析與設計、作業流程設計、設備治工具製作
生產試作與測試
生產性實作、詳細生產條件確認、用戶實用測試驗
矯正措施
試用品實用反應分析、問題點的綜合檢討與矯正
人員訓練
生產作業人員及銷售服務人員之教育訓練

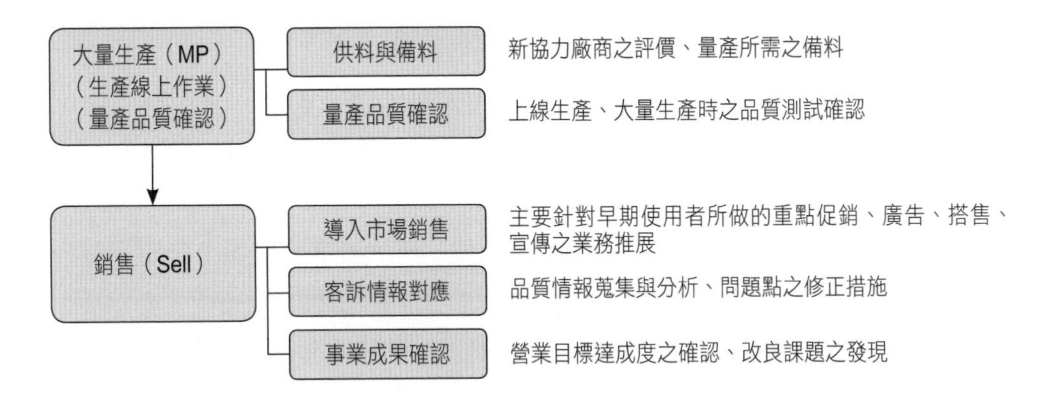

圖4-7　創新產品研發設計之各階段程序展開圖

規劃」，進行產品性能目標值之設定與檢驗之基準。並擬定「開發計畫書」來明確化開發進度、人力應用、研發經費的支配等工作，亦方便進行整個研發狀況的追蹤與管理。

此階段也必須開始進行設計的思考與藍圖的製作，並初步以手工的方式，製作產品模型來測試其性能為何？是否達到預期目標。

◆**樣品試作（Sample Production，簡稱SP）**

主要目的在驗證整個新產品之機能實現的可行性及銷售市場之滿足度。

此階段的使命目標，為產品的「基本設計」（包括外觀造型、結構的佈局與安全性等），以及正式圖面的繪製與產品的包裝設計。在原型機的製作方面必須以正式圖面1比1的完全尺寸，製作出將來商品化時的完整機型模式（Mock-up Assembly），來進行實機的測試，以確保將來商品化產品的性能與品質。再依實機測試的結果來評價是否能滿足市場需求、投資的經濟性為何等「專業性」的分析。

◆試驗性生產（Pilot Production，簡稱PP）

主要目的在確認新產品之生產性及相關生產之設備、治工具、模具、加工性及品質公差等，所有涉及生產線上作業相關之事項。也就是生產品質之確認，亦可謂「量產前試作」。

此階段的使命目標，是將已繪製完成的正式圖面，開始進行正式開模試作，並將模製品的零組件在生產線上正式試作組裝，以確認生產性及詳細生產條件。如有任何問題點存在，必須在此階段進行綜合性的檢討與矯正，以期在大量生產階段時能順利推展。

◆大量生產（Mass Production，簡稱MP）

依照前述PP量試之規劃作業，在「第一批」大量生產中，培養生產作業者之熟練度，同時充分檢驗大量生產之產品品質。而在「第二批」起之大量生產時，則以追求生產效率及品質穩定為目標。

此階段的使命，是將相關零組件的外包供應廠商之供貨能力、品質保證能力，以及第二來源廠商的尋求等，作綜合的評價與篩選，並開始進料準備大量生產時之所需。於備料完成後即可安排上線正式生產，並進行量產品之品質檢測確認。

◆銷售（Sell）

此階段的使命目標，是先針對早期使用者做重點的促銷、廣告等方面的業務性工作推展。而在新產品開始銷售後，即啟動「客訴情報對應」機制，對產品品質情報進行蒐集的工作，並對所得情報進行產品品質的分析，以作為修正問題點之資訊來源。此階段也應做「事業成果」之確認，包括營業目標達成度為何？產品改良或衍生之再創新產品的再研發等課題的發現。

在前面所說明的創新產品研發設計的各個階段管理中，每個階段作業的重點內容與項目及要領，因目的之不同而有明顯的差異，但其作業是

飲料瓶手鐲Flask Bangle Bracelet

這款可穿戴式瓶體的創意二合一設計，意味著它既時尚又實用，出門在外之前，只需將可穿戴的飲料瓶與您選擇的飲料放滿，然後在旅途中即可飲用。

圖片來源：Inspire Uplift LLC.新發明設計商品網，www.inspireuplift.com

有一貫性及互相的需求連結性的，故各個階段的分別展開作業，是應該要連貫起來看待的，如此才能全面認識到完整的「創新產品研發設計」流程及精髓之所在。

專欄 4-2 不經意的發明——鐵氟龍PTFE

杜邦公司的意外發明經典案例

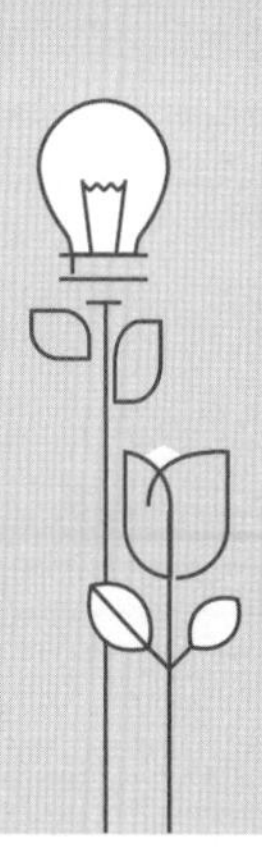

杜邦公司的鐵氟龍發明也是個有趣的例子，1930年代杜邦的工程師們正在開發新的冰箱製冷劑（冷媒），有一天工程師忘了將實驗品的四氟乙烯桶子鎖好收藏起來，於是桶內的氣體慢慢蒸發而聚合起來成了固體，過了幾天工程師發現，桶內的四氟乙烯固化而成為聚四氟乙烯（PTFE），也就是現今我們所稱的鐵氟龍，這項因作業失誤所產生的非預期結果，其相關的經驗資料檔案，曾被封存多年，沒人去特別注意，由於鐵氟龍具耐高溫、無毒、耐磨、防腐、絕緣、密封、表

面光滑、防黏的特性，後來無意間被其他的工程師發現它的新用途，直到今天已經被廣泛的應用在不沾鍋廚房用品、汽車零組件、醫療器材等方面，也為杜邦公司創造了可觀的產品營業利潤。

鐵氟龍材料的發明，帶給現代人生活很大的方便。鐵氟龍材料在不沾鍋塗層的應用，就是很好的實例。（Tefal法國特福極致饗食系列不沾鍋）

圖片來源：PChome 24小時購物，https://24h.pchome.com.tw/

第三節　產品設計與可靠度

一、產品設計「漂亮290原則」

創新發明產品商品化的過程中，「作品不等於產品，產品不等於商品」。而「作品」要轉化到「商品」的過程裡，要運用具美感的造型外觀設計及優良量產技術和嚴謹的品質管理，再透過建立行銷通路來銷售商品獲取利潤，如此才能建立完整的商品化機制。

然而，發明人在研發工作上，往往都只著重於作品功能上的創新。當作品初始完成所需的功能要求時，其實此時也僅於稱為「作品」，真正

要能夠生產出好的「產品」，則需再經過漂亮外觀造型設計、良好的製造技術品質管理與可靠度測試等，更要有效管控製造成本不能太高。如此，「作品」才能化身為熱銷的「商品」，在市場上取得競爭優勢。

作品不等於產品，產品不等於商品；「作品」要轉化到「商品」的過程裡，要運用量產技術及良好的品質管理，再透過建立行銷通路來銷售商品獲取利潤，如此才能建立完整的商品化流程機制。

圖片來源：udn電視台。

(一)漂亮外觀造型設計才能吸引消費者目光

能吸引消費者目光的產品，是成功銷售的第一步。產品設計「漂亮290原則」中，所謂「漂亮」意指產品外觀造型設計（Industrial Design, ID；工業設計，亦有人通稱造型設計或工藝設計），它是以工學、美學、經濟學為基礎，對工業產品進行的設計。

創新產品的研發除了功能性之外，其美感設計亦為重要一環，尤其在消費性產品上需更用心，例如家電、日常生活用品、3C電子產品等。在賣場架上要能吸引目光才能提升銷售業績，即使是工業用產品設計上，只要多花一些心思在美觀造型上，客戶更能感受你對產品開發的用心，更會

漂亮外觀造型設計的「室內植物生長箱」產品。現在流行養生概念，在自家室內種植蔬菜，不但可美化室內環境及清淨空氣，又可自己種植無農藥的健康生菜。

圖片來源：七盟電子工業，http://www.seventeam.com.tw

MIR（Mobile Industrial Robots）公司生產的自主移動機器人：MiR100與MiR200（左圖），及MiRHook100（右圖）。即使是工業用產品，MIR公司同樣用心在產品外觀造型設計及色彩搭配上，下足功夫。

圖片來源：https://www.mobile-industrial-robots.com/en

堅信你的產品是具有一流品質水準的，增加你的產品附加價值。

(二)創新產品設計成功的三個關鍵要素

在產品設計「漂亮290原則」中，所謂「290」意指產品的生產「成本」控制，必須做到100分，產品「可靠度」也必須做到100分，而產品

「效能」則必須做到90分以上的水準。

◆關鍵要素一：生產成本絕對牽動產品售價與市場規模

有句名言：「即使你的產品功能再好，但是成本太高，你必定也將成為輸家。」產品的生產「成本」控制，必須做到100分。它的意義在於任何產品的生產成本一定牽動著「售價」，當產品售價過高時，將難以普及化，市場推廣困難，規模就難以做大。

◆關鍵要素二：產品沒有可靠度顧客就不會有忠誠度

在創新產品研發上，發明人往往都在強調功能的創新與帶給消費者的益處或便利等。但是如果你買了一樣創新產品，但品質不佳，經常發生故障，光是送修來來回回的處理，就會給消費者帶來無窮的麻煩。相對的，以後對這家企業的其他產品，就會敬而遠之了，而企業將會失去顧客的忠誠度，所以有句話說：「產品沒有可靠度，顧客就不會有忠誠度。」

在產品「可靠度」中的另一更高層次，為「安全性可靠度」，這是萬一當產品發生最嚴重的故障或意外狀況時，產品可以「功能失效」，但絕不能發生傷及使用者生命財產之情事。所以，產品的「安全性可靠度」必須以最嚴謹的態度來看待。

例如，韓國三星（SAMSUNG）智慧型手機Galaxy Note 7一推出的出貨量就有250萬支的好成績，然而就在推出一個月之後，2016年9月在世界各地連環發生電池爆炸，傷及使用者，甚至有人將該型手機置於車內時，手機發生電池爆炸而將整台汽車燒毀的情況，10月初各航空公司更要求旅客禁止攜帶Galaxy Note 7上飛機等嚴重事件，10月下旬三星緊急宣布停產及停售該型手機。因本次商品瑕疵事件所產生的回收下架、理賠、股價下挫、商譽受損及後續民眾對該公司產品信任度下降等，三星在這次事件中損失估計高達約170億美元。由此實例可知，產品可靠度對企業經營的重要性。

三星（SAMSUNG）智慧型手機Galaxy Note 7，2016年在世界各地連環發生電池爆炸，甚至有人將該型手機置於車內時，手機發生電池爆炸而將整台汽車燒毀的情況。
圖片來源：美國（左）https://gadgets.ndtv.com；香港（右），http://media.now.com.hk

◆關鍵要素三：要設計出最適當的產品而非最厲害的產品

關於產品品質「效能」方面，誰都難以否認一分錢一分貨的概念，這概念用在產品製造成本上也是相同道理。許多工程師在設計產品時，往往都將產品效能擺在第一位，而輕忽了生產成本的「節節升高」，設計產品時著重於效能並沒錯，但關鍵在於世界上大多數產品，效能追求絕對與生產成本呈現正相關的因果關係。所以在此關鍵要素之中要說明的，即是消費者行為的認知中，大部分人對於「效能」的感受「敏感度」，並不是那麼靈敏的，但也不能明顯小於品質規範太多。從實務上，即使是用了一段時間之後效能有所衰退時，產品「效能」仍能維持到品質規範的90分以上水準即可。

關於「品質過剩」的疑慮問題，例如一部汽車的設計使用年限為十年，那麼你就沒有必要導入一種使用十五年也不會損壞的避震器，這就是「品質過剩」所形成的成本浪費。又如日本的電力公司，為確保供電的高品質，無預告式的停電，控制在每年五分鐘以下，首都東京圈還要更少，其代價就是電力公司將近50%的營運資金投注在供電和輸配電網等電

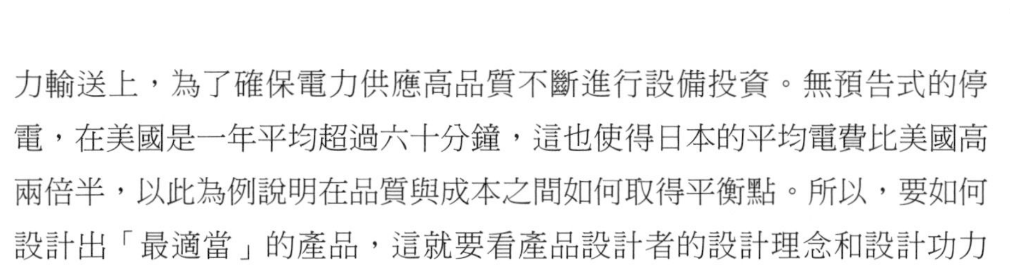

力輸送上，為了確保電力供應高品質不斷進行設備投資。無預告式的停電，在美國是一年平均超過六十分鐘，這也使得日本的平均電費比美國高兩倍半，以此為例說明在品質與成本之間如何取得平衡點。所以，要如何設計出「最適當」的產品，這就要看產品設計者的設計理念和設計功力了。如何拿捏住這個品質與成本的「黃金分割線」，就需要有豐富的設計與行銷實務經驗。

二、創新產品之可靠度與FMEA

(一)為什麼會發展出FMEA的方法

FMEA是早在1960年代就由美國軍方和航空暨太空總署（NASA）共同發展出來的一套手法，針對產品的可靠度規範模式所設計出來的一種有效品質確保方法，因軍用和太空產品所使用的環境是很惡劣的且攸關人命，甚至可能牽動到整個國家的利益，產品損壞所造成的影響是非常嚴重的。所以，很早以前軍方就對軍用、太空產品的可靠度，有了極為嚴苛的規範，而這套規範後來也延伸到民間企業使用，以提升品質管理的水準及增加企業的競爭力。

在現代，產品可靠度的規劃與分析的模式中，最被廣泛使用的也就是這套「失效模式效應分析」（Failure Mode Effects Analysis，簡稱FMEA），這是一種防範於未然的產品品質可靠度管理技術，主要功用在於先行針對產品系統失效之前就能主動發覺失效的模式與失效的原因，及失效時的影響程度，進而能在失效未發生前就先採取防範或補強之措施，以避免真正失效狀況的發生或降低發生的機率。

目前FMEA已被成功的應用於軍用品、航太工業、一般工業、民生用品之研發設計製程當中，應用層面非常廣泛。在創新產品設計時，可從過去的設計經驗及各種相關資訊，來預測該產品最有可能的失效部分，再經由實際的測試驗證，找出產品真正的弱點，並視狀況補強設計，或是選擇忍受弱點所帶來的企業風險，這就是FMEA的核心概念。

(二)FMEA的應用案例

例如，一支行動電話，在充電插座連接埠處，會因使用者的頻繁充電使用而增加損壞率，此時設計者在設計之初，對於連接埠零件材料的選用與成本的考量，就必須做出選擇，是要選用成本高的強化特製型連接埠呢？還是選用成本低而易於更換檢修的模組元件呢？而無論設計者用了何種元件，都還是要經過實際的可靠度測試，來驗證與構想時的實際品質差距。這樣一來，研發設計者就能在充分掌握品質可靠度的狀況後，視其經濟效益及企業商譽的考量，來判斷抉擇是要在前端設計時就直接解決問題呢？還是其實失效問題的風險甚低？若為前端設計補強來解決問題的整體成本高於失效後的承擔成本時，而決定採用後者，這些都能由FMEA的分析與驗證中，找到最佳的解決方案。

按鍵開關可靠度壽命測試設備。以除濕機的電源按鍵開關為例，在「零件可靠度」的實際驗證操作機台上做測試。

圖片來源：葉忠福攝。

(三)FMEA失效分析的架構

創新產品研發，在品質可靠度的規劃及驗證上，是一門非常專業的學問，有關零件可靠度、成品可靠度、加嚴試驗、加速壽命試驗等，有關FMEA的分析與交叉評估，這些在品質管理上的技巧，本文限於篇幅，在此僅舉上述一例作為簡單的概念介紹，並請參閱（**圖4-8**）。

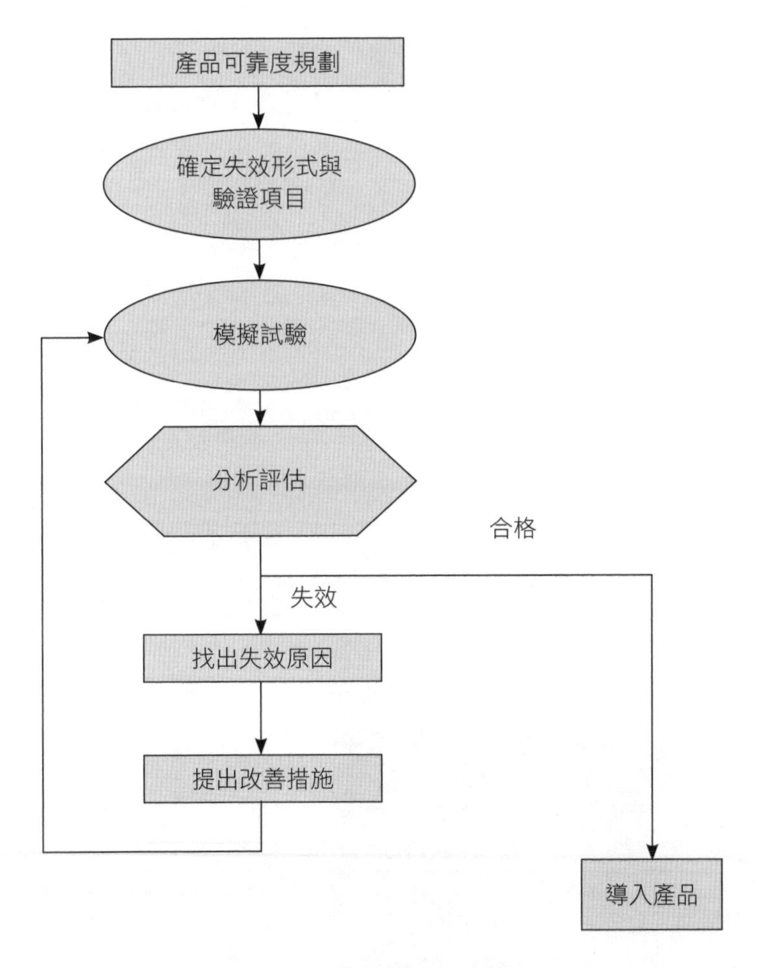

圖4-8　失效分析架構圖

專欄 4-3　不經意的發明——便利貼奇蹟

3M公司的便利貼奇蹟

3M公司的便利貼也是誤打誤撞發明出來的例子，3M公司的黏合劑研發部工程師席爾弗（Spencer Silver）本來是要研發超強黏著力的黏膠，無奈經過多次的實驗結果都失敗了，黏膠黏上去很容易的就被撕下來，黏著力一點都不強，覺得它一點用處也沒有。而他的同事福萊（Arthur Fry），每次上教堂時，都覺得夾在讚美詩歌本上的書籤很容易就掉下來，如果有一種便利貼也便利撕又不會破壞書本的貼紙那該有多好，於是他靈機一動，想到他的同事席爾弗的失敗研發黏膠，剛好具有這種特性，就拿來使用看看，果然效果令人很滿意，後來3M公司就依此市場需求製造了便利貼，現在差不多每個辦公室或家裡都能見到這種方便的黃色小貼紙，雖然只是小小一片卻能帶給人們無限方便。

所以，發明人不必為發明過程中的失敗而感到懊惱，每一次失敗的經驗，都可能是另一次成功的起點，只要我們多用心去思索，從失敗的產品中，是否能「發現新用途」，解決以前從未想到的某些問題，或許就因這樣而創造了新的發明奇蹟。

各式便利貼產品
圖片來源：葉忠福攝

第四節　世界著名發明展與設計展

一、發明展與發明獎勵

發明展是發明人將創作品公開展出推廣最重要的場合，發明人應多參加國內外的展覽活動，以有效推廣自己的創作。

(一)台灣創新技術博覽會

台灣每年舉辦一次的全國性的發明展，2019年起更名為「台灣創新技術博覽會」，是會由經濟部智慧財產局主辦，台灣的各發明協會協辦，是台灣規模最為盛大的國際發明展，也是亞洲最大的國際發明展，每次展出的新發明作品都約有二千件以上。每年在台北世貿中心舉辦，報名參展攤位費約為一萬多元左右。而參加「國家發明創作獎」當年度的得獎作品者，則可免費參展。

「台灣創新技術博覽會」報名競賽區的參展作品，智慧財產局會邀請各領域學有專精的專家學者擔任評審委員，進行參展品的評鑑，選出優良作品，頒發金、銀、銅牌獎及獎狀加以表揚。

(二)國內其他發明展與獎勵

除了政府每年舉辦的「台灣創新技術博覽會」之外，國內還有許多較為重要的展覽或創新發明競賽，例如，國家發明創作獎、國家文化總會（創意獎）、中技社科技獎、東元科技獎（東元科技創意競賽）等，發明人都可以踴躍參加，而且獎金從新台幣幾萬元到幾十萬元，甚至高達百萬元，非常豐厚。

在「國家發明創作獎」方面，是由經濟部智慧財產局主辦，參加者必須是有申請中華民國專利的作品，是獎勵「發明人、創作人或設計人」，真正實際從事創新工作的人。各單項獎金方面，「發明獎」獲金牌獎者可獲得獎金高達四十萬元，獲銀牌獎者可得獎金二十萬元；「創作獎」獲金牌獎者可得獎金二十萬元，獲銀牌獎者可得獎金十萬元。

◆KEEP WALKING夢想資助計畫

一百年多前（1908年），亞歷山大為了紀念他的父親John Walker先生，而創立於蘇格蘭的John Walker威士忌酒類產品商標，至今成為全世界排名前三大的品牌。該公司於2001年成立「KEEP WALKING夢想資助計畫」，並於2003年引進台灣，希望透過實質的獎勵，協助個人成就不凡夢想，開創平凡人生的不凡新頁，就如同John Walker自己的圓夢過程一樣精彩。

這項資助計畫的相關執行工作，是由「帝亞吉歐台灣分公司」及「時報文教基金會」主辦，每年舉辦報名的時間約7月至10月間，每年資助金額高達一千萬元，贊助為不同領域供提「創新思維與策略」的個人夢想（包含創新發明），使之能順利圓夢，還可免費到英國劍橋大學作專業課程進修，這是一個很好的夢想資助計畫，相關詳細資料及報名查詢網址http://www.diageotwcsr.com/keepwalking.php。

(三)國外發明展

世界各地的發明展相當多，在參加國外的發明展方面，都是由各發明團體協會主辦，台灣的發明界每年有組團參加的展覽會，例如，德國紐倫堡國際發明展、瑞士日內瓦國際發明展、美國矽谷國際發明展、莫斯科俄羅斯阿基米德國際發明展及中國發明展等，有意參展者可以自費報名參加。

在歷年的實際參展成果中，中華民國參展團所展出的創作品，在國外各個展覽會中，都獲得很大的好評與肯定，獲得獎牌的總數量時常是各國參展團的第一名，這也表現了在台灣這塊土地上，許多發明創作者的超

強創新能力。

經濟部智慧財產局為鼓勵發明人擴展商機走向國際，得獎人除了可享有國際性展覽得獎之殊榮之外，還特別公告針對參加「著名國際性發明展」，榮獲金、銀、銅牌等正式獎項之得獎人，可向該智慧財產局申請該參展品之運費、來回機票及其他相關經費之補助，補助標準原則如下：亞洲地區以新台幣二萬元為上限；美洲地區以新台幣三萬元為上限；歐洲地區以新台幣四萬元為上限。

靈活的手機座Flexible Phone Holder

這款創新的手機支架具有360度旋轉功能，旨在將您的手機掛在脖子或腰部時保持不動。對於那些喜歡在沙發上或床上放鬆休息同時觀看自己喜歡的節目的人來說，靈活的手機架是理想的設備。

圖片來源：Inspire Uplift LLC.新發明設計商品網，www.inspireuplift.com

2019年智慧財產局公告之「著名國際性發明展」，展覽名稱如下（註：「著名國際性發明展」展覽名稱場次，每年公告增刪調整）

1.莫斯科俄羅斯阿基米德國際發明展（Moscow International Salon of Industrial Property “Archimedes”）。

2.瑞士日內瓦國際發明展（Exhibition of Inventions Geneva-Palexpo）。

3.法國巴黎國際發明展（Invention Exhibition in Paris, France）。

4.羅馬尼亞EUROINVENT歐洲盃國際發明展（European Exhibition of

Creativity and Innovation）。

5.德國紐倫堡國際發明展（International Trade Fair “Ideas-Inventions-New Products”, IENA）。

6.韓國首爾國際發明展（Seoul International Invention Fair, SIIF）。

7.烏克蘭國際發明展（International Salon of Inventions & New Technologies）。

8.波蘭國際發明展（International Warsaw Invention Show）。

9.克羅埃西亞INOVA國際發明展（International Invention Hsow）。

10.馬來西亞ITEX國際發明展（Malaysia International Invention & Innovation Exhibition；國際發明與創新展覽會）。

11.馬來西亞MTE國際發明展（Malaysia Technology Expo on Inventions & Innovation；發明與創新技術博覽會）。

另外，若參展品能在國外的著名國際性發明展（報經智慧財產局核准之發明展）中獲獎者，則發明社團、協會等，會行文敦請總統或院長、教育部長、縣市首長官員等，安排時間召見發明人給予嘉勉。

二、世界著名設計展

工業設計是以人機工程學、美學、經濟學為基礎，對工業產品進行設計，工業設計師的設計構思，應包含產品的整體造型線條及各種細節特徵（如材質、顏色、相關位置等），也要考量其生產成本及產品在銷售中所展現的特色，工業設計的產品除了能申請專利外，也能參加各種設計展與發明展。

工業設計師必須兼顧作品造型美感與機能實用性及工業生產性，是一種多元設計能力的綜合表現，另外還要瞭解使用者和生產者雙方的觀點，讓抽象的意念系統化與具體化，以完成實物作品。綜合上述條件

後，還要考慮到生產及技術上的限制、產品成本的限制、市場的機會、售後服務等種種因素。工業設計的意義，在於運用設計師的創意和巧思，藉以創造或改善現有產品的外觀及功能，以增加該產品之價值。

「設計展」與「發明展」的評審重點項目有所不同，發明展的評審重點在於科技的創新性、功能的改善、構造的改良和功效的呈現等項目；而設計展主要著重於作品的工業設計創新性、美感、功能性、人體工學等要項。目前在工業設計界，國際上有四項著名國際大獎，再加上台灣由經濟部工業局主辦的金點設計獎等，共有五個享有盛名的設計大獎如下：

1.德國red dot紅點設計獎（被譽稱為工業設計界的奧林匹克獎）。
2.德國iF設計獎（被譽稱為工業設計界的奧斯卡獎）。
3.日本G-Mark設計獎（日本消費產品設計代表性大獎）。
4.美國IDEA設計獎（美國消費市場工業設計代表性大獎）。
5.台灣GPDA金點設計獎（台灣工業設計界最高榮耀大獎）。

以上四大國際性設計大獎（red dot、iF、G-Mark、IDEA），為教育部在教授升等或學生國際得獎獎金、升學加分所認可的工業設計國際性設計競賽。當然，台灣的金點設計獎因是官方主辦也在認定之列。在四大國際比賽中，除了美國的IDEA僅由書面及輔助資料作為評選方式外，其他三大比賽皆需經由初審及複審的過程，且複審皆需有實際的成品（產品或模型）供評審參考。

(一) 德國red dot紅點設計獎

由德國著名的設計協會Design Zentrum Nordrhein Westfalen也是歐洲最具聲望的設計協會，所設立的「red dot紅點設計獎」創立於1955年，被譽稱為工業設計界的奧林匹克獎，為最

reddot award
product design

圖片來源：紅點設計獎官網，
https://www.red-dot.org/de/cd/about/

主要的國際性設計競賽大獎之一，評審團由公認的專家組成，獲獎作品可陳列於德國工業大城Essen（埃森）的紅點設計博物館，該處蒐集了世界最豐富的現代設計作品，red dot的頒獎儀式每年吸引產業界及文化界等上千名貴賓出席，已成為設計界著名的一大盛事。得到這個獎之後，等於拿到國際通行證，創作人的作品往來世界各地，都會得到最多的關注。這個獎主要分產品設計、傳達設計、概念設計三大部分。每部分的評分都個別舉行，還會由得獎作品中再選出「Best of Best」的最佳設計作品，得到最高殊榮。紅點設計獎每年舉辦一次，參選獎項分為：產品設計、傳播設計與設計概念等三大類別，並以參選產品之創新程度、功能性、市場性、環保性等要項作為評選重點。由評審團在每年參賽約四十四個國家和地區超過六千件作品中，評選出六百件得獎作品。

◆紅點設計獎評審重點

1.原創性：設計獎項最重視原創性，作品是否展現出獨有的風格與個性感覺，是否有別人影子或擷取部分創意的作品，作品是否勾起觀眾的情緒等都是評選的要項。

2.品質：作品概念與媒介是否相配，是否有多餘的細節，作品概念再好，若沒有精良製作技術也是枉然。本項評審重點取決於產品製作是否精緻，周邊的線條是否流暢。

3.材料應用：作品所用的材料是否配合用途、使用的材料、成本、生產技術和能源消耗要和產品質量成比例，也要考慮到再循環利用及廢物處理方面的問題。

4.環保性：環保性是當今地球環境最重要課題，產品設計若能考慮到具有環保概念，則評審大都會給予加分。

5.趣味性：強調生活趣味，其設計除了本身實際用途外，還能提供使用者感官、情感方面的價值。

6.視覺美感：作品是否融入了實用性與美感。

7.人體工學：作品在操作使用時是否符合人體工學，操作順暢。

8.市場性：作品是否符合市場需求，為使用者帶來更多便利。

(二)德國iF設計獎

圖片來源：iF設計獎官網，https://ifworlddesignguide.com/

國際論壇設計（英文：International Forum Design，德文：Industrie Forum Design Hannover，慣稱iF）創立於1954年，是位在德國漢諾威的一間設計公司，主要以推展國際級設計活動為主，並與多個國際大展合作，辦理多項設計競賽，鼓勵具創新設計元素之產品，打入國際市場。近年台灣產業在國際設計獎的獲獎數量上也有大舉斬獲，尤其在德國「iF設計獎」與德國「紅點red dot設計獎」上。而專為學生舉辦的「iF設計獎」與德國「紅點red dot設計獎」是免收報名費的，比起針對產業的獎項而言，學生的參賽門檻更容易。iF設計獎以發掘創新設計的優良產品為目標，多年來已成為卓越設計與品質的象徵及設計界的指標型競賽，被譽為工業設計界的奧斯卡獎。其評審重點為：創新的程度、設計品

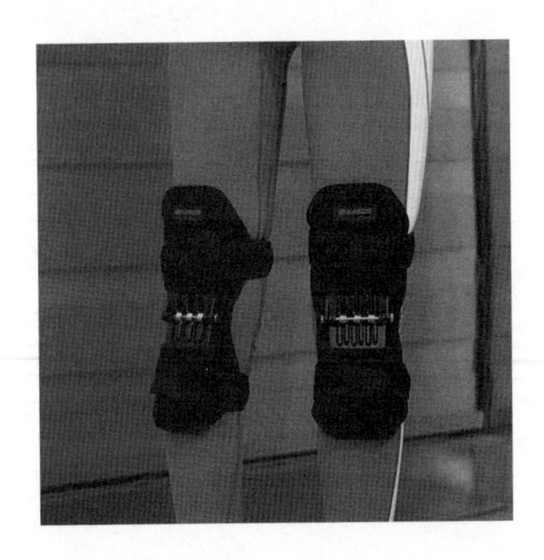

強力膝關節穩定裝置襯墊
Power Knee Stabilizer Pads

為大腿和小腿提供支撐，同時減輕膝蓋和關節痠痛的壓力！這些墊為您的腿提供支撐，直接為您提供了搬運重物的能力，這比沒有它們時要容易得多！經過特殊設計的結構堅固耐用，輕巧，並具有非常柔軟的鋁合金主體，透氣且易於佩戴。

圖片來源：Inspire Uplift LLC.新發明設計商品網，www.inspireuplift.com

質、功能性、實用性、環保性、材質的選擇、人體工學、操作方式視覺化、安全性、品牌價值、品牌塑造等。

◆ iF Award（iF設計獎）的類別

1.產品設計獎（iF Product Design Award）。
2.傳播設計獎（iF Communication Design Award）。
3.中國設計獎（iF Design Award China）。
4.材料獎（iF Material Award）。
5.包裝獎（iF Packaging Award）。
6.概念獎（iF Concept Award）。

(三)日本G-Mark設計獎

圖片來源：G-Mark設計獎官網，http://www.g-mark.org

G-Mark設計獎（Good Design Award）設立於1957年，由日本國際貿易工業組織所組織創立的獎項，至今亦已演變為日本工業設計推廣組織（Japan Industrial Design Promotion Organization, JIDPO）。G-Mark有風格獨特的得獎標誌，更是代表這個獎項的重要象徵，在日本已是超過70%以上的消費者高度認同的設計保證標誌，更經由它來提高品牌認同以及各種產品的價值。評審單位從獨特性、功能性、易於操作、美感、實用性、創意、安全等各方面來評選參賽的作品，最後再給予肯定的獲獎資格認證。

G-Mark的初賽報名約在4月份開始，提供書面的參賽報名表。經過評審單位的初審通過後再給予複審的資格通知。複審的方式為現場展覽方式評審，評審後作品開放給專業人士、企業買主及一般民眾參觀，這是四大著名國際大獎中，唯一開放給民眾參觀的設計展。

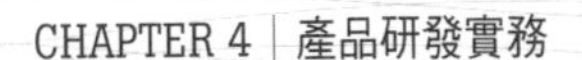

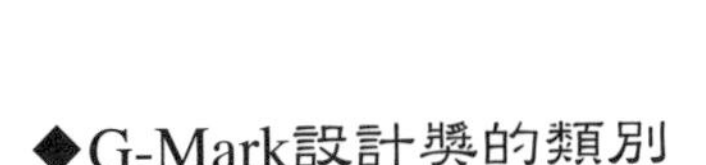

◆G-Mark設計獎的類別

1.建築與環境設計類（Architecture and Environment Design）。

2.傳播設計類（Communication Design）。

3.新領域設計類（New Territory Design）。

◆G-Mark設計獎的評審重點

1.創新性：對未來的創新概念。

2.人性化：能鼓舞人心並將概念具體化之產品。

3.察覺性：對現今時代的察覺力。

4.美感：對富足的生活型態及文化充滿想像力。

5.環保道德性：審慎考慮這個社會與環境。

(四)美國IDEA設計獎

圖片來源：IDEA設計獎官網，http://www.idsa.org

IDEA美國傑出工業設計獎成立於1980年，由美國《商業》（*Business Week*）與美國工業設計師協會IDSA（Industrial Designers Society of America）共同主辦，是美國唯一的世界性的工業設計大獎。

相較於歐洲觀點的iF及red dot設計獎，IDEA設計獎（International Design Excellence Awards）則代表美國的價值。設立的目的旨在提高商業界及大眾對於工業設計的認識與理解，提高人們的生活品質，優良工業設計對於人們的生活與經濟極為重要，藉此展示美國及世界各國工業設計的優秀作品，若贏得IDEA設計獎的肯定，便超越了任何品牌的影響力，這代表你的作品在同業與客戶間及世界各地的消費者心目中都是最卓越的。IDEA設計獎特別著重設計的原創概念及人文關懷，被視為難度極高的設計競賽，分為九大主要類別，包含了展覽設計、包裝設計、軟體設計、設計概念、學生的研究及計畫案等。評判標準主要有設計的創新性、人性化考量、產品市場價值、對用戶的價值、是否符合生態學原理、人體工學、生產的環保性、美觀性和視覺上的吸引力等。

IDEA設計獎的評審重點：Innovation（創新）、Business（商業）、User（對使用者的好處）、Aesthetics（美學）、Environment（環境）。

(五)台灣GPDA金點設計獎

台灣「金點設計獎」（Golden Pin Design Award）是由經濟部工業局主辦，為提升台灣設計之視野並與國際接軌，經濟部工業局將原國家設計獎（2005年創立）更名為國際級之設計獎項「金點設計獎」，由台灣創意設計中心與中華民國室內設計協會執行。共分三大獎項：金點設計獎、金點概念設計獎、金點新秀設計獎。評選共分「初審」及「複審」兩階段，依據晉級複審之實體產品評選，通過複審，即為「金點設計獎」得主，授予其申請者金點設計獎證書與金點設計標章（DESIGN AWARD）使用權，即為晉級決審，獲角逐年度最佳設計獎資格。參賽類別包含工業設計類、視覺傳達設計類、空間設計類、整合設計類等四類。

圖片來源：金點設計獎官網，http://www.goldenpin.org.tw/

獲得金點設計標章及金點設計獎的產品，將可以金點設計之高品質設計形象參加國內外推廣與行銷活動。同時將安排於報章媒體及海內外展覽活動，並且有資格典藏於台灣第一座設計博物館的「台灣設計經典館」，並舉辦盛大的頒獎典禮，表揚獲得金點設計獎年度大獎的好產品。

智能量杯Smart Measuring Cup

是否曾經希望自己擁有一個量杯、溫度計和磅秤？好吧，您的希望終於實現了！將這三種廚房必需品，組合成一個功能強大且非常方便的廚房用具，巧妙想法現在已成為現實！

圖片來源：Inspire Uplift LLC.新發明設計商品網，www.inspireuplift.com

金點設計獎成立目的為鼓勵廠商注重產品設計的研發，以設計增加品牌的附加價值，並樹立台灣產品優良設計的形象。另外，也透過推薦參加國際競賽的服務，協助台灣廠商與國際接軌交流，充實設計的內涵及美感，提升市場競爭力。為鼓勵台灣優良設計邁向國際舞台，通過金點設計獎初選產品即可申請補助參加國際四大知名設計競賽（德國red dot、德國iF、日本G-Mark及美國IDEA），台灣創意設計中心也會提供參賽協助及諮詢等服務。

專欄 4-4　魔術方塊由匈牙利建築系教授所發明

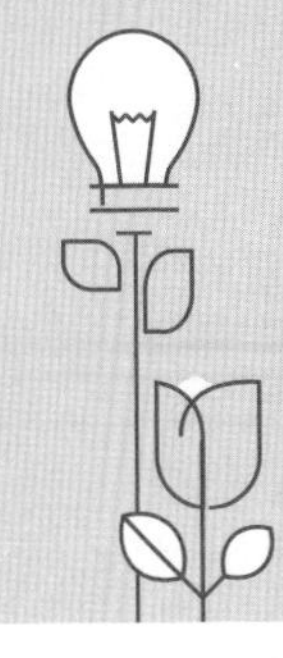

魔術方塊（Rubik's Cube），1974年由匈牙利的建築系教授魯比克（Ernö Rubik）所發明。剛開始魯比克只是突發奇想地問學生，如何設計出一個可以轉動，又不會散開的3×3×3的方塊？經幾番討論後，結果真的有學生做出了模型，它的中心是以「中心軸十字轉頭」結構來相連接上面的木頭方塊組合而成。

經過在木頭上色之後，學生才發現，想要還原它原本顏彩歸位的

動作，是件非常困難的事。也因此有人提議將這作品做成益智玩具來銷售。魯比克在1975年為魔術方塊申請了專利，1979年風行於歐洲，後來也風靡了全世界，至今未衰，目前魔術方塊在全世界估計售出了近四億五千萬個，至今仍是很多玩家的最愛，且每年舉辦世界大賽。

3階魔術方塊

圖片來源：PChome 24小時網路購物，https://24h.pchome.com.tw/

課後複習題

填充題：

1.「______」與「______」，是21世紀企業競爭力的兩根大支柱。

2.「______」為發明之母。

3.若你的發明作品是具有「______」及「______」這兩種特質的，則很可能在國際發明展的現場，就會有人以高價向你買斷專利權，這是發明人最簡易的「發明致富」方法。

4.發明就是要實現以「創新變現金」，用「智慧換 ______」。

5.專業發明：係指需要「______知識」才能完成的發明；非專業發明：係指僅需「______知識」即可完成的創作。

6.「______」資料是最新最即時的產業技術開發動向的明確指標。

7.從過去實例中可以發現，發明人自行創業成功的例子並不多，大都是以失敗為收場的，究其原因，一般多為「______」與「______」，而非發明作品本身不好。

8.在企業整體經營的創新上，依其創新的規模及層面，可將它分為四種類型，即：「______」、「______」、「______」、「______」。

9.在「創新發明原理流程」中，這些「問題」在表徵上就是「______」、「______」、「______」之事，會以千萬種不同的型態出現，只要發明人細心觀察必能有所感受。因此，我們可以如此的說：「發明來自於需求，需求來自於______」。

10.在「創新發明原理流程」中，有了好的「創意」產生之後，接著就是要去「執行」創意，在執行創意的過程中，必然要使用「______」才能化創意為真實。

11.創新產品研發的類型中，可分為四類，即：「______」、

「______」、「______」、「______」。

12.在產品生命週期之延續策略上，在第一代的技術研發處於「______期」時，就應即刻進行第二代進階技術的研發，如此才能順利的用第二代的商品成長，來取代第一代的商品「衰退期」。

13.創新發明產品商品化的過程中，「作品不等於______，產品不等於______」。

14.在產品設計「漂亮290原則」中，所謂「290」意指產品的生產「______」控制，必須做到100分，產品「______」也必須做到100分，而產品「______」則必須做到90分以上的水準。

問答題：

1.在學習正確的創作歷程與態度中，應掌握哪幾項基本的重點？

2.舉凡日常生活中所有的用品，在發明及改良時，必須考量哪幾項？

3.當新產品開始導入市場行銷後，消費族群依其消費行為及動機，可分為哪四大類？

4.請問，發明家與創業者（即公司經營管理者），通常在性格上的特質有何差異？

5.達成商品化目標的三種方式為何？

6.創新產品研發的分類有哪三種？

7.「設計展」與「發明展」的評審重點項目有何不同？

8.目前在工業設計界，國際上有四項著名國際大獎，再加上台灣由經濟部工業局主辦的設計獎等，共有哪五個享有盛名的設計大獎？

Part 3 創客空間與群眾募資商品化

創客運動（Maker Movement）風潮從美國興起後，目前已擴展至世界各地，也拜近年各種有利條件成熟之賜，如3D列印技術的進步及成本降低、網路社群發展成熟及群眾募資平台興起，與專案募資金額屢創新高，在許多因素配合造就之下，快速擴散到各國。創客們在創客空間社群中，聚會交流創意及腦力激盪，已創造出許多膾炙人口的創新作品，且得到頗大的市場價值和認同，相信再經幾年之後，創客經濟將會是全球重要的發展指標項目之一，創客們五花八門的創意作品，也將為人們的生活帶來全新的感受與體驗。

群眾募資（Crowdfunding）被喻為是21世紀最偉大的發明之一，所謂「群眾募資」，就是用「通路先行」的概念，將創新作品落實於向大眾籌募使之實踐商品化的做法。群眾募資自2008年及2009年在美國相繼成立的Indiegogo和Kickstarter平台後，台灣也在2011年及2012年成立了flyingV及zeczec（嘖嘖）等群眾募資平台。

本篇學習重點

在於學習創客運動與群眾募資的特色及運用技巧，讓學員瞭解此一世界趨勢。創客發明人而言，這是一種最直接有效的商品化管道，也是一種新的創業模式。

Chapter 5

創客空間與科技產業分工

第一節　創客空間的發展

第二節　創客1.0到創客4.0時代變革

第三節　從創客到創業的挑戰

第四節　科技創新與產業分工

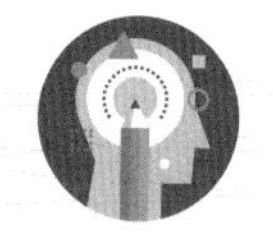

第一節　創客空間的發展

一、創客運動與創客空間

自從3D列印技術問世並普及化，和近年興起「群眾募資」平台之後，全球各地正吹起一股創客風潮，「創客」也就是「發明家」的意思，創客一詞概念源自英文「Maker」和「Hacker」兩詞的綜合釋義。

創客是一群熱愛科技與文創新事物且熱衷動手實踐，他們以交流思想創意、分享技術、動手自造、實現夢想為樂。而當這樣的一群人聚集起來，便成了創客社群，再加上有實際的分享空間和共享的自造設備（如3D列印機、雷射切割機、車床、銑床、電動工具、手工具等），便成為「創客空間」（Maker Space）。他們善用不同專長領域創客的外部能量，激發每個人的創造力。就如15世紀的文藝復興時代，所產生的「梅迪奇效應」（Medici Effect）一樣，他們跨越聯想障礙，在這裡彼此交流，增加跨領域創新能力。

創客們的創意交流與腦力激盪
圖片來源：Taipei Hackerspace創客空間

Dynamic-狗輪椅
圖片來源：Fablab創客空間

創客的特質，也就是：「透過動手去主動學習，把自己的點子實現出來，能清楚解釋作品的原創思考，不用考試成績來定義自己，而是用動手實作展現自己解決問題的能力和自信。創客對每件新事物做出的過程都充滿好奇，對新的人、事、物及交流分享會有一種滿足與成就感。」

從18世紀瓦特在英國打造發明了蒸氣機，帶領第一次工業革命；19世紀的愛迪生和特斯拉對於直流電與交流電的發明應用及相關產品，改變了人類的近代生活模式；1970年代賈伯斯在車庫創造了第一台麥金塔電腦，引領了近代資訊產業發展數十年。其實他們也就是早期的「創客」，也都對人類的發明史做出巨大的貢獻。

二、為何創客運動會出現？

因適逢近年來幾項條件的成熟：

1.網路社群發展成熟，便於創客交流。
2.樣品製作門檻及成本的降低，拜3D列印技術的成熟之賜，設備成本不斷降低。
3.自由開發板的興起（如Arduino的誕生）讓創客們發揮創意自由運用。
4.搭上物聯網趨勢，適合少量多樣的作品發展。
5.募資平台興起，無論是群眾募資、股權群募、天使基金或創投，多重管道可幫助創客實現夢想。

現今創客的精神中，「點子創新」、「網路資訊」、「數位應用」、「DIY動手實作」，是四個關鍵元素。更因近年各種製造生產技術資訊的開放，透過網際網路即可學習，加上動手自造設備成本門檻的降低，及各領域人才交流社群平台發達，使得現代的創客運動蓬勃發展，相信這股風潮必定為人類的發明史寫下嶄新的一頁。

專欄 5-1　什麼是創投基金？

創業投資之定義

創業投資（Venture Capital, VC）係指由一群具有技術、財務、市場或產業專業知識和經驗的人士操作，以其專業能力，協助投資人於高風險、高成長的投資案中，選擇並投資有潛力之企業，追求未來高回收報酬的基金。

因其結合資金、技術與能力，投資於具高度發展潛力及新技術、新構想、快速成長的事業，提供各種附加價值的服務；並於投資成功後安排所投資的企業併購或上市，以獲取高額的資本利得。其更可擴及將資金投資於需要併購與重整的未上市企業，以協助實現再創業的理想之投資行為。有別於一般公開流通的證券投資活動，創業投資主要是以私人股權方式從事資本經營，並以培育和輔導企業創業或再創業、併購或被併購、上市或上櫃，來追求長期資本增值的一種較高風險及較高收益的投資模式。

一般而言，創業投資公司會執行以下幾項工作：

1.尋找適當投資案源。
2.進行投資評估。
3.投資新興且快速成長中的科技公司。
4.協助新興的科技公司開發新產品、提供技術支援及產品行銷管道。
5.承擔投資的高風險並追求高報酬。
6.以股權的型態投資於這些新興的科技公司。
7.經由實際參與經營決策提供具附加價值的協助。

資料來源：中華民國創業投資商業同業公會，http://www.tvca.org.tw/information

創業投資論壇大會現場盛況

圖片來源：中華民國創業投資商業同業公會，http://www.tvca.org.tw

三、創客運動發展所產生的影響

近期的創客運動由美國盛行發展至今，可明顯看出對創新產業規則的影響，其層面包括：

(一)科技業由技術競爭轉化為創新競爭

以往科技業的生存發展之道，就是不斷的研發新技術，以技術取勝競爭對手，但近年的發展已轉變成對使用者的「創新體驗」，如手機產品設計更為人性化的操作介面，這也許並不是太高科技的技術，但需多一點巧思和體貼、簡單化、人性化設計，對使用者的創新體驗是非常重要的。

(二)創新型態由集中到分散的改變

以往大企業包辦了大多數的創新研發人才與成果，而在創客風潮興起後將會轉變為創新能量散布在各處的創客人群之中，這有助於擴大整體社會的創新動能。大企業若想保持優勢，則必須設法與民間創客社群合作，共享軟硬體資源共創雙贏。

(三)創客空間社群將愈來愈受重視

全世界有上萬個創客空間社群，這些創客來自於不同領域行業的創新愛好者，他們彼此交流腦力激盪，所產生的創意點子，往往更勝於大企業研發部門的同質性人員所想像。所以，爾後會有更多的創客作品顛覆傳統大企業的產品概念，甚至能演變成企業的興衰大洗牌。

(四)通路先行需求驅動供給

在創客經濟生態圈中，群眾募資是重要的一環，創客們借助群眾的支持，取得實踐創意的資金，這也是最直接的市調結果，當有了市場需求才讓你的創意實現，這種通路先行的模式能大幅降低失敗的風險。

(五)教育方面的翻轉

東方國家教育大都是填鴨式的背考方式，難以培養出真正具創新思考的人才，當創客運動盛行後，東方國家教育模式亦會開始由靜態學習轉變為更重視實作勝於理論。

四、近年來創客運動大環境的推手逐步到位

2005年　*Make* 雜誌創立；「Maker」一詞出現
2005年　Arduino開發板誕生
2005年　手工藝電子商務平台Etsy創立
2006年　第一屆Maker Faire，全球最大創客嘉年華
2007年　第一家TechShop創客空間開張
2008年　Indiegogo創立（美國最早成立的綜合型募資平台）
2009年　Kickstarter創立（全球規模最大募資平台）
2009年　熔融沉積3D列印技術專利到期
2012年　在Kickstarter成功募資的Pebble智慧手錶，募資金額達1,030

萬美元，創下募資案最高金額

2011年　FlyingV創立（台灣最大的綜合型群眾募資平台）

2011年　Beaglebone Black開發板誕生

2012年　樹莓派（Raspberry Pi）開發板誕生

2014年　雷射燒結3D列印技術專利到期

2014年　在嘖嘖zeczec成功募資的八輪滑板，募得金額達新台幣3,900萬元

2014年　金管會櫃買中心（OTC）成立「創櫃板」，全球首創政府協助新創公司募資

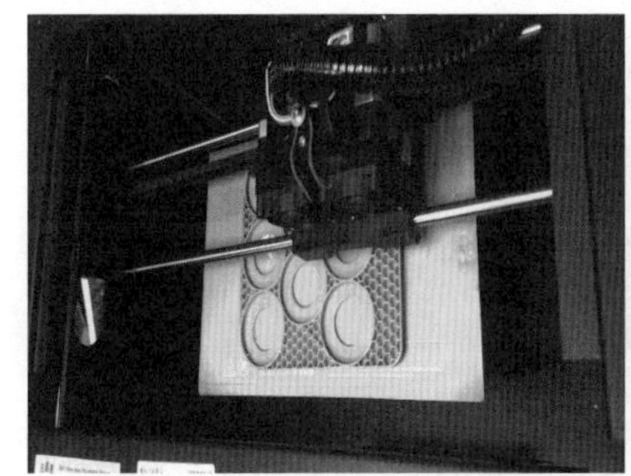

3D列印機可讓創客製作樣品的成本大幅降低

圖片來源：葉忠福攝

「八輪滑板」募得金額高達3,900萬元新台幣

圖片來源：嘖嘖zeczec群眾募資平台官網，https://www.zeczec.com/

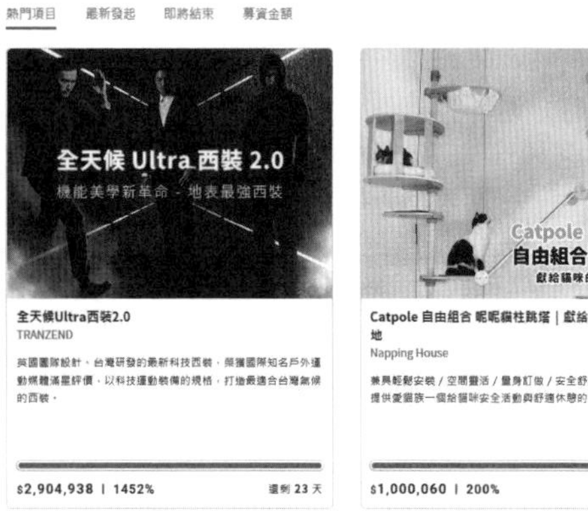

綜合型群眾募資平台FlyingV
圖片來源：FlyingV官網，https://www.flyingv.cc/

專欄 5-2 什麼是天使基金？

天使基金的屬性與運作模式

什麼是天使基金？是「天使投資基金」（Angel Fund, AF）的簡稱。天使投資人（Angel Investor）在歐洲稱為商業天使（Business Angel）或非正式投資人，是指提供創業資金以換取可轉換債券或所有權權益的成功企業家或富裕個人投資者。「天使基金」的概念源自「天使投資人」，用以指稱企業草創時，提供資金與資源的創業前輩。因為通常是前輩，所以天使投資人經常是退休的企業家。在台灣，例如宏碁創辦人施振榮先生，投資成立的交大天使投資俱樂部。

天使基金對新創企業或年輕創業團隊的投資目的，主要在於輔導與傳承上一輩創業者的成功創業經驗與精神，並提供個人資源如社會關係、人脈、客戶、技術、管理等協助。而投資獲利所得則回歸到該

天使基金本身，以持續再投資後批新創企業或年輕創業團隊。

廣義而言，借錢給創業者的親友、同事也都算是情義相挺的天使。而天使基金投資人與創業者是非親非故的陌生人，其投資行為純粹出自客觀評估後的商業考量，也是一種將本求利的商業行為，只是天使投資人多少帶有提攜後輩創業的理想性信念，他們認同創業者的創業行為，以投資項目的盈利及發展前景、創業團隊能力與創業者人品、熱情及經驗進行評估，認為投資風險可承受且有利可圖才會投入並取得投資項目股權，以賺取投資收益兼具提攜後輩之效益。因新創事業要到可營運獲利的時間通常很長，而天使基金的目標也並不一定要以「上市櫃」（IPO）為唯一的目標。

一般而言，天使投資的行為特色有以下幾項：

1.投資時機偏向企業「草創」之種子期或新創期，用較低成本、較長投資期為投資模式，因企業之創業早期對資金需求殷切，創業者較缺乏議價能力及條件，天使投資人可以用較低成本取得股權。
2.投資決策迅速，天使投基金是自己的錢，只要自己評估投資項目可行，即可做成決策，也因無須向外部投資人報告及負責，故投資決策形成較創投公司迅速。
3.承擔投資的高風險並追求高報酬。
4.以股權的型態投資於這些新興的新創公司。
5.提供個人資源如社會關係、人脈、客戶、技術、管理等協助。

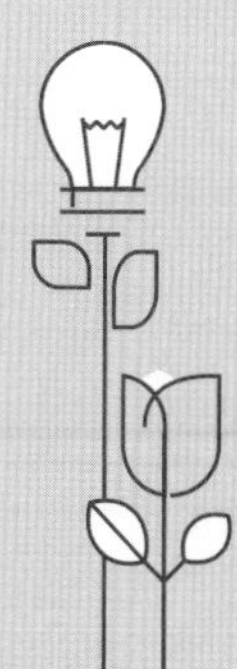

大學倡議之天使基金

序	天使基金名稱	發起人	主要成員
1	交大天使投資俱樂部（2011創立）	交通大學校友會成員	交通大學校友總會

2	台安傑天使投資（2012創立）	政大商學院EMBA學程	政大EMBA校友
3	躍馬中原基金會（2012創立）	中原大學工業系友	中原大學校友
4	台大天使基金（2013創立）	台大副校長陳良基	台大創聯會、NTU Garage
5	成大創業天使俱樂部（2014創立）	成功大學、校友	成大校務基本、成功創業校友

勞動部積極推動創客的創業實現，與天使投資基金合作，媒合具有創意且市場可行性高的產品，投資將它商品化。
（中）勞動力發展署署長黃秋桂；（右）台安傑國際天使投資董事合夥人盧相瑞
圖片來源：葉忠福攝

第二節　創客1.0到創客4.0時代變革

一、創客的時代變革

全球化的網路時代，不再是技術的拚鬥，因為一般技術知識的取得已變得唾手可得，在此世代裡「創新力」才是競爭力的指標。而美國是現

今世界公認創新能量最強的國家，對於這種基層創造的實作精神，抱持高度的信仰。

創客被喻為是啟動未來創新的重要族群，近年來在全球創客發展過程的環境上，從早期創客1.0即將邁入創客4.0時代，這也將是人類創造力大爆發的時代。創客1.0概念源自美國Maker的「自造精神」，在自家車庫既是實驗室，創造出自己的夢想，如賈伯斯的年代在車庫創造出第一台電腦。創客2.0則是免費共創平台的出現，如Linux系統自由軟體（free software）及近年發行的Arduino開發板原始碼開放自由運用等，讓非理工背景的人也能簡單上手，讓更多人共同參與創造。創客3.0時代則是更加入了創客空間社群及群眾募資平台的力量，讓每個有創意的人都有機會借助眾之力，來完成自己的夢想。

而在未來幾年，將是創客4.0的時代，也就是有完整商業化模式的創客年代，在此環境中，會結合創客人才、創客空間社群、群眾募資、製造與行銷及政府資源投入，更會啟動「產業出題，創客解題」的合作方式，形成完整的商業化模式，既整合了創新產業的創意人才、技術、數位化、資金、市場、政府政策資源等，而建立出新一代的「創客經濟」運作架構。

有多種型式功能的Arduino開發板原始碼開放自由運用

圖片來源：露天拍賣網

Arduino UNO板

圖片來源：instructables.com

二、迎接創客經濟時代的來臨

如**圖5-1**「創客經濟生態圈架構圖」所示，創客們在創客空間社群中分享討論與腦力激盪，動手做出創新作品，若作品具足專利申請要件及有市場價值時，則應考慮提出專利申請保護智權，再者可參加國際發明展或設計展，當獲獎得名時，會有助於後續的募資，能吸引更多人參與贊助，也能證明作品更有說服力，對往後的新創公司集資與產品銷售都會有很大助益。

而其中，當創客有創新作品完成時，可透過硬體加速器的快速打樣服務，包括小量產的模具開發、控制電路板的製作、生產外包廠商的配合等，讓產品加速產出，以便在預估期限內回饋給募資贊助者。

另外，當創新作品具足夠市場價值時，可考慮成立新創公司，並進駐到創新創業孵化器（創新育成中心）或創業基地來接受創業顧問團的輔導。在資金取得方面，除了由群眾募資平台贊助的資金外，亦可引進天使基金、創投或申請加入金管會櫃買中心（OTC）的股權群募，都有機會取

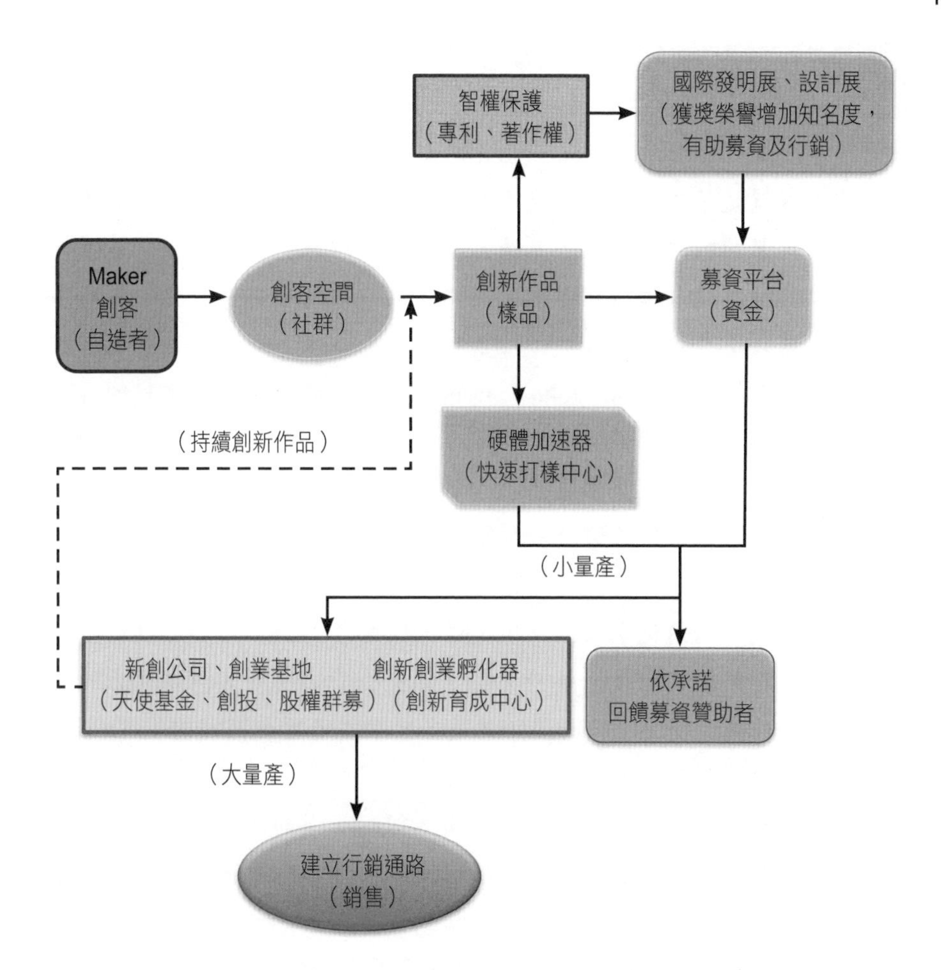

圖5-1　創客經濟生態圈架構圖

得外部投資金援。當新創公司成立，大量生產產品進行銷售後，則新創公司必須持續研發創新作品，才能不斷的使公司成長永續經營。

以上所述為創客4.0時代，理想且完整的「創客經濟生態圈」商業化運作模式。

專欄 5-3 原子筆與原子彈的關係

原子筆（Ballpoint Pen），又稱為圓珠筆或走珠筆、油筆等，其工作原理就是筆芯在大氣的壓力和油墨的重力的雙重作用下，油墨由油管流向筆頭的球珠座裡，然後油墨黏附在球珠上。書寫時，黏附在球珠上的油墨隨著球珠在書寫面上的滾動而黏附在書寫面上，形成字跡，即達到了書寫的目的。

美國人約翰．盧德（John J. Loud）為了方便在皮革、木材的表面上寫字，1884年發明了世界上第一支圓珠筆，並在1888年取得專利。但由於在供墨上面臨墨水出水不均、堵塞和漏墨現象，問題一直無法解決，直到專利過期了仍無法商品化。到了1930 年代，有位在匈牙利報社工作的人比羅．拉斯洛（Biro Laszlo），從報紙印刷的快乾油墨中獲得靈感，他請化學家的弟弟比羅．傑爾吉（Biro Jergi）改良墨水配方與圓珠的製造精度，終於克服了供墨不順的問題，得到真正的商品化。剛發明時一支要價高達10元美金，在當時可是很貴的。

圓珠筆筆尖有一顆直徑約0.1公分的「小鋼珠」，它是由鉻和鋼的合金所製成的，非常耐壓、耐磨，小圓球在筆尖的凹窩裡，這個小圓球是圓珠筆最大的特色，這小圓球對「真圓度」的要求非常高，也是製造時最關鍵的技術所在。

「原子筆」名稱的由來，是因這款筆在1960年代香港利豐公司進口引入華人社會時，產品並無中文名稱，又因距1945年美國在日本投下原子彈的時間並不久，因為當時「原子」帶有勝利的意涵，是最流行的名詞，於是原子腰帶、原子能源、原子彈、原子科學等用詞盛行，取名「原子筆」代表取用不完、源源不絕的意思，也和英文直譯「圓珠筆」的讀音相近，也因原子筆的筆尖圓珠非常微小，是關鍵技術所在，故以「原子」來形容也是非常恰當的。於是「原子筆」這個

容易被大眾記住的中文商品名稱就此確定了。也因為是很好的產品，再加上有很棒的名稱，很快的就成為熱賣的商品。

參考資料：維基百科，https://zh.wikipedia.org/

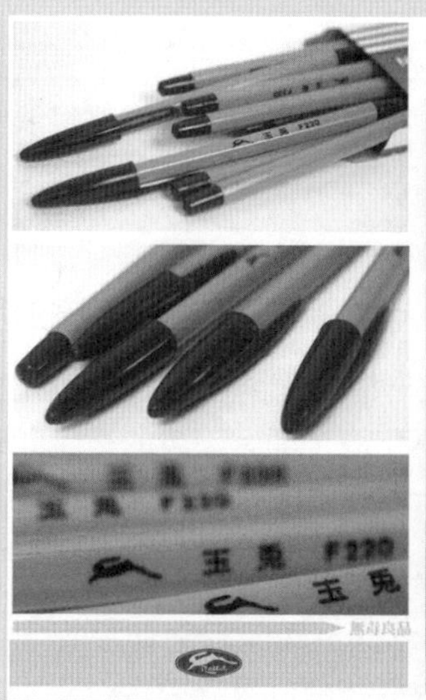

毛筆是毛髮做的，鉛筆原料是石墨（黑鉛）做的，鋼筆是鋼合金做的。但原子筆難道它是原子做的嗎？原來是原子筆剛引進華人市場時，適逢原子科學研究的興盛時期，「原子」能給人非常高科技的先進感覺，許多商品都在名稱冠上「原子」兩字，有種時髦、提升商品形象、助於銷售的效果。

台灣第一支國產原子筆是由玉兔牌（玉兔文具工廠股份有限公司）製造並命名，於1966年生產推出。

圖片來源：玉兔文具工廠股份有限公司（玉兔鉛筆學校–觀光工廠–宜蘭五結鄉），http://www.rabbit1.com.tw/

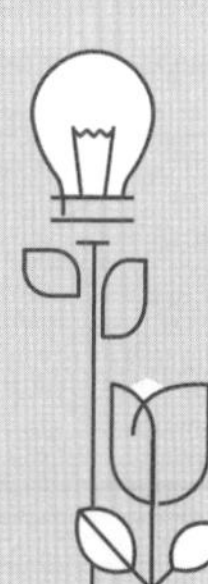

第三節　從創客到創業的挑戰

一、創客的新挑戰

據統計，新設立的中小企業或微型企業撐過五年的存活率僅約10%，當創客成立公司創業後，這才是真正挑戰的開始。年輕創客通常都是浪漫主義者，滿懷理想和熱情埋首創新研發，而對於商業經營則完全生疏，所以創業的失敗風險可能會更高。

募資網站平台點燃了開放式創新的契機，這股風潮在全球各處遍地開花，更延伸出許多類似美國Kickstarter和Indiegogo型式的募資平台。然而，許多創客在募資平台專案成功募資的故事背後，卻有不少的衍生問題發生，包括：無法準時交貨、交貨品質粗糙不如預期，甚至無法將樣品轉化為產品而失敗，贊助者要求退款或控告專案募資團隊詐欺等窘境。

即便是一個能成功在募資平台達到募資目標金額的創新作品提案，並順利交貨給贊助者，但後續若無強大的行銷通路與產品發展策略，來支撐持續性的創新，創意團隊恐無法做「事業化」的進一步發展。因此，該如何克服這些關卡和困難，讓創意團隊及創意產品得以延續而逐漸壯大。這將是「創客經濟生態圈」能否健全，發揮下一波對全球經濟影響力的重要關鍵。

二、「創客經濟生態圈」有待解決的問題

要建立理想且完整的創客商業化運作模式前，必須解決克服當今創客所遇到的幾項困境：

(一)克服創客的浪漫心態

全世界的創客們以年輕人為多，滿懷創意、理想及熱情，充滿浪漫情懷埋首創新研發，這都是正向的活力表現。但在商業的營運方面，卻多為門外漢，如何面對財務資金的運用與調度，以及產品行銷策略操作等，就會顯得吃力或力不從心。一旦選擇了創業就是嚴酷考驗的開始，再也不是用浪漫和理想就可以存活下去的。

(二)創客創業不是看團隊中「有什麼」而是要看「缺什麼」

當成立新創公司在營運時需各種人才，基本包括創新研發、量產技術、行銷策略、財務管理和人事留才策略等，通常年輕創客的創業最強項目是創新研發，其他項目就是摸石子過河了，遇到問題再來解決問題吧！如此一不小心便可能跌入河中，被河水淹沒了。所以，創業團隊必須備有各領域人才，方不致很快就陣亡。

(三)需廣設硬體加速器

以往一般新創公司要打造樣品模型或小量產模具時，都需單獨四處尋找外部配合的廠商，通常都因數量及金額有限，廠商愛理不理的，創客心理飽受打擊也浪費很多時間，使得產品開發進度嚴重落後。

硬體加速器是一種垂直整合的「硬體製造工程一手包快速加工服務」，創客們有能力做出功能原型（Prototype），但碰到量產開模技術、抓預算、採購備料、量產製程、生產品質管控、交貨期估算等，有著Good Idea的創客們全然陌生。所以，對年輕創客的挑戰是在成功募資後才真正開始。有「好創意」並不一定能做出「好品質」的產品，因為這是兩回事，量產時模具的設計與製程水準這是另一種專業。很多創客他們沒有製造背景，無論是採購議價能力或與代工廠溝通要領，都要花很多時間精力去磨練，對於人力有限的創客團隊而言都極為辛苦。

例如，在2014年7月於Indigogo上的募資專案，不需要螢幕和錶面的智慧投影Ritot手錶，原籌資目標5萬美元，而最終籌得高達約170萬美元，有8,841人贊助。原預計2015上半年出貨，但現在卻仍拿不到貨，主要是因許多技術問題還無法克服，如投影機太小流明度不夠強，白天投影在手上亮度不足看不清楚，且手的不規則表面當投影機呈像時，現出的圖片多是偏差扭曲的，也造成這個專案卡關停滯不前。

上述這些問題都是創客團隊創業時始料未及的狀況。所以，若要完善創客經濟生態圈，需由深具製造經驗背景的人來建立起專業性的「硬體加速器」服務中心，來彌補協助創客們的不足之處，這是極為重要的一環。

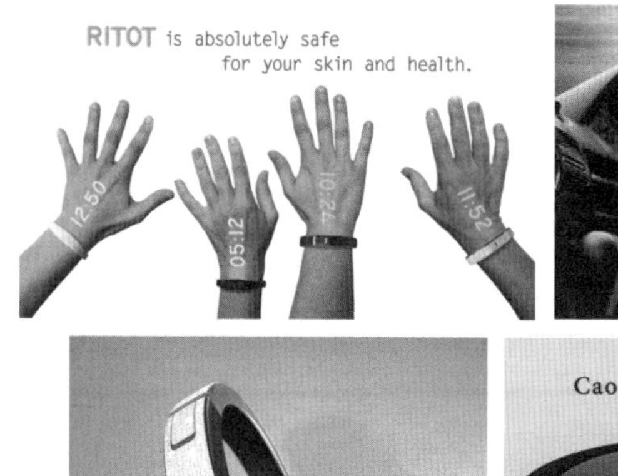

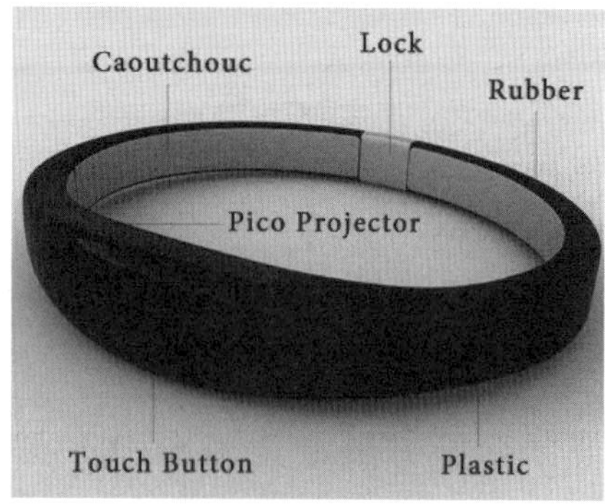

不需要螢幕和錶面的智慧投影Ritot手錶

圖片來源：Indigogo官網，https://entrepreneur.indiegogo.com/

(四)專業行銷通路的建立

從商業模式的角度來看，目前創客經濟生態圈中，尚缺一環重要的「專業行銷通路」服務。各創客團隊創作出來的作品，雖可在募資平台獲得第一批訂單，但此批訂單通常無法讓創客獲利，原因在於第一批的生產模具設備投入費用很高，生產第一批交貨後，收益通常只是打平，很難真正獲利。而產品要獲利一定要有後續的銷售業績，扣除一開始投入的模具設備費用成本後，才能開始有獲利盈餘。

當沒有專業行銷團隊來集中為諸多創客服務時，則需由各創客獨自去建立後續的行銷通路，這實在很困難，一方面單一創客團隊不太可能一下子有足夠的創新產品品項，而造成在行銷通路建構上成本太高，無法達到有效經濟規模，接著該項創新產品可能就會面臨出局的命運；二方面若創客分心太多精力在開拓行銷業務上，恐造成在新的創作研發上進度更加遲延落後的惡性循環之中。

(五)智權保護需重視

對創客而言，智慧財產的保護也是極為重要的項目，目前許多創客將他的創意構想或作品，在未申請專利的情況下，直接公開在群眾募資平台上，當你的創意是具有商業價值時，一旦公開之後就會喪失專利申請要件中的「新穎性」，而失去了取得專利權的機會。具商業價值的好創意，若未能同時取得專利權，這對創客們相當不利。雖然是你先想到的創意，但沒有取得專利權，其結果就是人人皆可仿效複製你的創意，而不會有侵權問題。

專欄 5-4 口香糖是美國發明史上的驕傲

口香糖是供用於咀嚼而不是吞食的糖果，是世界上最古老的糖果之一，人類的先祖們就是愛咀嚼天然樹脂（Resin）從中取樂，這是最原始的「口香糖」。幾千年來，來自不同地域文化的人們都有嚼食「口香糖」的習慣。古希臘人會用樹脂清潔牙齒、確保口腔清新，印第安人愛咀嚼樹幹汁液，中美洲的馬雅人愛嚼糖膠樹膠（Chicle）。中國早在漢代，人們就以咀嚼雞舌香當作口香糖，其氣芬芳治口臭，雞舌香又稱母丁香，是丁香的成熟果實。

近代的口香糖產品，和美國有很深的連結，更是美國發明史上的驕傲。在1836年，墨西哥的桑塔．安納（Santa Ana）將軍在一次戰役中被俘。關了多年被釋放後，他將當地一種曬乾了的「人心果樹膠」帶到美國紐約，本來想要找人研究替代橡膠的可行性，但是失敗了。桑塔．安納就拿了一小塊放進嘴裡嚼咬，一方面思考下一步該如何做？當時與他談話的湯瑪斯．亞當斯（Thomas Adams）瞭解了此樹膠的緣由後，也試試看咀嚼了一小塊，發覺口感很不錯，十分喜歡。於是他決定把將軍帶來的樹膠加工成圓球狀的新咀嚼物，在藥店裡銷售，結果大受人們喜歡。1869年，亞當斯開始買進大批樹膠，大量生產及行銷這產品。

Extra無糖口香糖幫助保持乾淨口腔，潔淨口味香甜好滋味，廣受大人小孩喜愛

圖片來源：yahoo奇摩購物中心https://tw.buy.yahoo.com/

第二次世界大戰後，人們發明了口香糖合成劑和合成樹脂，不需使用產量受限的天

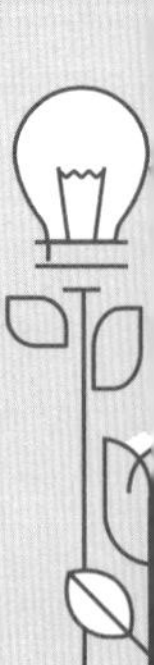

然樹膠，於是口香糖產業大大發展。很快地口香糖便走向了世界，成為美國重要的外銷品之一。如今口香糖主要是用糖、糖漿、調味品、軟化劑和膠基來製作的。

第四節　科技創新與產業分工

一、創新發明產業如何分工

如**圖5-2**所示，介紹說明了科技創新與產業分工之中，學校的創新研發角色範圍。在整體科技創新的各階段中，「基礎科學」研究是所有「應用技術」研發的根本。許多基礎科學研究成果產生後，都是經過數十年甚至百年的應用技術研發及量產技術的突破，才得以成為真正具實用性的產品，且價格為大眾所接受。例如，矽晶的發現到半導體IC的產品應用。

在基礎科學研究方面，因需長年耕耘耗費資源非常可觀，且失敗風險高，所以這部分工作大都由國家級研究機構（如中央研究院、研究型大學之基礎科學研究計畫），以國家預算經費在支撐研究。當有了新的基礎科學成果之後，其後續如工研院、民間企業或一般大學院校，即可依此新的科學脈絡從事應用技術的開發，發展為產品，乃至後段的生產技術改良及大量生產與降低成本等工作，直到做出實用性產品為大眾所接受使用。

二、應用技術研發是學校創新發明的工作重點

一些研究型大學，雖然也有從事基礎科學研究，但畢竟資源較為有限，大部分綜合型大學及科技大學，仍以「應用技術」研發工作為主，其

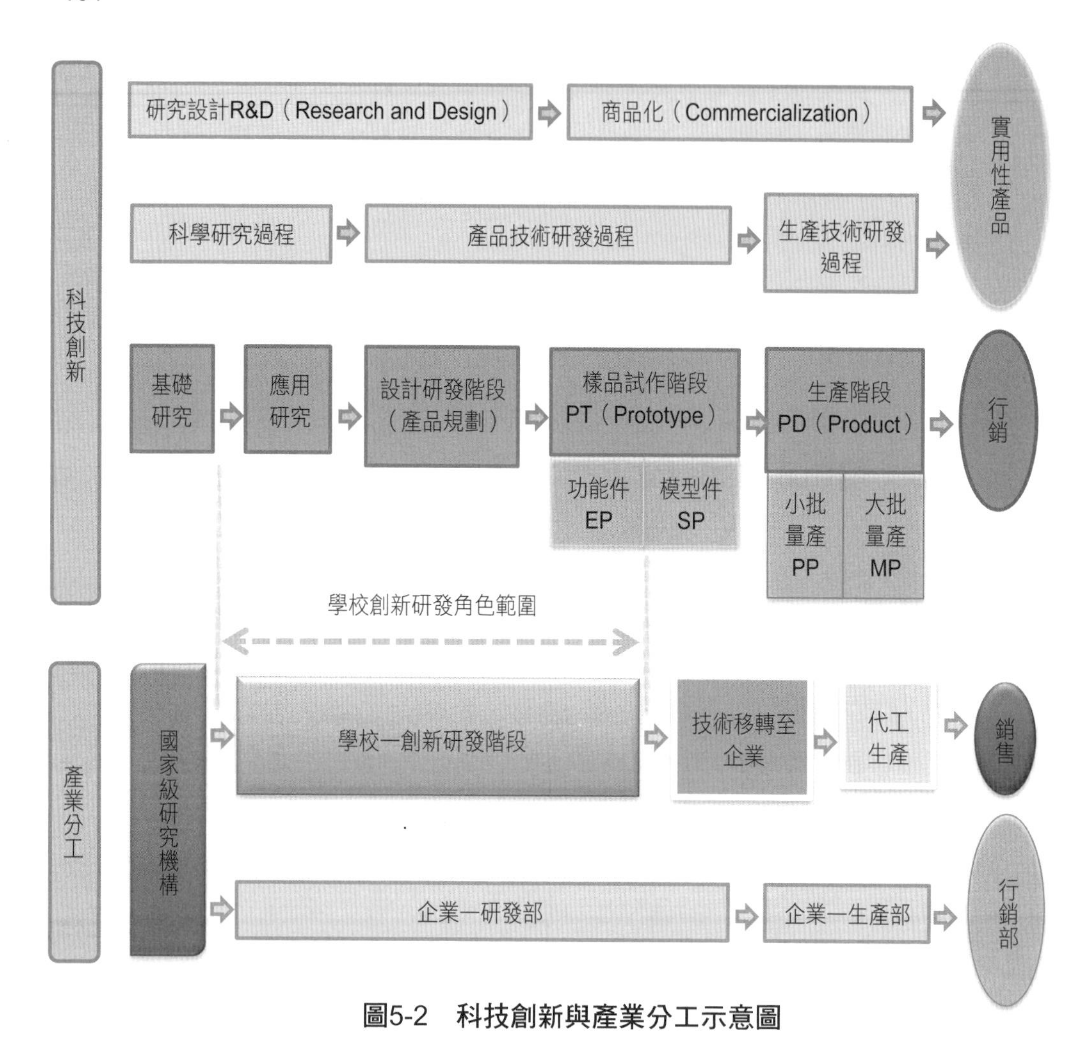

圖5-2　科技創新與產業分工示意圖

特點是：「失敗風險小」、「技術研發接近產品市場」、「技轉較為容易」等。

通常學校的創新研發是以市場需求產品切入，利用既有的科學技術加上創意思想研發改良等手段，以達成可實用性產品的開發為目標。而學校創新研發團隊的角色扮演範圍（如**圖5-2**所示），主要是從「應用研究」到「樣品試作階段」中的「功能件EP」（Engineering Production）之間。

所謂「功能件」，即是將創新研發出來的技術，透過演示平台或機構的設計製作得以展示出來，能供第三者觀摩瞭解即可。至於「模型件SP」（Sample Production）的製作，若是費用不高的小型模型，可以由學校研發團隊來自費製作，而昂貴大型模型或商品化的模型及大約十至五十台左右的「小批量產PP」（Pilot Production），則最好是由技術移轉出去的企業來製作，以利模型樣式是符合市場需求的，及讓技術移轉出去的企業熟悉產品生產的步驟和流程。而「大批量產MP」（Mass Production）若技術移轉出去的企業本身無生產工廠，則可委外代工生產。

以上各階段創客在科技創新與產業分工及學校創新研發所扮演角色的範圍，可使之更為瞭解學校創新發明團隊的工作重點，讓學校的人力與資源用在最需要的地方，發揮更大的效益。

專欄 5-5　為什麼桌球稱為乒乓球？

桌球是由網球（Tennis）發展而來。它起源於19世紀末的英國。歐洲人熱愛網球運動，但因為受到場地和天氣的限制，他們將網球運動搬到室內，以餐桌作為賽場，慢慢發展出桌球運動。桌球是一種在世界上許多地方流行的球類運動。它的英語官方名稱是「Table Tennis」，意即「桌上網球」，也稱為「室內網球」（Indoor Tennis）的。雙方球員手持球拍、隔著架有球網的球桌互相對打。可作為單打或雙打，兩方互相擊球直至一方無法回球，另一方便能得分。桌球和羽球、網球等運動，也是球拍運動的一種。

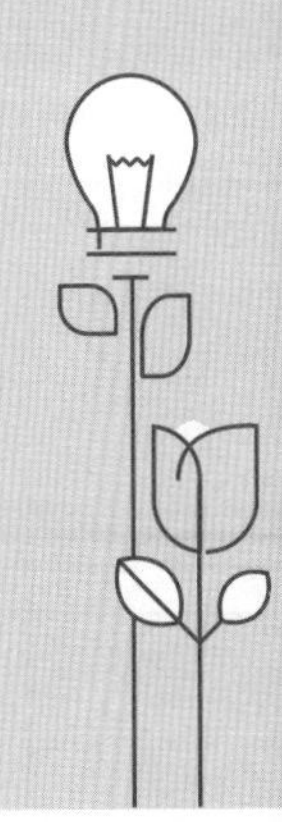

桌球是從網球直接衍生出來的一種運動。1875年，英國有些大學生利用餐桌當成球桌，用軟木或橡膠做成球，用糕皮紙貼成的球拍，

在桌上打來打去。1890年，英國人詹姆斯・吉布（Jame Gibb）從美國帶回賽璐珞球，人們用它代替了軟木球和橡膠球，當時打球的聲音類似「乒乓」的聲音，所以叫乒乓球（Ping-Pong）。

到了1902年，英國人庫特發明了膠皮顆粒球拍，並用木板代替了網拍。使乒乓球的技術逐漸高度發展。後來桌球也改用空心的小皮球代替彈性不大的實心球。

後來有一位美國製造商，以桌球撞擊時所發出的聲音，創造出用Ping-Pong名稱作為他製造的「桌球」註冊了商標。後來這商標名稱逐漸被人們接受，而成為當今大家所通稱「桌球」的正式名稱。並在1988年第廿四屆奧運會，開始列為正式比賽。

參考資料：維基百科，https://zh.wikipedia.org/

Peachy Life 可折疊式輕巧桌球桌／乒乓球桌
圖片來源：pchome 24小時網路購物https://24h.pchome.com.tw/

Chapter 6

群眾募資商品化

第一節　創意發明商品化

一、群眾募資對創意發明的意義

在創意發明的商品化上，重重關卡，作品不等於產品，產品不等於商品（**圖6-1**）。然而現實中卻為大家所忽略，這當中由「作品」要轉化到「商品」過程裡，不只是發明人要創作出優秀的作品來，更要運用量產技術及良好的品質管理，再透過建立行銷通路來行銷售商品獲取利潤，如此才能建立完整的商品化流程。

在發明作品相當多元豐富的現今，但大多苦於作品無法順利商品化，目前世界各國快速發展中的群眾募資模式，能協助發明人與早期使用者共同支持參與的方式，將創意實現共創雙贏。

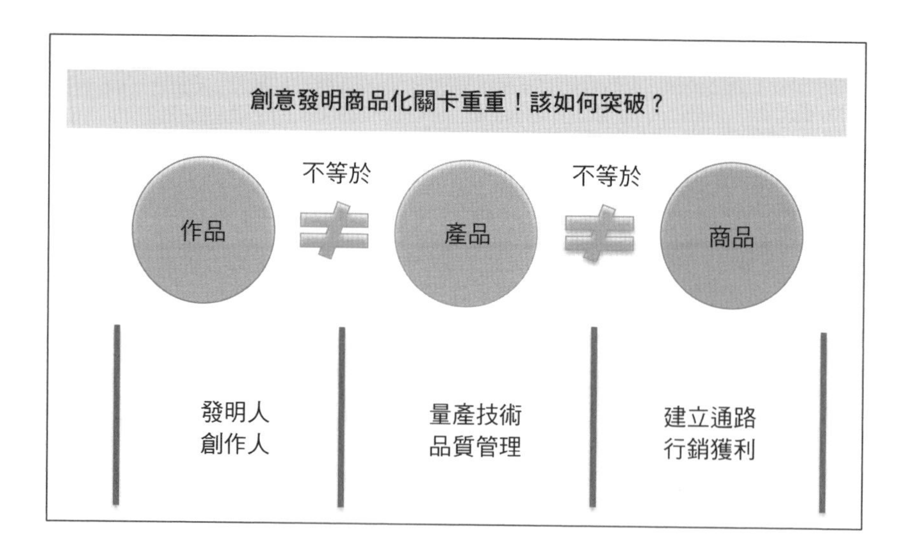

圖6-1　作品不等於產品，產品不等於商品

二、什麼是群眾募資？

3D列印和群眾募資被喻為是21世紀最偉大的發明之一，所謂「群眾募資」（Crowdfunding），就是用「通路先行」的創業概念，落實於向大眾籌募創業基金的做法。提案者必須公開自己的創意和完整的募資計畫，透過運用「文案及影片」方式，在群眾募資平台上公開演示表達出來。

提案計畫書說明內容包括：

1.明確的主題設定。

2.預定募集金額目標。

3.具體的執行計畫。

4.風險與潛在問題的告知。

5.募資成功時的回饋方案（回饋方案項目，可以是致謝、得到預購的產品、限量商品、預購的門票、會員優惠等，各種獨家的獎勵）。

一般而言，群眾募資專案有兩大型態，分別為「產品設計類」及「非產品設計類」。產品設計類如多功能自行車、智慧型手錶、軟體開發等；非產品設計類如電影、音樂、表演、活動等。

透過群眾募資這種通路先行的概念執行，能將提案者的創意或夢想，運用群眾的力量將它實現出來，提案者不但可獲得所需資金，更能從大眾對於你的產品設計認同度上，得到訊息反應，瞭解市場的評價與接受度，預估產量及有效控制庫存負擔，降低失敗的風險，即使專案沒有在群眾募資平台募集資金成功，你也幾乎沒有任何實質上的損失，反之，你得到的是寶貴的經驗。

三、群眾募資類型

如**表6-1**所示，群眾募資類型可分為「贊助型」、「借貸型」、「投資型」等三種類型。

群眾募資與創投不同，在此平台能讓你的創意和想法直接與市場接軌，以大眾消費者的實際行動，決定你的提案是否應被實現，並得到最即時的修正改善建議，讓你的提案更貼近市場需求，這就是最直接的「市調」結果。

表6-1　群眾募資類型比較表

類型	定義	使用對象	主要網站平台（例）
Donation-based Crowdfunding 贊助型（或稱捐贈基礎型）	請求群眾贊助您的專案，以換取有價值非財務的報酬（如一份專案實現後的商品、一場電影或演唱會門票……）。	募資提案發起人：如發明家、藝術家、電影及音樂工作者、作家、夢想家、創意者。 資金贊助人：如慈善家、熱心粉絲、新事物及小玩意的愛好者。	Kickstarter（美） Indiegogo（美） Dragon Innovations（美） FlyingV（台） zeczec（嘖嘖；台） LimitStyle（HOLA 特力和樂；台） xstudio-mclub（X工作坊；台）
Lending-based Crowdfunding 借貸型（或稱債權基礎型）	請求群眾提供金錢給您的公司或專案，以換取財務報酬或未來的利益。	募資提案發起人：如發明者、創業者、新創企業、企業所有人。 資金提供人：如投資者、企業家。	KIVA、Prosper、People Capital、Lending Club
Equity-based Crowdfunding 投資型（或稱股權基礎型）	請求群眾提供金錢給您的公司或專案，以換取股權。	募資提案發起人：如企業家、新創企業、企業所有人。 資金提供人：如投資者、企業家、股東。	AngleList、Symbid、Funders Club、Crowdcnbe、Grow VC Group、CircleUP 金管會櫃買中心一創櫃板

對支持者們而言，當你所支持的專案募資成功後，發起人會依回饋方案給予支持者們回饋，讓你享受到最新和與眾不同的創意商品或美好體驗。支持者們也可透過各種社群網站分享及號召親朋好友一起加入贊助，幫助專案計畫在設定的時間內達成募資目標金額，使該專案計畫可以被實現，讓大家的生活更美好。

專欄 6-1　有了真摯的愛奇蹟就會發生——OK繃的發明

因愛妻受傷而發明了OK繃

邦迪（BAND-AID）的註冊商標，是美國強生醫療產品公司一種用於保護小傷口的OK繃，最早在1921年上市，那是埃爾．迪克森（Earle Dickson）所發明的，至今已有百年歷史了。

埃爾和約瑟芬在20世紀初剛結婚時，因太太對烹調毫無經驗，常在廚房切到手或燙傷自己。埃爾．迪克森那時正在一家生產外科手術繃帶的公司裡任職，為她包紮儼然成了指定動作。當時沒有現成的傷口黏貼膠布，太太總要等到埃爾回家幫忙才可包紮傷口。埃爾心想要是能有一種包紮繃帶，在太太受傷而無人幫忙時，她自己能包紮就好了。他開始做起實驗，把棉紗布覆蓋的黏膠帶子上，每隔一段距離便置放一塊，棉紗布和黏膠帶做在一起，就能用一隻手來包紮傷口。這樣太太受傷後，只須剪下一段帶子，就可為自己包覆傷口了。埃爾把他的「發明」告訴強生公司上司，不久這種保護小傷口的黏貼膠布就上市了。這產品透過二戰時美軍的廣泛使用，而快速的流傳行銷到世界各國。

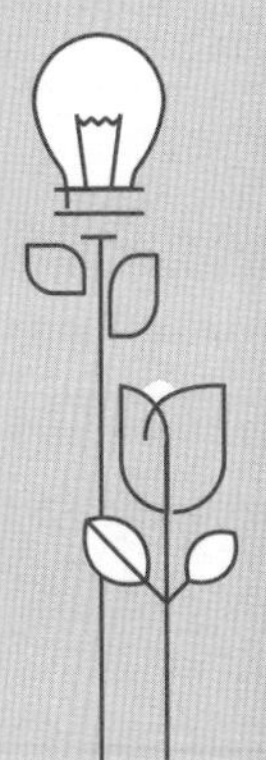

埃爾和約瑟芬住在新澤西州新不倫瑞克（New Brunswick）。約瑟芬很喜歡為心愛的丈夫準備吃的，卻又時常割傷或燙傷自己。

圖片來源：J&J強生公司，http://www.band-aid.com/

邦迪（BAND-AID）商標的註冊

這種保護小傷口的黏貼膠布，會以邦迪（BAND-AID）為註冊商標，是因邦迪聘請名醫救活埃爾童年當時相依為命的叔叔。正好Band也是指繃帶，Aid是幫助急救的意思。後來，J&J公司就把BAND-AID作為各種急救和手術繃帶產品的品系名稱，而後也成了繃帶的同義詞。

埃爾為了感謝邦迪先生曾經康慨善心相助，也為了幫助更多意外受傷的人，而以邦迪的名字為此產品命名。

OK繃名稱的由來

這種傷口的黏貼膠布，為什麼大家也通稱它為「OK繃」呢？強生公司生產的BAND-AID在傳入日本的時候，一般稱為「救急絆創膏」（きゅうきゅうばんそうこう），或是簡稱「絆創膏」（ばんそうこう）。而在引進台灣行銷時，取了比較簡單而且好發音的品名

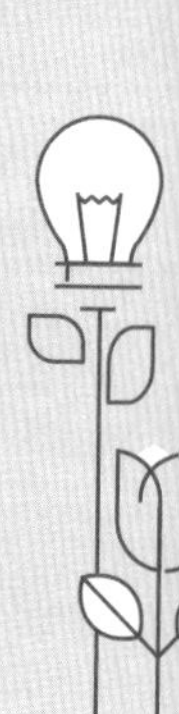

「OK繃」，「OK」是使用簡單一貼就OK的意思，「繃」是日文中「絆」（ばん, ban）的相近發音，同時也是源於英文band的發音，這樣一個很棒的產品名稱，在行銷上也起了很大的加分作用。

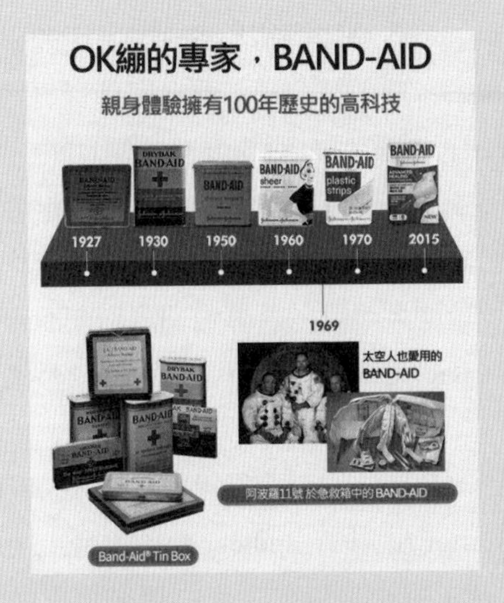

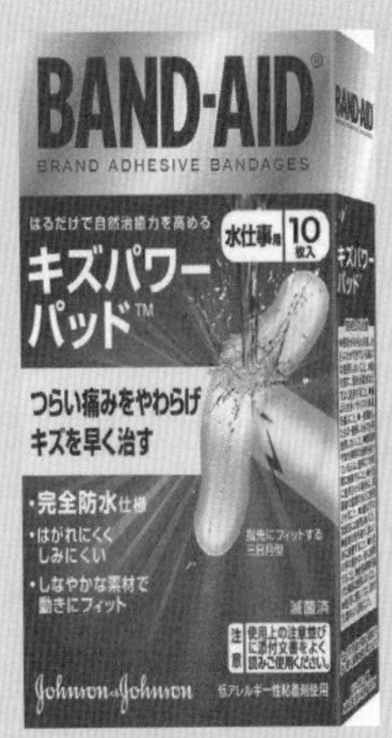

BAND-AID太空人也愛用；水凝膠防水透氣「救急絆創膏」（ばんそうこう）
圖片來源：Yahoo奇摩購物，https://tw.buy.yahoo.com/

第二節　群眾募資平台的發展

一、群眾募資之興起

美國最有名的群眾募資平台，分別為Kickstarter和Indiegogo，Kickstarter的創意來自華裔青年Perry Chen（陳佩里）及兩位友人，於2009年4月在紐約成立，是一個營利型的群眾募資平台，募資成功時的手續費為向提案人抽取募得金額的5%，另外募資的繳費配合平台亞馬遜（Amazon）也會收取5%手續費。Kickstarter可提供多種創意方案的募資，如新發明設計、電影、音樂、舞台劇、電腦遊戲及軟體等。Kickstarter曾被《紐約時報》譽為「培育文創業的民間搖籃」，也曾獲得《時代雜誌》頒發「最佳發明獎」、「最佳網站」等殊榮。目前平台網站分別拓展擴及美國、英國、加拿大、澳洲等多國，要參與募資提案的個人或公司，必須要有美國或英國銀行的帳戶。而想要參加贊助的人則必須要有亞馬遜註冊帳號的會員。當募資提案者在Kickstarter的設定募資天數中，達到預期募資金額目標時，表示募資成功，提案人可獲得扣除手續費後的贊助金，並依回饋方案給予贊助人獎勵。若募資期限到期而未達募資金額目標時，則表示募資失敗，Kickstarter將全額退回所有已募集到的該案金額還給贊助人。

美國另一著名群眾募資平台為Indiegogo，該平台成立於2008年1月，開放群眾募資項目更多於Kickstarter，所以在Indiegogo的平台上，你可看到更多各式各樣奇奇怪怪的創意，這也是目前大家常用來蒐集最新創意資訊的平台，Indiegogo目前服務於兩百多個國家。對於提案的接受上，Kickstarter較為精挑細選，只做精品而相對封閉，猶如3C產業界的蘋果，而Indiegogo則相對開放，對各式提案來者不拒，猶如Android，故你可在Indiegogo看到更多公開的創意。也就是因為Kickstarter嚴苛挑剔的條件限制，因此以科技類為例，當創意經審核通過放在Kickstarter群眾募資平台上的募資成功率約有40%。而相較條件寬鬆的Indiegogo平台上募資成功率約為4%。但依實際的募資成功案件數量相比較，則Indiegogo是Kickstarter的1.3倍。

二、贊助型群眾募資平台運作模式

贊助型群眾募資平台運作模式（**圖6-2**），台灣的FlyingV群眾募資平台，於2011年7月成立，台灣很多年輕人有創意、有設計能力，但沒有資金又缺乏舞台，如果一直以傳統產業、代工製造業的眼光去看台灣的產業未來，這些年輕人是不易被發掘出來的。

FlyingV開辦第一年就收到超過300份創意提案，經審查後約120件上架募資，約有70件募資成功，募資總金額超過1,500萬，到2015年3月約有

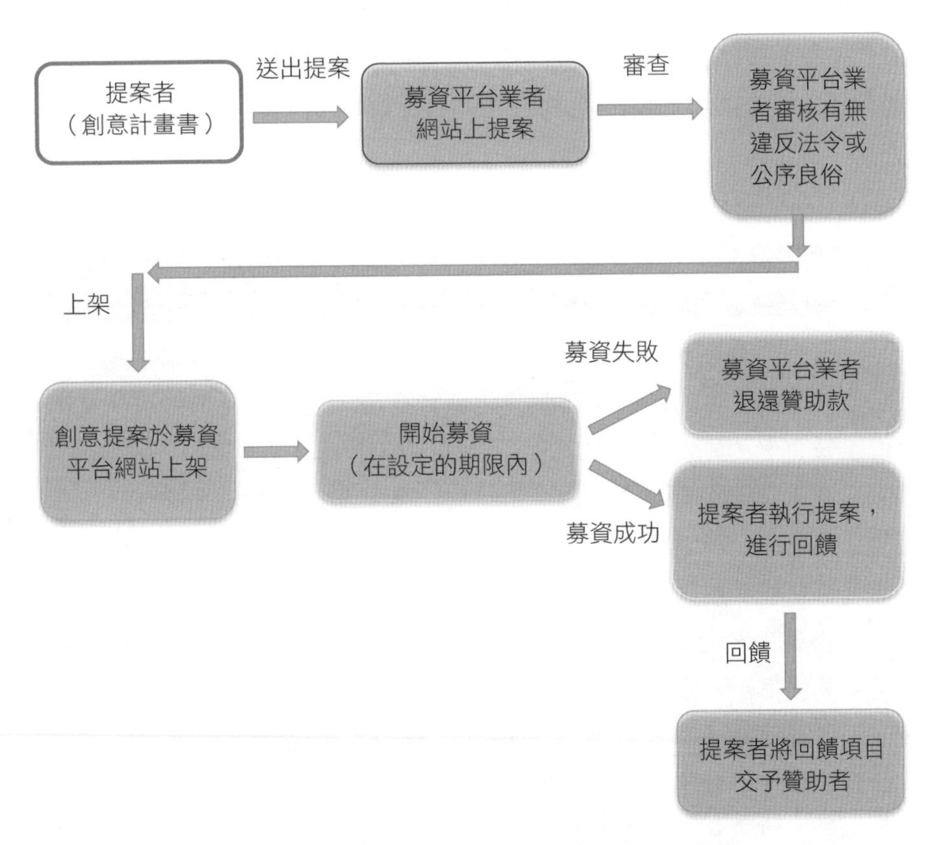

圖6-2　贊助型群眾募資平台運作模式示意圖

450件募資成功，募資總金額超過2億元。FlyingV創辦人林弘全鼓勵年輕人發揮創意打造自己的夢想，借由群眾募資的力量將它實現出來。

zeczec（嘖嘖）也是台灣的群眾募資平台，由創辦人徐震及總經理林能為於2012年2月網站上線，台灣這些群眾募資平台，和目前盛行於國際的「贊助型群眾募資平台」概念類似，這對台灣的文創設計及創意發明產業會有很大幫助，當你想出一個很棒的點子，只要具有可行性及市場性，不管任何類型，都可利用自製文案及影片等，上傳到群眾募資平台網站，介紹你的創意想法，經群眾募資平台審核通過及簽署提案者合約，即可將你的提案上架公開向網友募資，幫助你的提案付諸實行，讓你夢想成真。若未達募資金額目標，則會將已募得的款項全數退還贊助者。而群眾募資平台的獲利模式為：募資成功時，向提案者收取募資金額8~10%手續費。

專欄 6-2 魔豆的發明故事

陳振哲是嘉義縣的一個農家子弟，由於他的努力，給了平凡不起眼的農作物，以全新的面貌創造出新的商機，使人不得不佩服他靈活的頭腦和十足的創意力。

多年前陳振哲就不斷的在植物的培養上創新發明，「魔豆」的發明人就是他。所謂「魔豆」就是在種子的表面用雷射刻字打上祝福的話，再將種子放入培養罐或培養土中澆水，經過幾天之後，這個種子魔豆就會長出枝芽，同時即可在芽葉上看到那些祝福的話，這就是近年來廣受年輕人喜愛的創意商品。

但是這幾年來，此項發明的創意商品「魔豆」，卻受到嚴重的抄襲仿冒。不過這項商品的原創者並沒有因此而被打敗，相反的，他更加努力的研發新一代的創意商品，如今已陸續研發出「魔蛋」以及

「魔蛋娃娃」等更具創新性的產品，這類種在蛋殼中的魔豆，經澆水後就會破殼而出，魔豆長出枝芽後，芽葉上就能看到祝福的話。

魔豆系列商品為農作物所創造出來的附加價值很高，白鳳豆種子原本一顆約0.1元，經雷射刻上祝福語後，就能賣到一顆20元，創造出兩百倍的附加價值。而當製作成「魔蛋」時，一顆則能賣到100元，創造出更多的附加價值。這系列產品每年可外銷歐美數百萬顆，為台灣賺進大筆外匯。

對魔豆系列產品或其他易開罐花卉系列有興趣的讀者，可上羽鉅公司的網站http://www.iplant.com.tw參觀此項創意發明商品。

陳振哲曾說：「只有不斷的創新，才能反制仿冒。」簡言之，就是當自己的創新能力夠強時，能不斷的創造出新商品，讓仿冒者追不上你的創新速度，如此才能真正反制仿冒。

在白鳳豆種子上用雷射刻上祝福的話。無論是真品或仿冒品，四處皆可看到——魔豆。

圖片來源：葉忠福攝。

魔豆長出枝芽後，芽葉上就能看到祝福的話。

圖片來源：羽鉅公司，https://www.iplant.com.tw/

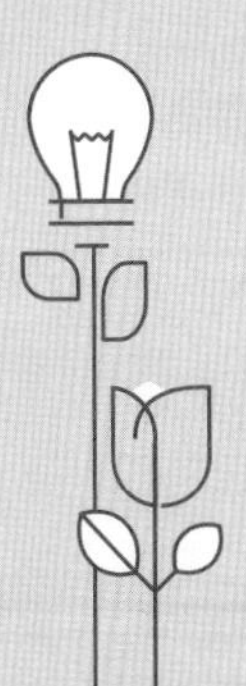

第三節　成功募資案例

一、群眾募資平台的成功案例1（Kickstarter群眾募資平台）

Coffee Joulies神奇的控溫豆

這種用金屬豆就能讓你的咖啡或其他熱飲調溫，達到最適合飲用溫度且能延長保持時間的創意，是來自一位帶有科學頭腦的美國大男孩，其原理是利用一種具有大比熱特性的控溫物質，密封在不銹鋼材質的殼內，利用剛沖泡出來熱咖啡的高溫，放入這種神奇控溫豆後，控溫豆馬上吸收熱咖啡的高溫，使得咖啡溫度很快降溫到最令人愉悅的攝氏約60度，不但減少了被燙嘴的危險，且能保持咖啡的香味，同時間也因這種神奇控溫豆吸收了大量的熱，使得這種密封的物質形成固體，然後再慢慢放出熱能，使得這杯咖啡能夠穩定的保持於攝氏60度左右，延長的保溫效果時間多達一倍。

當這個創意提案放在Kickstarter群眾募資平台上架募資時，得到廣大的回響，就連愛喝熱可可巧克力或熱茶的人都引起很大的共鳴，覺得這個創意實在太棒了。這個創意提案原本預計募資目標9,500美元，結果募到

熱咖啡放入這種神奇控溫豆後，控溫豆馬上吸收熱咖啡的高溫，使得咖啡溫度很快降溫到最令人愉悅的攝氏約60度。

圖片來源：Kickstarter群眾募資平台，https://www.kickstarter.com/

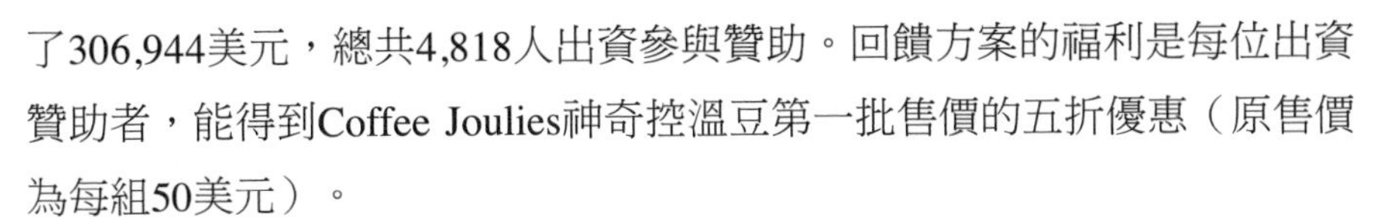
了306,944美元，總共4,818人出資參與贊助。回饋方案的福利是每位出資贊助者，能得到Coffee Joulies神奇控溫豆第一批售價的五折優惠（原售價為每組50美元）。

由此案例中，你會發覺他的成功要素是從生活切入，發現生活的樂趣與需求，再加上一些科學原理效果，使得創意產品讓人有所美好的心理期待，就能產生很好的共鳴作用。

二、群眾募資平台的成功案例2（FlyingV群眾募資平台）

New Urbanbike城市自行車

Gearlab（器研所）設計的New Urbanbike城市自行車，含高跨版及低跨版兩種型式，係由從美國與義大利工業設計系學成歸國的兩位設計師——張博翔和孫崇實所研發完成，他們回台灣工作的十年間，曾擔任捷安特（GIANT）公司設計師，設計了多款暢銷自行車，包括熱賣的CLIP款式。

兩位設計師在工作上雖然一路順遂，但一直有個夢想，希望能設計自己心目中理想的城市自行車，在醞釀多年後，於2008年終於創立了自己的品牌，理想主義個性使然，New Urbanbike是兩人從零開始創作設計的作品，屬於城市生活的理想單車。

在國外留學時兩人都是城市自行車的通勤愛好者，友善城市環境單純的生活，自行車成了他們的日常生活工具。受到國外城市生活感受的影響，他們開始思考，在台灣如何讓這種友善城市的生活方式也能融入此地環境，拉近人與城市間的距離，感受在地環境與城市之美。

兩位設計師於是開始了這項困難又複雜的工作，詳細規劃New Urbanbike的每一吋細節，每一個微小概念的產生，都是為了要解決任何隱藏的問題，讓這台車在誕生後，可以大大減少城市騎乘的問題，達成自己心目中理想的產品。

高跨版

低跨版

New Urbanbike城市自行車的特色與風格，在於小徑不小折，選用20吋車胎，出入電梯、窄門輕便易進出。省掉裝卸麻煩同時，也增加車身強度。內變速：降低鏈條脫落及保養的機率，不用再擔心沾到機油的危機。鏈條外蓋設計，安裝了「鏈條外蓋」，大幅降低衣物捲入的危機。

圖片來源：FlyingV官網，https://www.flyingv.cc/

當這個創意設計提案被放在FlyingV群眾募資平台時，原本預計開放預購20台，結果很快的就額滿了，這台New Urbanbike城市自行車預定上市價為39,800元新台幣，在各方贊助者及網友的熱烈要求下，再度開放第二批的贊助者預購量20台，雖然第二批的預購價已由第一批的19,800調高為24,800元新台幣（多出5,000元），但還是很快的又額滿了。這個提案原本募資目標為400,000元新台幣，結果募資達到896,900元新台幣，為原本目標的224%。

以此案例來看，發現生活中的問題加以解決，再加上美學、人體工學與簡潔有力的實用設計，成功要素就已存在。由於New Urbanbike城市自行車的多重特色與風格，難怪一推出募資平台就引起大眾的熱烈回響。

三、群眾募資平台的成功案例3（zeczec-嘖嘖-群眾募資平台）

Stair-Rover八輪滑板

提案發起人賴柏志為英國RCA（皇家藝術學院）畢業，是個熱愛發明的工業設計師，喜歡鑽研各種工程和設計上的新技術，在經過數年的研發後，設計出 Stair-Rover八輪滑板車，這不只是設計來讓你跨越新的地形，同時也能讓你發掘屬於自己的新特技、新花招。透過新底盤的機構設計，賴柏志看到了許多過去想像不到的滑板特技表現可能性。賴柏志很期待看到板客們能發揮出無盡的創造力。

城市對板客來說就像是一片待你探索的汪洋，而Stair-Rover就是設計來讓你重新領會這片汪洋的美妙。在平地上，Stair-Rover和一般的滑板一樣容易操作，當地形一旦開始顛簸（不論是導盲磚或者石頭路），它獨特設計的底盤會吸收路面帶給輪胎的振動和衝擊，讓滑板無礙地前行。V字

Stair-Rover八輪滑板能克服各種地形無礙地前行

圖片來源：zeczec（嘖嘖）官網，https://www.zeczec.com/

型的延伸輪架（v-frame）讓八顆輪子如同仿生機構一般，能隨著地形自主地上下擺動；底層的龍骨（gliding keels）強韌而富彈性，讓板客在樓梯上一滑而下時，宛如乘風破浪。

Stair-Rover八輪滑板團隊，在台灣zeczec（嘖嘖）群眾募資平台竟然創下台灣、甚至是亞洲史上最高募資金額，原預定募資目標20萬，結果在兩個月時間裡竟然募到了3,900萬元。

專欄 6-3　「穀東俱樂部」的創新思維

當「黑心」食品充斥著新聞版面時，無論是農作物的農藥殘留、動物肉類的抗生素問題，還是魚類的禁藥使用等令人怵目心驚的訊息，尤其在加入WTO之後，面對強勢進口的各國農產品的同時，人們有了多元的選擇，但相對的，農業也必須承擔更多的風險與挑戰。

多年來農地的過度剝削，以及農藥、化肥的不當使用，在如此的惡性循環下，似乎就顯現了不下重藥、不施化肥，土地就長不出東西來的這番情景。

一個綠色農業革命的奇蹟，帶給我們許多的啟發與學習的典範，原本在「主婦聯盟」擔任「共同購買」的賴青松先生，於2004年在宜蘭三星鄉創立了「穀東俱樂部」，目前已有廣大的「穀東」支持參與，相信未來的參與者將會更多，這場綠色農業革命也將對未來的農業型態發展，有著正面的啟發作用。

賴青松先生小時候曾在鄉村度過快樂的童年歲月，有感於目前國人的主食（稻米）生產過程的「不自然」，以及對農村的一份特殊情感，而決定種出「讓土地有尊嚴」的米，他堅持「有機」的耕作方式，不噴農藥、人工除草，用有機肥施作，並以「穀東」認「穀」的創新模式經營，每位「穀東」依當年度認「穀」的數量，先繳交生產

成本共同的管理基金（一戶最低認穀量為1穀份，最高以12穀份為上限，1穀份=30台斤，每台斤稻米80元）。在你指定的月份，以全程冷藏保鮮的方式為你寄上當月碾製的新鮮稻米。

「穀東」還可隨時和家人一起到田間參與農作或察看稻米施作生長情形，共享田園之樂。並透過網路將每月每日所記錄的「田間大事紀」，上網公布，讓分散各地的「穀東」隨時上網就可瞭解田間的狀況，每年的收成按「穀東」的「認穀」比例，按月分批將碾好最新鮮的稻米宅配分送到穀東家中。當然「穀東」也必須分擔天災所帶來的風險，如颱風、鳥害等自然的損失。雖然這樣的有機耕作方式比起市面上一般稻米種植方法，平均每台斤稻米的生產成本高了許多，但這樣自然、健康、新鮮又好吃的稻米還是大受「穀東」們的歡迎。

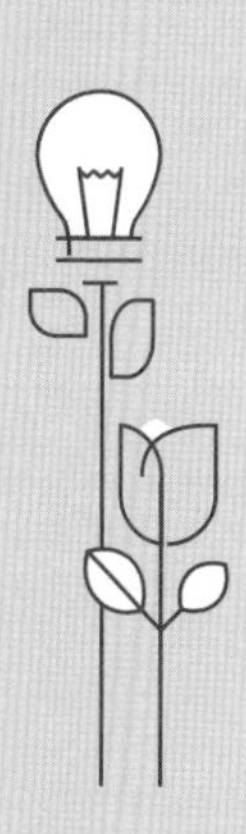

由這個「穀東俱樂部」的創新思維經營管理模式，我們可獲得一些省思和啟發，那就是即使是最傳統的農業，只要能掌握社會的需求及利用創新的思維加以用心經營，同樣能使最古老的行業發光發熱。

（請參考「穀東俱樂部」網址，http://sioong.groups.com.tw）

穀東俱樂部——堅持有機無毒的耕作方式種植稻米（圖片攝影：葉忠福）

相招做穀東，我們都是種田人；讓市內人也能吃到「自己種的米」
圖片來源：網誌「穀東俱樂部」田間管理員；賴青松，http://v2.groups.com.tw/index.phtml?group_id=sioong

第四節　商機轉化的三種層次

一、群眾募資商機轉化的意義與層次

當全球興起創意提案結合群眾募資，將夢想實現蔚為風潮時，其對新的產業模式將有開創性的發展，而此發展轉化成商機的意義，可分為三種層次：

第一層次為「個人實現夢想」：當贊助者對你的創意理念認同時，出資贊助你讓你可以實現夢想，而贊助者得到你的回饋方案成果。就產業商機轉化貢獻度而言，這個層次貢獻較少，它只在於提案人與贊助者個人

之間做出貢獻。

第二層次為「成立公司創業」：當市場需求確立時，提案者即可用此創意產品作為創業的基礎，成立公司運作經營甚至創立品牌，由此作為起點持續創意研發系列產品，建立行銷通路後，即可創造利潤來支持延續性的創新。

第三層次為「帶動社會經濟」：當創意發明產業鏈建立時，就能使整體創意創新產業蓬勃發展，其中包括創客空間及群眾募資興起、創新產品研發設計、生產製造、品牌與通路行銷等緊密的結合運作，創造更大產業動能，帶動社會新的經濟型態。

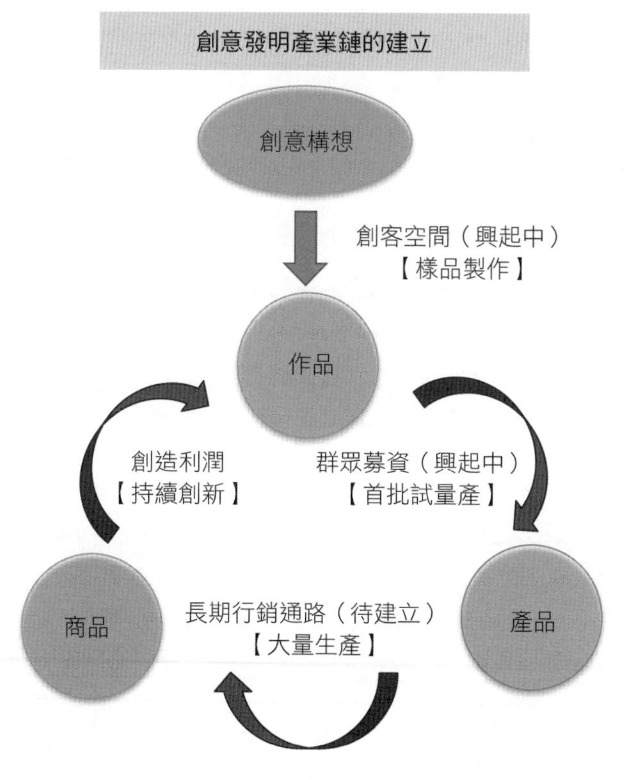

圖6-3　創意發明產業鏈建立的架構

二、群眾募資平台成功後的下階段發展

網站平台是宣傳自己和創意的最好工具，透過各社群媒體的不斷擴散轉載，邀集親朋好友加入贊助，是成本低廉、讓自己的創意快速曝光「用創意拚人氣，以人氣集資金」的最好方法。這種透過網路社群的運作，就是將「網路宣傳」及「贊助預購」兩個概念結合起來，同時達到募集資金，使夢想實現的多贏運作方式。對群眾募資平台而言，發揮了新型態通路的功能，幫助創作者直接找到贊助的消費者，所謂：「直接接觸市場，就是最好的市場調查」，此亦是一種「去中間人化」的運作模式。

然而在產品設計類的募資提案中，時有發生科技類作品無法交貨或品質不佳等問題，歸其原因，不外乎是提案人為發明新手，雖有良好創意但無產品製造實務經驗，或原創意構想與可行技術落差過大所致。

群眾募資平台成功後的下階段發展工作，應該是要再建立起「連結產業鏈」，否則對整個文化創意與創新發明產業而言，只是向前跨出了第一步，而未真正建立起整個產業鏈，這對經濟發展動能提升是有限的。因為創意提案人即使成功募集到資金，也將首批量產品回饋給贊助者了，其後續呢？創意提案人同樣要為後續的產品行銷與建立通路大傷腦筋，通常第一批產品攤提研發、模具費用後是無利潤的，產品必須要有後續行銷管道及長銷的業績，才能為創作者創造利潤及為社會經濟發展帶來持續性動能。

所以，如何為這些募資成功，並且已能開始量產的各類型商品，建立起可長期配合國內外行銷的強力通路管道，讓創意創新人才能專注於產品本身的創作上，這才是下一步能否有效提升創意創新產業發展動能的關鍵。

專欄 6-4　泡麵是日籍台灣人因生意失敗而發明

1910年日據時期，出生在嘉義朴子的吳百福自幼失去雙親，由在台南經商的祖父撫育他成長，他從小耳濡目染，學會經商之道。年輕時經常往返台、日間經營生意，後來歸化日本籍，改名安藤百福。身在日本的吳百福，1957年因事業經營不善破產了，為尋求東山再起的契機，他在自家後院小屋，終日潛心研究如何做出好吃、容易料理又便宜且適合長時間保存的拉麵。有一天，當他看到妻子在炸天婦羅（てんぷら；tenpura）時，發現「油炸」過程中會使麵條水分快速蒸發，而麵條表面也會留下很多小氣孔，當用熱水沖泡時，乾燥的麵條便能由這些小氣孔快速吸收熱水而回軟，經無數次的實驗反覆操作後，1958年終於成功發明了「泡麵」。之後更以「日清食品」公司之名推出了「雞湯拉麵」，從此泡麵成為家家戶戶防颱防災、念書加班熬夜的良伴，或家中沒開伙時的方便餐食。

吳百福（日本名：安藤百福）；當年發明泡麵的小廚房

圖片來源：日清杯麵博物館（安藤百福發明紀念館），https://www.cupnoodles-museum.jp

安藤百福在1958年推出全球第一包泡麵「雞湯拉麵」

圖片來源：日清杯麵博物館（安藤百福發明紀念館），https://www.cupnoodles-museum.jp

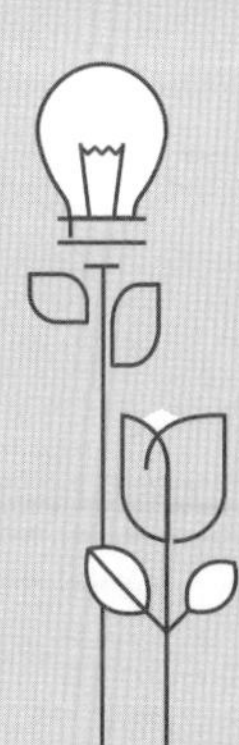

吳百福小檔案

日本名：安藤百福

生卒：1910/03/05~2007/01/05，享年96歲

學歷：日本立命館大學專科部經濟科畢

身家：日清食品總資產3,190億9,500萬日圓（約台幣856億元）

大事記：

1910　生於台灣嘉義朴子

1933　來往台灣台北、日本大阪經商

1948　在大阪創立「中交總社」，歸化日籍，改名安藤百福

1958　推出全世界第一包泡麵「雞湯拉麵」當時售價35日圓，將公司改名為「日清食品」

1989　出任日本即席食品工業協會會長至辭世

2000　泡麵被日本民眾票選為20世紀最偉大的發明

2002　獲日本皇室頒發「勳二等旭日重光章」表揚。並因對世人貢獻卓著，曾獲巴西、泰國贈勳，及成為美國洛杉磯榮譽市民

台灣泡麵歷史：

1968　日清推出暢銷產品「出前一丁」。台灣國際食品公司與日清合作，推出全台第一包泡麵「生力麵」，售價台幣2元，價格相當於一碗陽春麵。

台灣每年消耗量：8.9億包，全球第12，平均每人每年38包

台灣最受歡迎的泡麵：統一科學麵，每包10元

台灣最長青的泡麵：統一肉燥麵，每包16元

參考資料：維基百科，https://zh.wikipedia.org/

課後複習題

填充題：

1.「創客」也就是「______」的意思，創客一詞概念源自英文「Maker」和「Hacker」兩詞的綜合釋義。

2.現今創客的精神中，「______」、「______」、「______」、「______」，是四個關鍵元素。

3.在整體科技創新的各階段中，「基礎科學」研究是所有「______」研發的根本。

4.大部分綜合型大學及科技大學，仍以「應用技術」研發工作為主，其特點是：「______」、「______」、「______較為容易」等。

5.學校創新研發團隊的角色扮演範圍，主要是從「______」到「______試作階段」中的「功能件EP」（Engineering Production）之間。

6.群眾募資類型可分為：「______型」、「______型」、「______型」三種類型。

7. 群眾募資平台的獲利模式為：募資成功時，向提案者收取募資金額「___~___%」手續費。

8.對群眾募資平台而言，發揮了新型態通路的功能，幫助由原創作者直接找到贊助的消費者，所謂「直接接觸市場，就是最好的______」，此亦是一種「去______化」的運作模式。

問答題：

1.創客的特質是什麼？

2.創客運動發展所產生的影響，近期的創客運動由美國盛行發展至今，可明顯看出對創新產業規則的影響，其包括哪五大層面？

3.什麼是天使基金？

4.什麼是群眾募資？提案計畫書說明內容包括哪些項目？

5.當全球興起創意提案結合群眾募資，將夢想實現蔚為風潮時，其對新的產業模式將有開創性的發展，而此發展轉化成商機的意義，可分為哪三種層次？

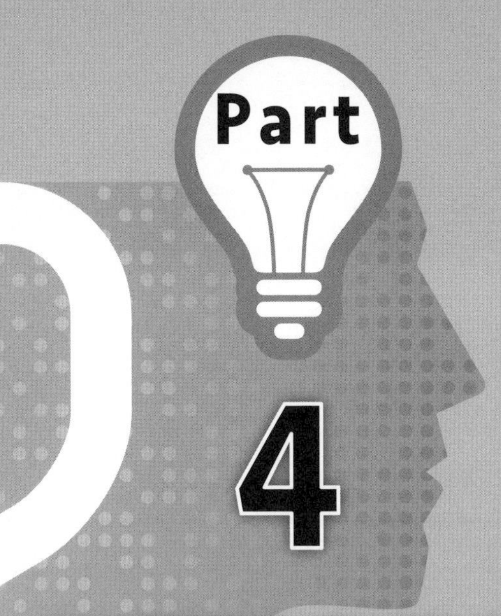

智慧財產與專利管理

智財之管理制度與科技發展息息相關，當企業在積極迎向高科技產業及邁向國際化挑戰之時，各種智慧財產糾紛必然接踵而至，而智財管理制度之良莠，則取決於以下幾項因素：(1)智財的觀念是否正確；(2)智財制度、法律與管理執行辦法是否健全；(3)自主創新能力是否足夠；(4)智財利益之歸屬與分配是否合理；(5)是否有完善的國內外智財管理資訊系統。

若能有良好的智財管理、正確的投資評估與成熟之技術移轉機制，必能提升企業的國際競爭力，再創經濟發展的高峰。

本篇學習重點

在於讓學員學習瞭解專利與智慧財產權的相關知識，以便於未來從事創新發明工作時，能完整的保護智權，讓企業及個人權益得到應有的保障，增加競爭力。

Chapter 7

智慧財產概要

第一節　認識智慧財產

第二節　專利要件

第三節　專利評估

第四節　專利布局

第一節　認識智慧財產

一、智慧財產權之相關保護基本概念

(一)何謂「無形資產」？

所謂的無形資產，可用「具有價值但本質上並不具任何型態實體之資產」來做簡單的定義表達，其分類可為下列幾項。

無形資產包含六個面向（**圖7-1**）：

1.涉及法律方面之相關項目：例如著作權、商標權、專利權、積體電路電路布局、營業秘密等。

2.涉及技術方面之相關項目：例如製程、藍圖、配方、技術手冊、電腦軟體、資料庫、研發Know-How（專門技術）等。

3.涉及市場與客戶方面之相關項目：例如商譽、品牌、商業模式、行銷通路、客戶名錄等。

4.涉及合約方面之相關項目：例如許可權（授權或被授權）、合約、契約、密約等。

5.涉及人員技術專家方面之相關項目：具專業經驗之員工、優良的管理團隊成員、有效的員工教育訓練模式及方法等。

6.涉及財務與法人組織方面之相關項目：例如銀行之良好信貸關係、募款及集資能力、同業及異業間之政商關係等。

(二)何謂「智慧財產權」？

所謂智慧財產權，依1967年成立「世界智慧財產權組織（WIPO）公約」中的規定，對智慧財產權（IPR）的界定之概念包含了與下列事項有關的權利。

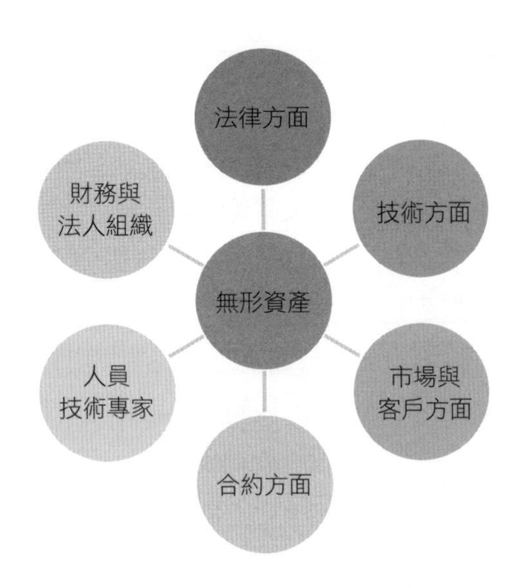

圖7-1　無形資產的六個面向

智慧財產權包含項目如下：

1.藝術、文學及科學之著作。
2.演藝人員之演出、錄音及廣播。
3.人類在產業上之發明及新型和設計專利。
4.科學上之新發現。
5.製造標章、服務標章、商業標章及商業名稱與營業標記等。
6.不公平競爭之防止。
7.其他在產業、科學、藝術、文學各領域中，由精神活動所產生之權利。

在我國與智慧財產權有關之法律名稱當中，並沒有所謂「智慧財產權法」這部法律，而是以《專利法》、《商標法》、《著作權法》、《營業秘密法》、《積體電路電路布局保護法》及《公平交易法》等，有關智慧財產保護之相關法律的統稱（**圖7-2**）。在這六部法律中，《公平交易法》占有相當重要的地位，其他五部法律的權力保護與市場秩序的公平性方面扮演著平衡保護的角色，《公平交易法》所規範的範圍項目包括獨占、結合、聯合行為及不公平競爭等。

簡言之，為了保護創作人在創作上與商業上應有的權利而制定了《專利法》、《商標法》、《著作權法》、《營業秘密法》、《積體電路電路布局保護法》等，另一方面為了不使智慧財產權的權利無限的擴張，所以都要受《公平交易法》的規範，以達合理的創作人應有權利保護與公平的市場機制。

(三)智慧財產權之特性

有關智慧財產權之特性與保護標的、要件等，依各類智慧財產權之不同而有所差異（**表7-1**）。

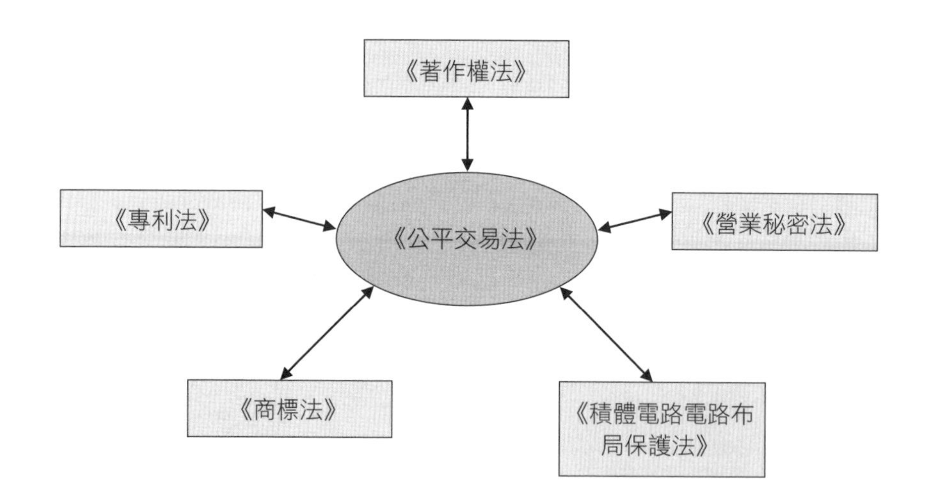

圖7-2　智慧財產權之相關法令

水果蔬菜切片器

Fruits & Vegetables Slicer

不銹鋼蘋果切片器，可以輕鬆地將蘋果、番茄及其他水果和蔬菜切除核心，並切成八個相等的部分，而中心與其餘部分分別切開。刀片的特殊形狀和焊接，使整個水果都能順利切開。

圖片來源：Inspire Uplift LLC.新發明設計商品網，www.inspireuplift.com

表7-1　智慧財產權之特性差異

	保護標的	保護要件	權利取得
專利權	具有產業價值之創新技術	產業利用性 新穎性 進步性（發明專利、新型專利） 創作性（設計專利）	申請「審查」通過取得
商標權	表彰商品或服務之標識	特別顯著性 確實有使用意思	申請「註冊」核准取得
著作權	觀念之「表達」	原創性	著作完成即享有保護
營業秘密	Know-How（專門技術） 營運資訊	秘密性 經濟價值 保密措施	秘密產生並採取合理保密措施時取得
積體電路電路布局	電路布局	原創性 非普遍性	申請「登記」核准取得

◆ **專利權**

專利權主要在於保護具有產業價值之創新技術，但在國外（如美國）已不限於單純技術方面的創新，更擴大到物流方面或商業模式，如戴爾（Dell）電腦在網路上接單、製造出貨、付款、售後服務等創新流程商業模式（Direct-Sales Business Model），申請了四十二項專利。亞馬遜（Amazon）書店的（One-Click）模式，在網路上簡易快速又安全的購物商業模式運作，均已申請取得了專利。

◆商標權

商標權經申請註冊核准後取得權利，主要在於保護表彰商品或服務之標識，保護要件為特別顯著性（即能為公眾明顯識別者）及註冊後確實有使用者，若註冊後未繼續使用時間達三年以上者，則可將權利廢止。

◆著作權

著作權的取得乃採「創作保護主義」，即著作完成時就能享有著作權的保護，完全不需向任何的機關申請、註冊或登記，當發現他人有侵犯你的著作權時，只要事後能提出事證證明著作權人為你，如此就能主張權利，受到著作權法的完整保護。

◆營業秘密

營業秘密的保護取得也不需向任何的機關申請、註冊或登記，即可取得權利保護，但重要的是企業內部本身要有「合理的保密措施」，若企業內未能有合理的保密措施時，當營業秘密遭他人竊取使用時，就無法主張其權利的保護。

◆積體電路電路布局

積體電路電路布局經登記核准後取得權利，保護要件為原創性及非普遍性。而所謂積體電路（Integrated Circuit，簡稱IC）係指相互連結的電子線路組成分子，藉由其在某一媒介上加以整合，作為一個單體，而產生功能。近年來由於半導體產業的蓬勃發展，積體電路設計公司（Design House）如雨後春筍般的成立，而積體電路晶片設計布局乃人類智慧之結晶，性質上屬無體財產權，而納入智慧財產權之範疇加以保護。

專欄 7-1　什麼是專利流氓？

在「專利是王」的時代中，企業研發成果有了專利權的保護，才能發揮市場競爭優勢，若企業沒有強而有力的專利權陣容，光是專利官司的人力投入及可觀的訴訟費，如不幸又敗訴時的賠償金，這些都可能會拖垮一家公司。

所以，最近美國已出現一些所謂的「專利流氓」（Patent Trolls），或俗稱「專利蟑螂」，這些公司完全不以技術研發為經營的核心，而是純粹用購買專利以告人為目的的公司，再將所獲得的賠償金，拿來再擴大自己的企業規模，這種專利流氓的擴張趨勢正在快速形成（圖7-3）。

將來，有很多中小型企業若在專利上有所疏忽，可能就會被告，以致企業經營更加困難。所以，在未來企業的經營中，薄薄的一張專利權證書，將會決定你是一家創新企業，還是被放在刀俎上任人宰割的肥羊。

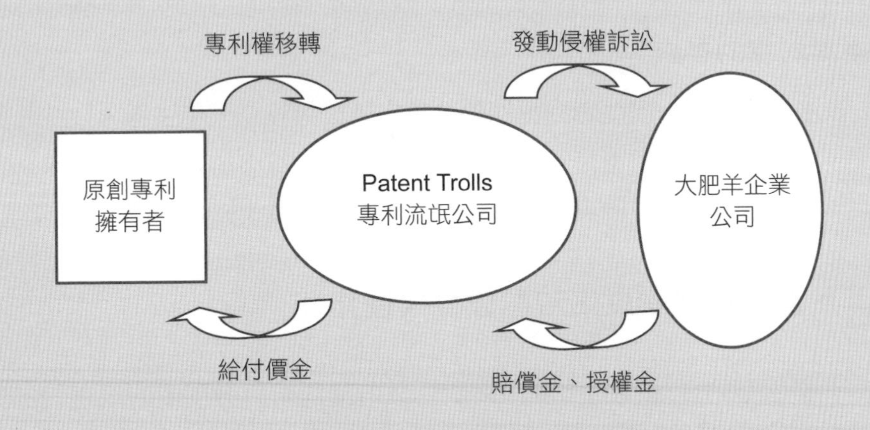

圖7-3　專利流氓公司的商業運作模式

(四)智慧財產權之歸屬與存續

智慧財產權之歸屬與存續，依我國《專利法》之規定，具以下之特質：

◆專利權的歸屬

1.依契約約定。

2.僱傭關係：

(1)受僱人於職務上所完成的發明、新型、設計，其專利申請權及專利權屬於僱用人，僱用人應支付受僱人適當的報酬。發明人或創作人享有姓名表示權。

(2)受僱人於非職務上所完成的發明、新型、設計，其專利申請權及專利權屬於受僱人。但其發明、新型或設計係利用僱用人資源或經驗者，僱用人得於支付合理報酬後，於該事業實施其發明、新型或設計。

3.出資聘人：出資聘請他人從事研究開發者，其專利申請權及專利權歸屬於發明人或創作人。但出資人得實施其發明、新型、設計。

◆專利權的存續

1.發明專利：發明專利權期限，自申請日起算二十年屆滿。

2.新型專利：新型專利權期限，自申請日起算十年屆滿。

3.設計專利：設計專利權期限，自申請日起算十五年屆滿。

二、創新研發制度之規劃設計與運作

從智慧財產保護的角度，來做企業內部創新研發制度的規劃設計與運作時，有以下幾項重點（**圖7-4**）：

1.首先應以契約和員工簽訂有關創新研發成果的權利歸屬，用此明確

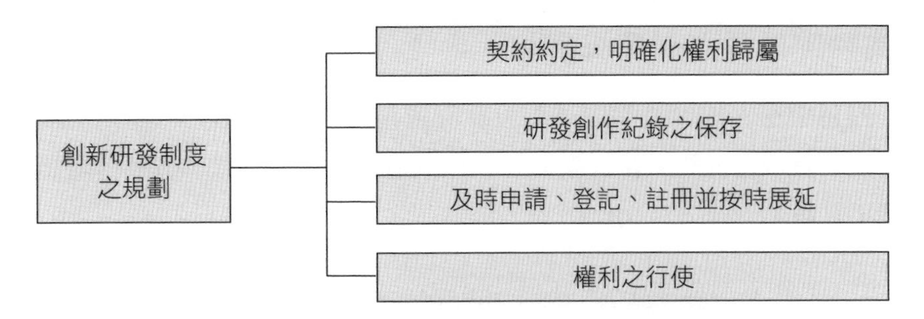

圖7-4　創新研發制度之規劃設計與運作

化方式為之，以免日後的權益紛爭。

2.妥善保存所有的原始研發紀錄或創作原稿，以為侵權之推定依據。

3.無論是專利上的發明創作或商標方面及積體電路上之布局創作等，必須及時去辦理申請、登記、註冊等手續，以保障研發成果。如為商標或專利，應在時效到期前辦理期限之展延及繳交年費，以繼續維持其有效性。

4.積極的行使權利，注意市場動態，若有他人侵權時，則應儘速主動提出主張權利。

H_2O水果汁液瓶

H_2O Fruit Infusion Water Bottle

這款巧妙的H_2O水果汁液瓶經過專門設計，可讓您以最美味的方式補充水分！它是您進行所有運動、瑜伽、健身房和戶外活動的理想伴侶！用自己的水果注入水，享受美味的飲料，無需添加所有人造色素、糖和防腐劑！

圖片來源：Inspire Uplift LLC.新發明設計商品網，www.inspireuplift.com

營業秘密保護之制度規劃設計與運作

在營業秘密的保護制度規劃設計與運作方面（**圖7-5**），因其保護要件必須要有「合理的保密措施」，故保密措施的設計及運作是極為重要的一環，其重點有以下三項：

1. 企業應制訂營業秘密的政策並公告之，讓所有員工瞭解此一政策。
2. 與涉及營業秘密相關之員工簽訂保密契約，其中包括在職期間的保密義務及離職後之保密義務。
3. 保密措施包括建立訪客記錄資料，在公共區域及必要之處所裝設錄影監視系統。電腦的使用方面，必須採身分密碼登入方式以便管控，資料的存取也要保留記錄，網路安全與電子郵件的傳送也要妥為管理，以防機密資料外洩。企業內傳送的機密文件，必須加以標示機密等級（如「機密」、「極機密」等），以及借閱文件要加以記錄，利於追蹤管理，並在下班前將桌上文件清整歸檔妥當。

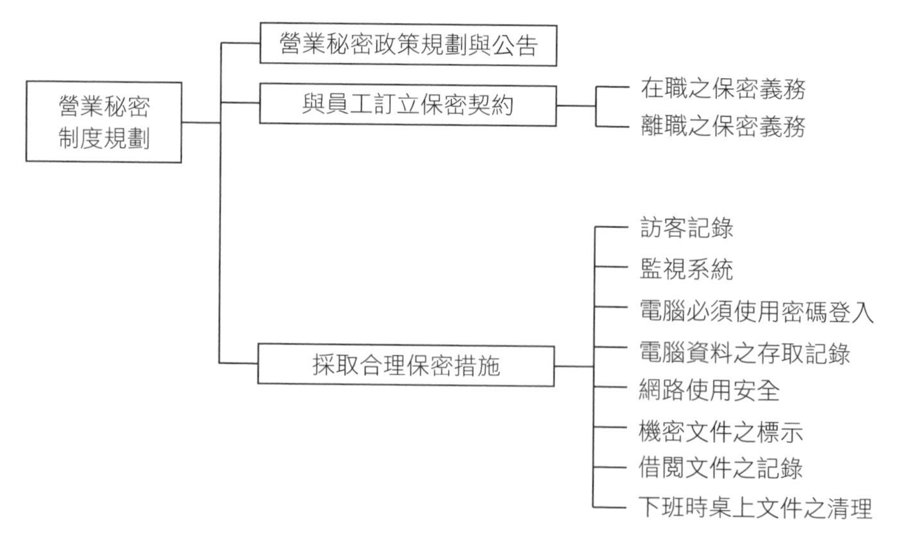

圖7-5　營業秘密保護制度之規劃設計與運作

營業秘密權利的取得，在於「秘密產生」並採取「合理保密措施」時產生。惟對於他人是否侵害推定的重點之一，就是如何證明你有合理的保護措施。所以企業必須做到上述「營業秘密政策規劃與公告」、「與員工訂立保密契約」、「採取合理保密措施」等，三項基本的制度規劃設計和澈底的運作執行，如此方能達到保護權利之目標。

專欄 7-2 什麼是智慧財產法院？

在全球化時代中，智慧財產法院能快速解決智慧財產權相關爭議，並維持法學及科技競爭力。

近年來因科技不斷推陳創新所衍生之智慧財產權保護，成為各國在推動經濟發展與貿易自由化過程中日益重視之課題，更視為國家競爭力之指標，而智慧財產權競爭，所帶來之商機與巨大經濟利益，導致糾紛層出不窮，不僅造成本國訴訟成本之增加，甚至被先進國家視為貿易障礙。縱使透過加入國際組織，簽訂國際條約，使各國智慧財產權之相關法律規範，無論實體或程序上，具某種程度之一致性。但法律規範之實踐，仍有賴司法機關作為最後之仲裁者與執行者。

我國於2002年1月1日加入世界貿易組織（World Trade Organization, WTO），成為該組織第144個會員國，並受世界貿易組織協定之拘束。

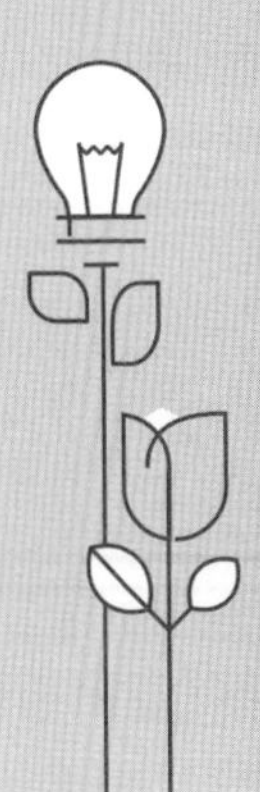

為因應近年來國際上保護智慧財產權之浪潮，並提升我國司法機關處理智慧財產案件之專業性及效率，我國設立智慧財產專業法院之目的在於：

1.避免民、刑事案件停止訴訟之延滯，加速解決訴訟紛爭。

2.累積審理智慧財產案件之經驗，達成法官專業化需求。
3.促進國家經濟發展。

智慧財產法院自2008年7月1日成立後，因訴訟同軌、見解統一，積極審理、迅速正確的解決有關智慧財產之法律紛爭。

智慧財產法院院址：新北市板橋區縣民大道二段七號

參考資料：智慧財產法院

圖片來源：智慧財產法院，http://ipc.judicial.gov.tw/

三、認識專利

專利是什麼？為什麼各國都會訂定《專利法》來保障發明創作的研發者，這是每位發明人首先要認識的概念。

(一)專利權是什麼？

專利權是一種「無形資產」，也是一般所稱的「智慧財產權」，當發明人創作出一種新的物品或方法技術思想，而且這種新物品或方法技術

思想是可以不斷的重複實施生產或製造出來，也就是要有穩定的「再現性」，能提供產業上的利用。為了保護發明者的研發成果與正當權益，經向該國政府主管機關提出專利申請，經過審查認定為符合專利的要項規定，因而給予申請人在該國一定的期間內享有「專有排他性」的權利，這種權利就是「專利權」。

「物品專利權人」可享專有排除他人未經專利權人同意而製造、為販賣之要約、販賣、使用或為上述目的而進口該物品之權；「方法專利權人」可享專有排除他人未經同意而使用、為販賣之要約、販賣或為上述目的而進口該方法直接製成物品之權。

為販賣之要約（offering for sale）

亦有稱作「許諾銷售」權，是指以販賣為目的，向特定或非特定主體所表示的販賣意願。例如：簽立契約、達成販賣之協議、預售接單、寄送價目表、拍賣公告、招標公告、商業廣告、產品宣傳、展覽、公開演示等行為均屬之。唯因意圖侵權之概念已存在時就可進行法律上的保護。此權利的保護可在銷售行為準備階段即採取防範措施，以遏止侵害行為的蔓延，而達到更有效維護專利權人權利之目的。

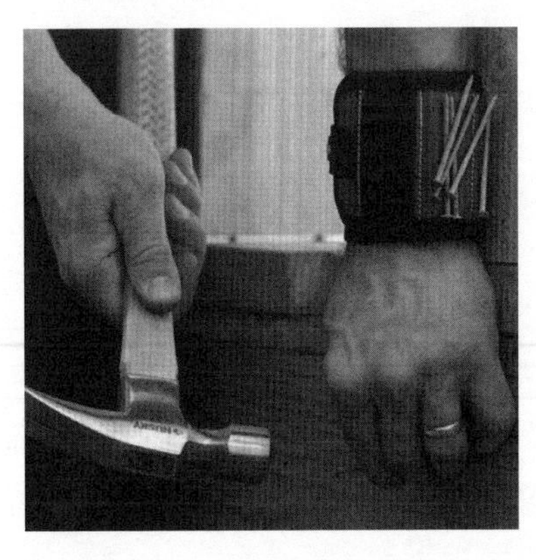

雜物磁性腕帶Handyman Pouch Magnetic Wristband

厭倦了尋找工作時掉在地上的那些釘子和螺釘？有了超級強力雜物磁性腕帶，您再也不必擔心因工作時掉落和丟失小物品而引起的頭痛！

圖片來源：Inspire Uplift LLC.新發明設計商品網，www.inspireuplift.com

(二)專利權的特性

歸納其專利權的特性具有以下五項：(1)無體性；(2)排他性；(3)地域性；(4)時間性；(5)不確定性。

專利權是一種無體產權，不像房子或車子具有一定的實體，但專利權也是屬於一種「所有權」，具有動產的特質，專利權得讓與或繼承，亦得為質權之標的。所以專利權所有人可以將其創作品，授權他人來生產製造、販賣，或將專利權轉售讓與他人，若專利受到他人侵害時，專利權人可以請求侵害者侵權行為的損害賠償。但某些行為則不受限於發明專利之效力，如作為研究、教學或試驗實施其發明，而無營利行為者。原則上專利權會給予專利權人一定期限內的保護「時間性」（如十年至二十年）。所謂的專利權「不確定性」，係指專利權隨時有可能因被舉發或其他因素而使得專利權遭撤銷，這種權利存續的不確定性。

(三)何種創作可申請專利？

凡對於實用機器、產品、工業製程、檢測方法、化學組成、食品、藥品、醫學用品、微生物等的新發明，或對物品之結構構造組合改良之創作，及對物品之全部或部分之形狀、花紋、色彩或其結合，透過視覺訴求之創作及應用於物品之電腦圖像及圖形化使用者介面，都可提出申請專利。但對於動／植物及生產動／植物之主要生物學方法；人體或動物疾病之診斷、治療或外科手術方法；妨害公共秩序、善良風俗或衛生者，均不授予專利。

(四)誰能申請專利？

專利申請權人，係指發明人、創作人或其受讓人或繼承人，可自行撰寫專利申請書向智慧財產局提出申請，亦可委託專利代理人（專利事務所或律師事務所）申請。但在中華民國境內無住居所或營業所者，則必須委託國內專利代理人辦理申請。

(五)專利申請須費時多久時間？

專利審查的作業流程甚為複雜，為求嚴密，必須非常謹慎的查閱比對有關前案的各種相關資料，以及《專利法》中所規定的新穎性、進步性及產業上的利用等要項，必須符合才能給予專利，所以審查期間會耗時較長，這也是世界上各國共同的現況，如美國平均約二十個月，日本約二十四至三十六個月，我國則約須耗時六至三十六個月。

(六)職務發明與非職務發明

受僱人於職務上所完成之創作，其專利申請權及專利權屬於僱用人，僱用人應支付受僱人適當之報酬。但契約另有訂定者，從其約定。受僱人於非職務上所完成之創作，其專利申請權及專利權屬於受僱人。但其創作係利用僱用人資源或經驗者，僱用人得於支付合理報酬後，於該事業實施其創作。

(七)取得專利須支出的費用成本

取得專利及專利權的維護，一般而言費用負擔大致會有以下幾項：

1.專利申請書表格：由網路免費下載。
2.專利申請費用：若自行申請，只須繳交申請規費為3,000～10,500元之間，視申請類別及是否申請實體審查而定。若由代理人來協助申請，則須再負擔代理人的服務費用。
3.專利證書領證費用：每件新台幣1,000元。
4.專利年費：視發明專利、新型專利、設計專利及專利申請人為企業法人、自然人或學校與專利權的第幾年專利年費而各有差異。

廚房必備剪刀
Kitchen Essentials Scissors
這五把刀片剪刀使您的切入速度提高了五倍！高品質的不銹鋼刀片非常適合用於蔥、生菜、火腿、蘑菇和其他食品製備需求！
圖片來源：Inspire Uplift LLC.新發明設計商品網，www.inspireuplift.com

(八)獲得專利權後的注意事項

當創作人收到智慧財產局的審定書是「給予專利」，經繳交規費後，開始正式公告時，即表示創作人已擁有該創作的專利權，在獲得專利權之後，須注意以下事項：

1.須留意專利公報訊息，對於日後專利公報中的公告案，若與自身的創作相同類似者，可儘速蒐集相關事證後，提出「舉發」來撤銷對方專利權以確保自身權益。

2.須準時繳交專利年費，若年費未繳，專利權自期限屆滿之次日起消滅。

3.若專利尚在申請審查期間內，可在產品上明確標示專利申請中及專利申請號碼，以供大眾辨識。取得專利權後應在專利物上標示專利證書號數，不能於專利物上標示者，得於標籤、包裝或以其他足以引起他人認識之顯著方式標示之。附加標示雖然不是提出損害賠償的唯一要件（僅為舉證責任的轉換而已），但如能清楚標示，就可於請求損害賠償時，省去舉證「證明侵害人明知或可得而知為專利物」的繁瑣事證。

專欄 7-3 台灣版小蝦米對抗大鯨魚

個人發明家與賓士汽車的爭訟事件，據2006年2月21日東森新聞報ETtoday.com報導，台灣一位發明人劉安盛先生，控告賓士汽車照後鏡方向燈涉抄襲。賓士汽車在台灣銷售的C系列和S系列車款中的照後鏡方向燈設計，無論是燈源或光束幾乎和劉安盛先生所擁有的專利設計一模一樣。因這些車款在台灣銷售時，並未經劉安盛先生的授權，在不尊重智慧財產權的情況下，原創作的專利權人一舉告上法院，要求賓士汽車賠償新台幣五百萬元。

劉安盛先生因目睹許多車禍的發生，都是因為汽車方向燈不明顯，以致其他車輛或行人發生相撞車禍。經過他不眠不休的設計和試驗，終於創作出在照後鏡上加裝方向燈的設計，這是有效提高方向燈明顯度的好方法，並取得專利權，現在於汽車的照後鏡上，裝設有方向燈的功能已是很常見的配備。

劉安盛先生的專利自1994年智慧財產局獲准，期限有十二年，而賓士的車款1998年時才有此配備。在台灣無論是福特、裕隆等多家車商都有和他簽訂授權協議，但賓士並沒有和他簽訂授權就在台灣上市。

現在的汽車照後鏡上，已大多裝設有方向燈的功能
圖片來源：葉忠福攝

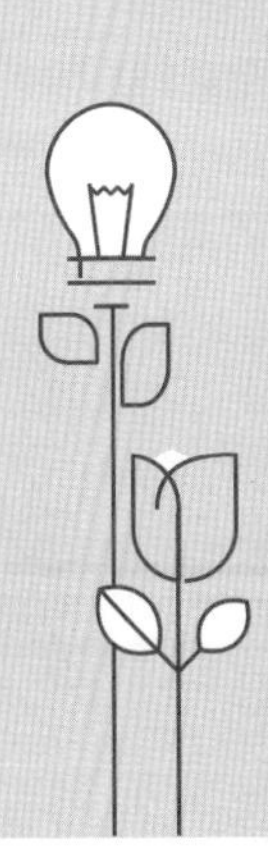

專利權是一種屬地主義的權利，在國外也許賓士有這款設計的專利，但在台灣若專利權是他人先申請核准的，則該產品要在台灣銷售就必須先取得原創作專利權人的同意，才能進行銷售。

在「專利權是王」的年代裡，無論有多麼棒的產品設計，當你沒有專利權時，一旦被其他原創作專利權人告上時，那你就麻煩大了。有了專利權之後，就有捍衛自身權益的利器，即使你是個人發明家的小蝦米，也能對抗企業財團這種大鯨魚。

第二節　專利要件

一、專利之申請要件

專利的申請與取得，必須符合其相關之要件（**表7-2**），才能順利通過審查。發明及新型之專利申請要件：(1)產業利用性；(2)新穎性；(3)進步性。設計之專利申請要件：(1)產業利用性；(2)新穎性；(3)創作性。

(一)產業利用性

產業利用性也可稱為「實用性」，其創作必須：(1)達到真正的「可實施性」；(2)達到真正的「可在產業上使用的階段」。

換言之，產業利用性是需要具備可供人類日常生活使用的實際用途。例如，依化學元素所排列組合而成的化學物質，雖知其如何組合完成，但尚不知其實際用途？可用於何處？能提供產業上何種功效？則仍屬不符「產業利用性」。

此一「產業利用性」內涵意義的立法目的在於排除一些「不符合人類生活所需，就沒有必要給予專利的獨占利益，以防止因知識獨占而妨礙

表7-2　專利要件重點分析比較表

	產業利用性	新穎性	進步性	創作性
發明專利	凡可供產業上利用之發明。	（無下列之情況） ・申請前已見於刊物或已公開使用者。 ・申請前已為公眾所知悉者。	其所屬技術領域中具有通常知識者依申請前之先前技術所能輕易完成時，仍不得依本法申請取得發明專利。	--
新型專利	凡可供產業上利用之新型。	（無下列之情況） ・申請前已見於刊物或已公開使用者。 ・申請前已為公眾所知悉者。	其所屬技術領域中具有通常知識者依申請前之先前技術顯能輕易完成時，仍不得依本法申請取得新型專利。	--
設計專利	凡可供產業上利用之設計。	（無下列之情況） ・申請前有相同或近似之新式樣，已見於刊物或已公開使用者。 ・申請前已為公眾所知悉者。	--	其所屬技藝領域中具有通常知識者，依申請前之先前技藝「易於思及者」，仍不得依本法申請取得設計專利。

了科學的進步」的申請案。

產業利用之「可實施性」在判斷基準上，簡易的基準可用「以所屬技術領域的一般技術人員能否實現」為判斷標準。

(二)新穎性

我國專利對於新穎性是採用反面列舉「不具新穎性」的方式，即專利申請案喪失新穎性者，不予專利之原則處理。判斷基準則以申請日或主張優先權日為準，就該專利申請案對當時已知技藝與現有知識做比較：

1.刊物：不限於國內或國外之刊物。

2.公開使用：不限於國內或國外之地域，及使用規模大小或已公開銷售者。

3.公眾所知悉：已為一般公眾所知悉者。

4.申請人出於本意或非出於本意所致公開之事實發生，十二個月之後才申請者。

(三)進步性

進步性在美國則稱為「非顯而易知性」（non-obviousness），係指該專利申請案，對於現在之技術而言，是否為那些熟習此一技術領域之人士來說，屬於「明顯而易知悉者」。此一內涵意義的立法目的，在於排除一般技術人員之傳統技術，以防止一些金錢上、投資上的浪費，以及技術貢獻少的申請案。

前述兩項專利要件（產業利用性、新穎性）在專利審查判斷上，都是屬於較容易界定的，而進步性在界定上是最困難，也是引起最多爭議的部分，以實務上的經驗而言，有80%以上的專利申請遭拒案中，就是因為被認為「不具進步性」而被駁回的。由此可知進步性的確認在專利要件中的重要性了。所以，創作者在研發設計創作時，應特別注意這項「非顯而易知性」的特質所在。也就是說，創作品應該是能說服專利審查官，讓他認為你的創作是「非一般熟習此一技術領域之人士所能輕易想到的」，這樣的作品才能被專利審查官所接受。

(四)創作性

在設計之專利要件，其關鍵在於「創作性」，設計專利須為有關工業量產物品，也就是說「能夠被利用於工業上的重複製造生產出來的物品，對物品之全部或部分之形狀、花紋、色彩或其結合，透過「視覺訴求」之創作，及應用於物品之「電腦圖像及圖形化使用者介面」。

設計應著重於「視覺效果」之強化增進，藉商品之造型提升品質之感受，以吸引一般消費者的視覺注意，更進而產生購買的興趣或動機者。由此可知，設計的創作性，著重於物品的質感、視覺性、高價值感之「視覺效果」表達，以增進商品競爭力，及使用上之視覺舒適性。

另外，對於純以動物、花鳥之情態轉用時，也就是說屬「具象之模仿」，並不被認為屬設計專利之「創作性」作品。故一般的繪畫、藝術創作等作品並不能申請設計專利，而創作者應採用「著作權」的方式來保護。

雷射光劍筷子Laser Sword Chopsticks

這獨特的筷子是如此多彩，樂趣無窮，您的朋友將羨慕不已！使每頓飯都充滿色彩和光線。無論您要吃的是中國菜、日本菜、泰國菜還是越南菜，這些時尚，塑料的LED雷射光劍筷子都能將任何一餐變成令人印象深刻的燈光秀！

圖片來源：Inspire Uplift LLC.新發明設計商品網，www.inspireuplift.com

三、專利分類與特性比較

在我國《專利法》中，明定的專利種類有三種：發明專利、新型專利、設計專利（**表7-3**）。

(一)發明專利

發明，指利用自然法則之技術思想之創作。其保護項目甚廣，包括物品（具一定空間型態者）、物質（不具一定空間型態者）、方法、微生

表7-3　專利的種類

專利分類	保護項目	保護期限
發明專利（Invention）	物品、物質、方法、微生物之發明，利用自然法則之技術思想創作	自公告日起授予專利權，自申請日起算二十年屆滿
新型專利（Utility Model）	物品（具一定空間型態者）之形狀構造或裝置之創作或組合改良，利用自然法則之技術思想創作	自公告日起授予專利權，自申請日起算十年屆滿
設計專利（Design）	物品之形狀、花紋、色彩或其結合，透過視覺訴求之創作，及應用於物品之電腦圖像及圖形化使用者介面	自公告日起授予專利權，自申請日起算十五年屆滿

物等。

不予發明專利包括：

1.動、植物及生產動、植物之主要生物學方法。但微生物學之生產方法，不在此限。
2.人類或動物之診斷、治療或外科手術方法。
3.妨害公共秩序或善良風俗者。

(二)新型專利

新型，指利用自然法則之技術思想，對物品之形狀、構造或組合之創作。新型有妨害公共秩序或善良風俗者，不予新型專利。

「物品」係指具一定空間型態者，其形狀構造或裝置之創作或組合改良。簡言之，就是創作品屬於在目前現有的物品中，加以改良，而可得到創新且具實用價值的創作。

而「物質」係指不具一定空間型態者，則不適用於「新型專利」，例如，化學合成物或醫藥的研發改良，都不適用於「新型專利」的申請，而應該直接以「發明專利」來提出申請審查。

(三)設計專利

設計，指對物品之全部或部分之形狀、花紋、色彩或其結合，透過視覺訴求之創作。應用於物品之電腦圖像及圖形化使用者介面，亦得申請設計專利。

專欄 7-4 拍立得相機與柯達的競爭

有了專利，小蝦米也能對抗大鯨魚。拍立得相機是由美國發明人——愛得文．藍得（Edwin Land）所發明的，有一次帶他小女兒到大峽谷旅遊，當時他的女兒問道：「為什麼相機不能馬上拍照即刻就能看到相片呢？如果能這樣的話，我就可以馬上看到我的美麗相片了。」藍得就因為女兒的疑問而產生了發明拍立得相機的靈感，而設計出一種拍照三分鐘後即可馬上看到相片的新技術。

寶麗來（Polaroid拍立得相機）公司，在1977年推出即時成像相機時，很快的就蔚為風潮，並在十年之間拿下了全美國相機市場占有

寶麗來（Polaroid拍立得相機）公司的設計研發產品，拍照後三分鐘即可拿到相片

圖片來源：books博客來，https://www.books.com.tw/products/N011260216?loc=P_asv_002

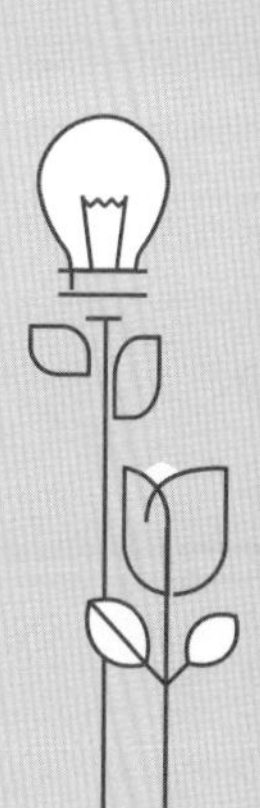

率的15%。原本在相機產業中的大鯨魚柯達（Kodak）公司，為了確保自己的龍頭地位，也開始研發設計並生產能馬上看到相片的照相機，但所使用的一些關鍵技術，卻侵權到拍立得相機的專利，而被告違反了七項專利權，經法院判決柯達敗訴，需付給寶麗來公司高達30億美元的損害賠償金。

柯達公司的規模超過拍立得十幾倍大，要不是因為拍立得手中握有專利權，哪能對抗像柯達這樣的大鯨魚呢？

第三節　專利評估

一、如何評估專利申請案

專利的申請對創作人而言，不但是金錢上的一項投資，也是精神及時間上的付出，而對智慧財產局來說，則必須投入人力和物力資源，以進行審查工作。所以專利的申請，無論是對創作人或政府部門，都是一種資源的投入，為求雙方節省不必要的浪費，故創作人一定要先正確瞭解，具備何種條件的創作才能申請專利，以及如何正確提出專利申請，如此才不致盲目的申請，形成不必要的資源浪費。

(一)應從市場經濟的角度評估

首先確認專利的取得，必須符合幾項要件：即發明及新型專利之要件為「產業利用性、新穎性、進步性」；設計專利之要件為「產業利用性、新穎性、創作性」等。

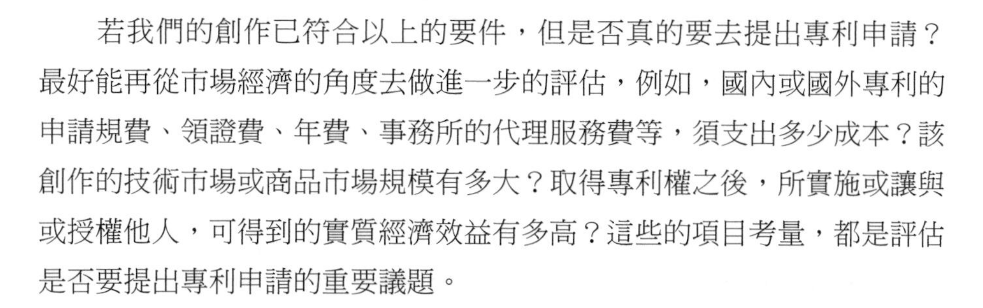

若我們的創作已符合以上的要件，但是否真的要去提出專利申請？最好能再從市場經濟的角度去做進一步的評估，例如，國內或國外專利的申請規費、領證費、年費、事務所的代理服務費等，須支出多少成本？該創作的技術市場或商品市場規模有多大？取得專利權之後，所實施或讓與或授權他人，可得到的實質經濟效益有多高？這些的項目考量，都是評估是否要提出專利申請的重要議題。

◆「不值得申請專利」的具體評估

在「不值得申請專利」的具體評估方面有以下幾點：

1.技術細節不想曝光者：因申請專利，必須公開其技術細節，若為一項獨有的技術，創作人擔心將技術細節資訊公開後，反遭競爭對手做進一步的「逆向工程」分析破解出來，導致競爭對手圍繞該技術研發出更先進的技術，反而對自己的專利形成了包圍，讓自己損失更大，在這種情況下，則可考慮不去申請專利。

以「可口可樂」的獨有配方為例，由於該公司的「營業秘密」，在管理上做得很好，而並未將這個秘密配方申請專利，所以，其他競爭者一直無法調配出完全相同口味的可樂飲料，可口可樂這個秘密的配方，使用超過一百年，已創造無限的商業價值。又例如，台南的「度小月擔仔麵」（位於台南市名勝古蹟赤崁樓旁）的肉燥香料配方，自1895年創立至今，未申請專利，但使用也超過一百年，遠遠超過專利所能保護的期限。

在關鍵技術保護上，有許多人是採取所謂「黑盒子」（Black Box）的策略，對於具有合乎專利申請要件的獨門技術，不去申請專利，而對產品採取破壞性的封裝處理方式，將重要的關鍵性零組件，用黑膠或其他無法拆解的方法完全封死，讓競爭對手無法運用「逆向工程」，從成品中分析模仿進而取得技術竅門，如此做法，當然競爭者比較難窺其堂奧。但用此方法來保護技術，不去申請專利，相對的也有風險存在。若競爭者雖然較晚開發出同樣的技術，但卻提出專利申請獲准，則情況可能就要大逆轉了，先開發者因無專利權的保護，若又無法舉證出有力的研發紀錄，加以反駁或撤銷對方的專利權，則在法律上，自己反而會成為仿冒者。

2.產品生命週期太短者：從專利的申請到專利權取得，平均約須費時六至三十六個月，若所創作的產品性質為流行性的商品，或許流行的時間只有一年，所以這類的創作產品生命週期太短，也就不值得浪費時間和金錢去申請專利了。

3.策略性的技術公開者：在某些情況下，可以將一些認為技術層次不是太高的部分，故意將它公開，以達到其他人要申請專利時，已失去新穎性而無法通過的目的，例如，早期JVC公司的VHS錄放影機技術，開放供同業使用，以期擴大市場規模。

◆「值得申請專利」的具體評估

因申請專利是必須付出費用代價的，所以當發明人衡量出自己真正的需求時，就可放心的提出專利申請，以保護自己的權益，衡量事項如下：

磁力瓶架Magnetic Bottle Holder

大多數人發現很難使冰箱井井有條，終極的磁力瓶架，這正是您所需要的！這些超強磁鐵能夠吸滿瓶子，這些驚人的瓶架磁鐵條，使得瓶子的排列變得輕而易舉！

圖片來源：Inspire Uplift LLC.新發明設計商品網，www.inspireuplift.com

1.創作人想要藉由專利的保護，來達到某一專業領域的主導地位時。

2.創作人想要藉由專利的取得，來和其他的專利權人進行交互授權時。

3.創作人想要自己進行生產製造，且希望能排除他人的競爭行為者。

4.創作人想要將專利權讓與賣斷或授權他人進行製造、販賣、使用者。

5.創作人認為該技術具有前景的卡位策略考量，雖短期無利可圖，但將來有很大發展潛能者。

(二)先行公開或展覽與專利優先權

對於創作品在提出專利申請前，已先行公開或展覽者，依《專利法》第22條規定，申請人出於本意或非出於本意所致公開之事實發生後，應在十二個月內提出專利申請，否則即會喪失其新穎性，而無法獲得專利權。

如有意申請外國專利者，目前與我國簽訂專利優先權協定國家有：美國、澳洲、日本、德國、法國、瑞士、列支敦斯登、英國、奧地利以及世界貿易組織（WTO）會員國各國，均可主張「專利優先權」，發明及新型專利必須為在台灣提出專利申請之日起十二個月內提出，而設計專利必須為在台灣提出專利申請之日起六個月內提出才具有效性。

二、如何選擇專利代理人

專利事務所不是大或人多就好，應以崇高專業服務道德，再加上多元豐富的服務經驗，這才是優質的事務所。當你有創作需要申請專利時，若自己沒時間撰寫專利申請說明書，或不知該如何撰寫時，則可委託專利代理人來辦理，坊間專利事務所及律師事務所有上千家，如何選擇一家良好的事務所，作為代理人去申請專利，則是相當重要的一件事，若不慎交給一家信譽不良的事務所代辦，可能會發生專利技術機密外洩給第三者，使得他人搶先在前提出送件申請專利，或專利申請說明書撰寫功力不夠，而無法幫委託人爭取到最大的「申請專利範圍」等，損及自身權益的情況。

(一)如何評選「專利代理人」事務所

發明人必須要與有信譽的專利事務所合作，對於辛苦研發的商品智財權才有完善的保障，有了專利權保障，你的發明作品在市場上才能具有獨占性，在商品化交易，專利授權或讓與洽商時，才有較好的談判籌碼。

申請專利時，發明人最擔心的就是創意構思機密被外洩，及專利申請書的撰寫是否嚴謹有無漏洞，是否容易被仿冒者以專利迴避設計手法，閃避其專利權的侵犯，而讓你功虧一簣，這是一件極為重要的事。

如何評估優良的專利事務所，有以下幾項重點：

◆是否為專業的專利事務所

是否依法登記成立，成立服務的年數幾年，可參考專利事務所的網站資訊，瞭解各事務所的歷史專長與背景等，但千萬不要過度相信網頁介紹，網頁內容僅可供參考之用。另外，由智慧財產局官網，輸入代理人姓

曼陀林切片切碎機Mandoline Slicer Cutter Chopper and Grater

配備四個可互換刀片的Mandoline切片機，可讓您磨碎、切片和去皮！它易於拆卸且易於清潔。

圖片來源：Inspire Uplift LLC.新發明設計商品網，www.inspireuplift.com

名也可客觀瞭解代理的專利件數、核准率、擅長之領域等作為選擇代理人之參考。

專利案件最好是委託專業的專利事務所來代辦，雖然一般律師事務所也可代辦此類業務，但通常律師事務所大多以處理民事的訴訟案件為主，若專利申請並非該事務所的專長業務，恐怕會影響專利的服務品質，畢竟專利案件的處理與一般訴訟案件仍是有所差別的。

◆事務所中是否有足夠的各領域專長工程師

某些事務所為了降低人事成本，而未聘有足夠的各領域專長的專利工程師，然而專利申請說明書的撰寫，通常都要牽涉到專業的技術層面，若由一個技術背景不相稱的人來為你撰寫時，可能會詞不達意，無法完全表達出你的技術思想，也就無法為委託人維護最大的申請權益。所以，要求申請前先給發明人看稿，這是一項必要的做法。另外，事先應瞭解事務所內有無翻譯人員，可避免案件被轉包翻譯時的洩密風險，及翻譯品質降低。

◆專利工程師的流動率是否太高

從專利案件的申請到取得專利證書，都要耗費相當久的時間，若事務所內的專利工程師流動率太高，則客戶委託交辦的案件，可能會一再的轉手交接多人處理，易造成申請流程中的疏失，而損及委託人的權益。

◆收費是否合理

在國內委託申請專利案件，有其約略的費用行情，雖因各事務所的作業成本不一，而收費有所差別，但其行情上的要價應不致於太離譜。另外，建議不要在申請前就支付全額費用，待申請送件完成後再支付所有款項，以避免被事務所予取予求。再者，不要受專利工程師鼓吹、誘導而申請各國專利，不隨意申請過多不必要的國外專利布局，發明人應視實際需要再考慮進行申請，因國外專利申請費是非常昂貴的。

◆其他事項

其他如專利爭議及侵權事件的處理經驗是否足夠（例如法庭經驗、侵權判斷能力）、各國專利制度與法規的熟悉度、承接過哪些客戶、口碑是否良好等。

(二)專利是一種「以小搏大」的工具

專利的申請，長久以來就被認為是一種「以小搏大」的工具和手段，相對的，它也有背後潛在的龐大商業利益的可能性，少則數十萬，多則以億元計算。所以，若有一個新的構思或新的研發成果，如果你認為它的可行性高，且市場上尚無類似的技術或產品出現，千萬不要遲疑，儘快提出專利申請，以保護自己的研發成果。因專利權是採「先申請主義」，若不幸被別人先行送件提出申請，那你費盡辛苦所研發的成果都將成為泡影。

目前，委託由專利事務所來申請專利的費用一件約新台幣15,000～28,000元的行情，對照數十萬至億元的背後潛在龐大商業利益，相形之下，這幾萬元的申請費用成本及風險，可說是微不足道的。

專欄 7-5 愛迪生擁有電燈泡專利但他並非原創發明人

今日美國知名能源產品集團，奇異公司（General Electric, GE）1892年所創立，由「愛迪生燈泡公司」轉型而來。愛迪生在美國被定位為科學家、發明家、企業家，擁有眾多重要的發明專利，是世界上第一個使用大量生產原則和其工業研究實驗室來進行發明創造的發明人企業家，旗下科學家、工程師等上千人，名下擁有1,093項專利。

湯瑪斯．愛迪生出生在美國俄亥俄州的米蘭，家族為荷蘭移民。由於幼年患病，愛迪生較晚才開始接受學校教育。天真的他愛發問、

愛動腦子，曾有一次，他在家突然想到，既然母雞能孵蛋，他也能孵蛋。於是，他就拿了一顆雞蛋，自己坐上去。正因為他這樣的習慣，令學校老師大為惱火，並稱他為「臭蛋」（addled）。愛迪生的母親南西毅然地把兒子帶回家，並用自己的方法教導愛迪生知識，同時鼓勵他學習和做科學實驗，這使得愛迪生只接受過三個月的學校教育。

（約1922年拍攝）
愛迪生（Thomas Alva Edison, 1847-1931，84歲）

圖片來源：維基百科，https://zh.wikipedia.org/

愛迪生15歲那年開始患有重聽的毛病，據說是因為他在火車上做實驗，他嘗試去製作火藥，差點引爆火車，後來火車管理員因為這件事而扇了他的耳光，結果令愛迪生耳聾。愛迪生在1868年10月28日申請並獲得了他的第一個專利「電子投票計數器」。

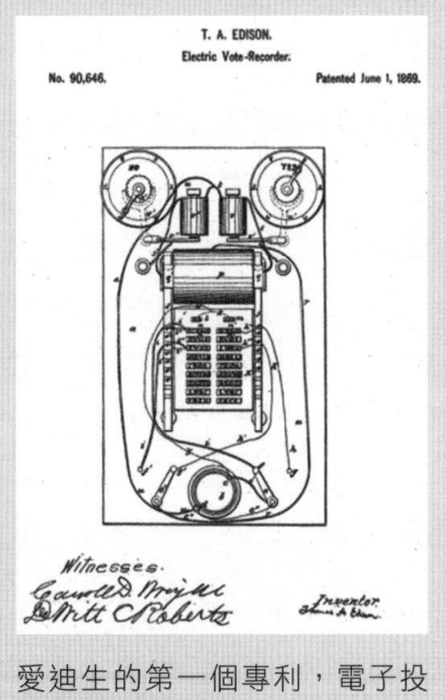

愛迪生的第一個專利，電子投票計數器設計圖。

圖片來源：USPTO美國專利商標局

有關愛迪生的爭議事件其實也不少，其中，例如電燈泡的原創發明人並不是愛迪生，但愛迪生卻擁有專利權。

據考證，義大利物理學家亞歷山卓・伏特（Alessandro Volta）在1800年開創了「電照明」研究的先河，在實驗室用一根導線通電發光，發現了電可以用作光源的想法。後來英國爵士漢弗里・戴維（Humphry Davy）化學家，1801年在實驗室中用鉑絲通電發光，

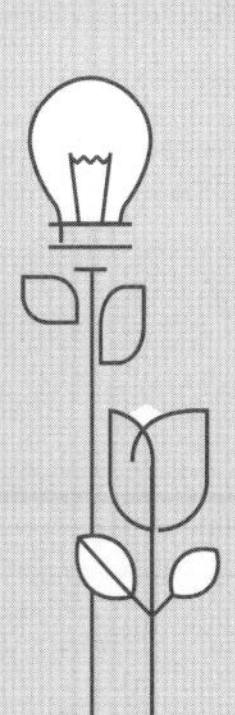

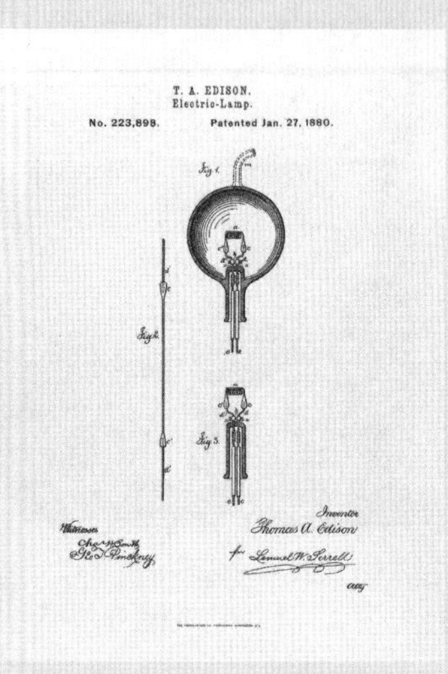

愛迪生擁有電燈泡專利，但他並非原創發明人

圖片來源：USPTO美國專利商標局

他又在1810年發明了「電燭」，利用兩根碳棒之間的「電弧照明」，他是此原理的發明人。後來德裔美國人亨利．戈培爾（Henry Goebel）1854年使用一根炭化的竹絲，放在真空的玻璃瓶下通電發光，他是「電燈泡」原型的創作發明人。但以上等人因無專利意識，並沒有去申請專利權。

後來，英國物理學家約瑟夫．斯萬（Joseph Wilson Swan），1860年發明現代「白熾燈」的原型「半真空碳絲電燈」，1878年斯萬早於愛迪生一年獲得白熾燈的英國專利權。而愛迪生1879年10月，才在他的實驗室裡，用碳化的捲繞棉線作為燈絲，成功製作電燈泡，這個電燈泡發出了大約十盞煤氣燈的光芒。1883年10月美國專利局曾裁定，愛迪生的專利是修改自他人的創作被判無效，經訴訟六年，直到1889年10月，法官才裁決愛迪生的電燈泡專利是合法的，也只取得美國的專利權。

1883年，愛迪生要將電燈推廣到英國時，立刻遭到了斯萬的侵權官司控告。愛迪生輸了官司，斯萬因而加入愛迪生在英國的電燈公司成為合夥人，後來愛迪生乾脆花錢買下了斯萬的專利權。以專利權而言，愛迪生只是「改良」了電燈，而非「發明」了電燈泡。但以電燈泡的推廣使用來說，愛迪生的貢獻仍是巨大的，愛迪生運用了大量生產原則和量產技術製造電燈泡，因而變得便宜，讓千家萬戶的普通家庭用上了電燈。所以，要說愛迪生是燈泡的「發明者」，倒不如說他是燈泡的「推廣者」，來得更貼切。

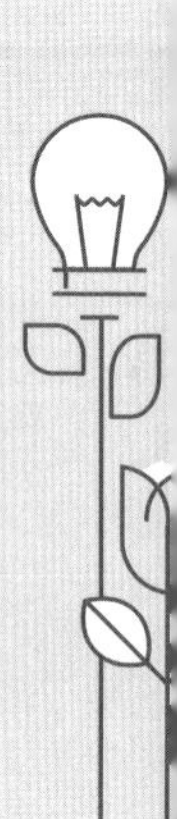

第四節　專利布局

一、專利申請布局的考量重點

各國對於專利的申請取得與全球化的佈局，都相當的重視，近年世界經濟論壇WEF（World Economic Forum），為強調創新智慧能力強弱，對於一個國家未來競爭力的影響，而以各國的「專利獲准數」指標，來作為衡量「國家創新能力」的一項重要指標。

若要提升國家整體及企業的競爭能力，創造技術領先的優勢，以及阻礙追隨者的加入競爭，取得專利權的保護是一種重要的手段。而專利申請佈局的考量，在智慧財產的管理上，有著極為重要的地位。

(一)何謂「完善的專利申請布局」？

所謂有良好的專利申請布局，並非到處申請專利，在各國均取得專利權，就是良好的布局。因為在現今技術的變化非常迅速，而且專利申請及維護的成本也相當昂貴，史丹佛大學曾做過統計，在美國平均一個專

西瓜自動切片機刀具

Melon Slicer Cutter Tool

風車西瓜切割機——具有自動切割機刀片，易於操作。只需將切片機推入西瓜，即可將西瓜切成2厘米的立方體，一口大小，享受清新的水果塊，而無須麻煩，也無須處理任何水滴。

圖片來源：Inspire Uplift LLC.新發明設計商品網，www.inspireuplift.com

利的生命週期，從提出申請至每年的規費支出，直到年限期滿，約要花費2.2萬美元（約新台幣66萬元），所以專利要如何布局才符合成本與效益，是須用心好好衡量評估的。

專利的申請布局可分為國內與國外兩部分：

◆ 國內部分

在國內部分，首先要考慮該項專利技術的發展，所處「技術生命週期」的時點為何？是處於「技術萌芽期」或「技術成長期」或「技術成熟期」。若你的專利是一種新興技術，尚處於技術萌芽期，則專利應多申請，尤其在申請專利範圍方面，應儘量放大，以便使你的專利能先卡位在最有利的位置。若是處於技術成長期，則應儘量尋求核心技術之改良，及調查清楚當前他人的專利技術發展情況，以避免重複的研發或誤踩專利地雷。當處於技術成熟期時，除了尋求技術之改良，及調查他人的專利技術發展情況外，應儘快尋求新的替代技術。

◆ 國外部分

在國外部分，除了考慮前述技術發展所處的各時期階段應注意的事項外，更重要的是要衡量其「必要性」，以往常見個人發明家，其創作除了在國內申請專利外，也漫無目的的在許多外國都申請了專利，表示自己的創作很了不起，而沒有依「實際的布局需要，才去申請」的原則處理，這種做法並不妥當，也不符合專利成本效益的管理。申請國外的專利是很昂貴的，光是從申請到專利證書核准下來，一個專利案件就須花費約十至三十萬元（視申請國別及申請過程是否順利、是否需要答辯及答辯的次數而定），這還不包括日後每年應繳的專利年費。所以，國外的專利申請及維護費用是相當可觀的。

發明創作在考慮是否有申請國外專利的「必要性」考量有三項重點：

1.本創作品是否已將產品行銷到該國，或已在該國進行生產製造？
2.本創作品在該國是否具有潛在的市場，且以後可能會在該國行銷或製造？
3.本創作品的專利權，是否可能在該國「授權」或「賣斷／讓與」出去？

若未經過以上的考量，而一味的到國外申請專利，既浪費資源又沒有效益產生。所以，對於國外的專利權申請，無論是企業或個人發明家，除了考量實際的「必要性」之外，更要採取重點式的申請，尤其是以市場較大且工業科技水準較高的國家為主。

個人發明家在外國專利的布局策略上，有一個小技巧，不但能節省可觀成本且可得到很大的效益。這個技巧就是在台灣專利申請送件前，就要把該項專利產品行銷或授權洽商對象的聯絡資料先查詢準備好，待專利申請送件後，馬上就可開始進行行銷或授權廠商的洽談工作，因外國專利申請的「國際優先權」有十二個月內皆可提出申請的規定。所以，只要在這十二個月內找到願意行銷或授權的廠商，在外國專利申請部分，就可請該廠商來出資申請。如此做法，不但可保障該項新產品的外國專利權，更可替個人發明家節省可觀的外國專利申請成本。

派對汽水分配器Party Soda Dispenser

簡單的設計和易於使用，只需用此汽水分配器替換任何1升或2升汽水瓶的瓶蓋，然後將其倒置即可使用！

圖片來源：Inspire Uplift LLC.新發明設計商品網，www.inspireuplift.com

(二)品牌與代工智財管理策略之差異

若產業以代工製造為主者，應以何種策略來管理賴以維主的核心技術呢？若生產製造業者看到他所代工的品牌產品，都申請了「產品」設計上的專利，而代工業者為了保護其製程方法，也隨之去申請「製程方法」的專利，雖然在《專利法》中製程方法也能申請取得專利權，但如此的智財管理策略，恐讓自身企業陷於得不償失的危險。

(三)品牌經營與代工業屬性的不同

品牌經營業者，主要以賣到消費者手中的最終產品，為智財保護之標的，如蘋果（Apple）、三星（SAMSUNG）等品牌大廠的電子通訊產品。因最終產品是能透過逆向工程方式，逆推得知其技術精髓。所以，必須用申請專利來保護其產品智財權。反之，若生產製造代工業者，把製程中的技術精髓申請專利，這意味著必須將其賴以維生的核心技術公開，而製程方法專利並非能在最終產品的特徵上表現出來，而代工競爭者是否侵權其製程方法專利，實難判定出來。故，生產製造代工業者將其製程方法申請專利，可能會使自身陷於技術機密過度曝露於其他代工競爭業者的險境中。在上述之現實狀況下，對生產製造的代工業者而言，最適當的智財管控策略，應使用「營業祕密」的方式，來保護製程中的核心技術。

(四)生產製造代工業核心技術不當專利化的缺點

1.製程核心技術曝光，無法由最終產品的逆向工程中，判定競爭對手是否侵權。

2.付出龐大專利申請費及專利年費。

3.專利布局國家地域有限，能保護的地域廣度有限。

以往有不少的生產製造代工業者，將其製程中的核心技術申請專利，本以為能保護其智財權與維持企業的競爭力，殊不知「不當專利

化」的結果，反而將自身陷於險境之中。

二、專利的層次與價值

不同質量的專利，在企業中扮演著不同的層次與角色，專利層次可分為四大層次（**圖7-6**）分別為：防禦用專利、降低成本專利、創造營收專利、願景式專利。

(一)各階專利層次與核心價值

其中，「防禦用專利」是最為基礎的專利，其性質多為在產業中已相當成熟的技術，主要為了防範被別家企業告侵權，所申請布局的自我保護型專利，其核心價值在於「防範被告」。再向上一層為「降低成本專利」，其性質多為製程的改善或產品本身的改良，以達降低成本之目的，其核心價值在於「節省成本」。再向上一個層次即為「創造營收專利」，其性質多為增加產品之功能或效率之提升，以創造更高的產品價值及營業收益，其核心價值在於「創造營收」。最上一層為「願景式專利」，其性質多屬技術生命週期中的萌芽期技術專利，雖在短期內並

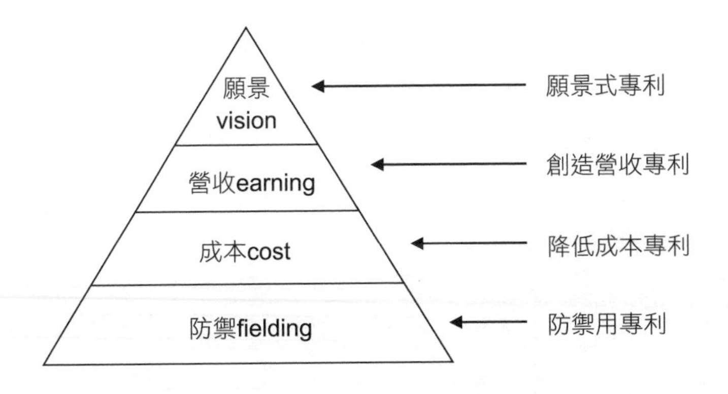

圖7-6　企業中的專利層次

無利可圖，但日後有很大發展潛力的專利，其核心價值在於「願景的實現」，雖然此一層次專利的技術研發困難度高，投資金額也大，但假如開發成功，則能為企業帶來巨大的利益，甚至能扭轉企業的命運。

Nuvo家用人型機器人

適合研究用途與居家行動監視，首創機器人專用鞋模態，提高運動性能與效率，實現了理想的步行動作。

圖片來源：葉忠福攝（機器人教育博覽會）

(二)如何合理分配研發經費

在總體研發資源經費的合理分配思考上，依企業型態類別的不同可分為「高研發型」企業與「一般研發型」企業，而在投入經費的比重上如**表7-4**所示。

需要高研發特性的企業在新產品的專利技術的研發上，經費依「（願景）比（營收）比（成本＋防禦）」，可以為「（3）比（3）比

表7-4　企業研發經費比重參考表

層次／企業	願景 專利、產品研發	營收 專利、產品研發	成本 專利、產品研發	防禦 專利、製程改善
高研發型	30%	30%	40%	
一般研發型	10%	30%	60%	

（4）」，而一般研發特性的企業則以「（1）比（3）比（6）」的比例來做分配是適當的。即如果為一家高研發特性的企業，年度研發經費預算有十億元時，則拿三億元投入於願景式的專利技術研發上；三億元投入於創造營收的專利技術研發上；四億元則用於降低成本和防禦層級的專利技術研發及產品優化與製程改善上。

(三)企業建立「專利組合」的布局模式

在國際間具有競爭優勢的企業，通常都會建立自有的專利組合及有規劃性的進行專利布局，其方法不外以「自行研發」取得專利權、「向他人購買」專利權和「交互授權」，用這三種方法來滿足對專利的需求。

1.「自行研發」取得專利權：特質為耗費經費、人力、時間較為巨大，但可擁有自主技術，確保長遠競爭力。
2.「向他人購買」取得專利權：特質為可快速取得企業本身所需專利組合，減少研發的時程與人力及失敗的風險。
3.「交互授權」取得專利權：特質為與其他交互授權的企業互惠互利，各取所需。

Actoroids仿生機器人

來自日本愛知博覽會超人氣美女機器人Actoroids，逼真又能充分地表現的人造擬真接待機器人，它可透過人造肌肉做出表情，更有四十八處動作點及關節與人的身段接近。

圖片來源：葉忠福攝（機器人教育博覽會）

專欄 7-6 拼圖發明原本是地理學教學工具

拼圖（Jigsaw Puzzle），是一種益智類遊戲，在平面空間上填充和排列組裝難題的遊戲通稱。拼圖的發明人是英國的約翰・史皮爾斯布里（John Spilsbury），他原本是一位地圖繪製者、雕刻師。

1767年，約翰・史皮爾斯布里是第一位將世界地圖貼於木板上，然後再沿著地圖上國家的邊界切割木版取出來，而成為世界上的第一套地圖拼圖，當時以作為地理學教學工具。此時他也嗅到商機的存在，於是創造了八個不同主題的地圖拼圖，包括：世界、歐洲、非

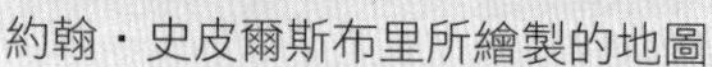

約翰・史皮爾斯布里所繪製的地圖　　平面拼圖零片及接合方式（全面互鎖）

圖片來源：維基百科，https://zh.wikipedia.org/

2007維基百科年會紀念品徽誌，實體球型拼圖

維基百科標誌為球形拼圖

圖片來源：維基百科，https://zh.wikipedia.org/

洲、美洲、亞洲、威爾斯、英格蘭、愛爾蘭及蘇格蘭地圖，當時成為熱賣的教學道具。現代的拼圖製作工藝更為簡單，大都以硬紙板作為製造材料，成本也更為低廉。

拼圖遊戲早已是全球盛行的遊戲，然而現代風行的3D立體拼圖，則是台灣人所發明，台灣優利瑪資訊公司以創新材質及空間想像，2003年起在全球行銷3D拼圖，即使在拼圖發源地的歐洲國家，人們也都愛不釋手。

優利瑪公司董事長莊世鴻先生，是因2001年夫人林淑英女士曾送他一幅全家福照片所製成的平面拼圖禮物，這禮物他當時雖未拼圖完成，但卻因而引發他之前曾自製球體玩具經驗，產生了靈感的聯結：何不將平面拼圖設計改為立體的拼圖呢？那一定會更有趣更好玩的！

歷經兩年開發終於設計出「3D立體拼圖」，發表了全球獨一無二的中空、表面光滑，且免用膠水即可拼組成型的球體拼圖，並申請專利，產品已行銷到世界各國。莊世鴻先生之後陸續投入更多的拼圖研究，3D立體拼圖卻成為公司的重要產品，而形成了資訊公司銷售拼圖的有趣現象。

3D立體—花瓶拼圖；拼圖打造的生活美學，拼圖樂趣與工藝的結合，為生活增添優雅格調

圖片來源：優利瑪資訊有限公司，http://shopping.pintoo.com/

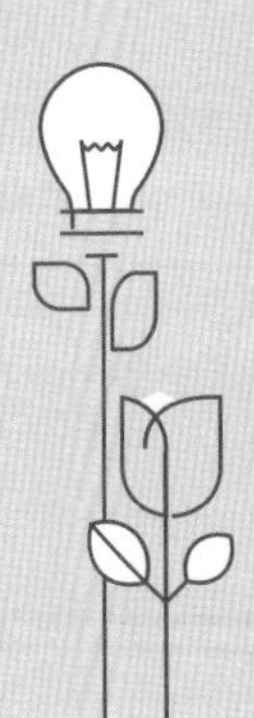

三、專利地圖的應用

以往許多企業並不進行專利分析，就直接投入產品研發，其結果研發生產出來的產品，不是別人已經有了，不然就是相似或他人具專利權的產品，這都是很大的研發浪費。

隨著專利與智慧財產保護的觀念，在國內企業的逐漸落實，企業必須懂得如何透過專利，來提升自己的競爭力，在科技發展一日千里的今天，要如何有效的掌握市場資訊及發展趨勢，與瞭解競爭者的研發狀況，這一直是各研發單位的重要課題，至於要如何應用一些正確又有效的資料，就成為這些研發單位高度重視的事項了，而「專利地圖」（Patent Map）就是在這種情況下所發展出來，一種對於專利的科學統計分析方法。

(一)專利資料具備「技術」與「法律」雙重特性

在眾多的研發資訊中，專利資料是唯一具備「技術」與「法律」雙重特性的重要資料。而所謂「專利地圖」，簡言之，就是將專利資訊分析後給予「地圖化」方式呈現出來，正所謂「文不如表，表不如圖」。因此，在做專利分析時，以圖形化的方式來表現，是最容易瞭解也最容易分析的，能達到一目了然之效果（**圖7-7**）。專利地圖乃是結合許多技術專家及智財法律專家之智能，針對某一特定技術主題，透過地毯式全面性的資訊蒐集，運用科學的統計方法，做出各種的歸納分析，也就是一套將大量的專利資料，加以縝密精細歸納、分析、整理的手法，用統計圖來表現，以呈現管理面及技術面之脈絡，將專利訊息正確解析出來，作為經營管理及技術研發之用，並進一步預測技術的未來走向，以達進可攻（積極進攻技術領域）退可守（消極認知專利地雷）的目標。如此才能決定是要全力投入技術研發，或採取迴避設計，還是技術挖洞等手段，以免誤觸他人的專利地雷，以確保自身的競爭力。

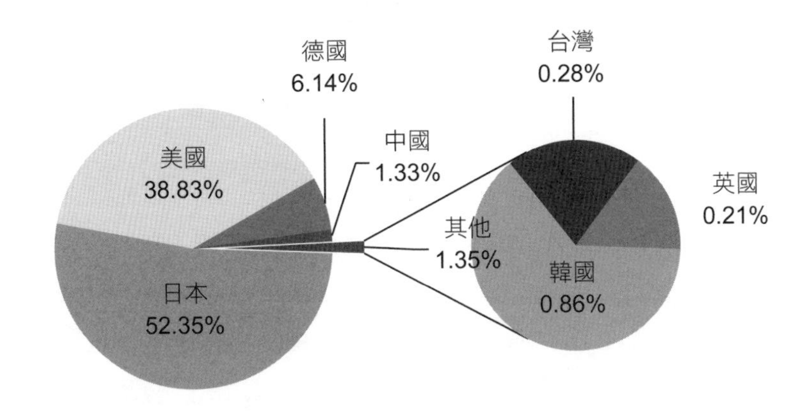

圖7-7　專利地圖範例：商用機器人主要技術研發國家分析

(二)專利地圖的分類

專利地圖，依其製作目的不同，可分為「專利管理地圖」、「專利技術地圖」、「專利範圍地圖」（即專利權力地圖）這三大類。在應用實例方面，如日本發明與創新研究所亞太工業產權中心，早在1997年至1999年間，就已製作了六十六種針對日本重點發展技術領域的專利地圖，提供給日本的產業界使用。而南韓政府為了輔導產業，全力進軍全球的手機市場，在韓國知識產權局（KIPO）的研究協助下，於1999年10月也公開了「手機專利地圖」，以幫助產業界開發全球市場，由於此一做法成效良好，KIPO自2000年起積極推廣更多產業的專利地圖，並提供分析軟體給產業界使用。

(三)專利地圖分析執行的流程

專利地圖分析執行流程圖如**圖7-8**所示，在確定要分析的主題後，就須進一步擬定如何檢索專利資料。如檢索的國別、檢索哪幾類是相關的技術等，再進而將蒐集到的大量資料，加以篩選出確實重要的資料，來繼續

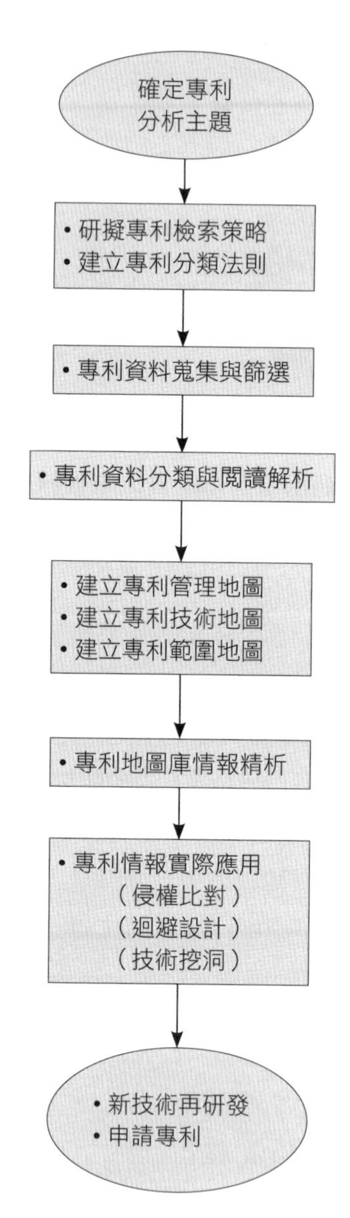

圖7-8　專利地圖分析執行流程圖

科技加熱背心Tech Heated Vest

經過專門設計，即使在最冷的環境下也能提供額外的保護，多區域快速加熱，利用紅外技術和碳纖維加熱元件，這款加熱的背心可在幾秒鐘內為您的整個身體加熱！無論外面有多冷，您都一定會感到溫暖和舒適！

圖片來源：Inspire Uplift LLC.新發明設計商品網，www.inspireuplift.com

深入解讀分析。經過分類、歸納、分析、整理、統計後，即可得到專利管理地圖、專利技術地圖、專利範圍地圖，這三類主要的專利地圖情報，再依情報精析的結果，來做出實際因應的對策，進而依實際需要執行的新技術，再研發及專利申請，以保障自身研發成果。

(四)專利地圖之種類與製作要件及分析目的

專利地圖製作要件如**圖7-9**所示，可依專利管理地圖、專利技術地圖、專利範圍地圖，各類所需檢索製作要件項目，來滿足專利地圖製作時之基礎資料。

專利地圖之種類與分析目的，如**圖7-10**所示，即可瞭解研發重鎮國家有哪些？競爭者是誰？誰最具潛力？我們要怎麼辦？未來技術發展趨勢為何？還有哪些專利範圍可供研發？產品之研發空間及投入的利基在哪裡？各種分析的結果，都是可供企業作為經營管理及技術研發之用。

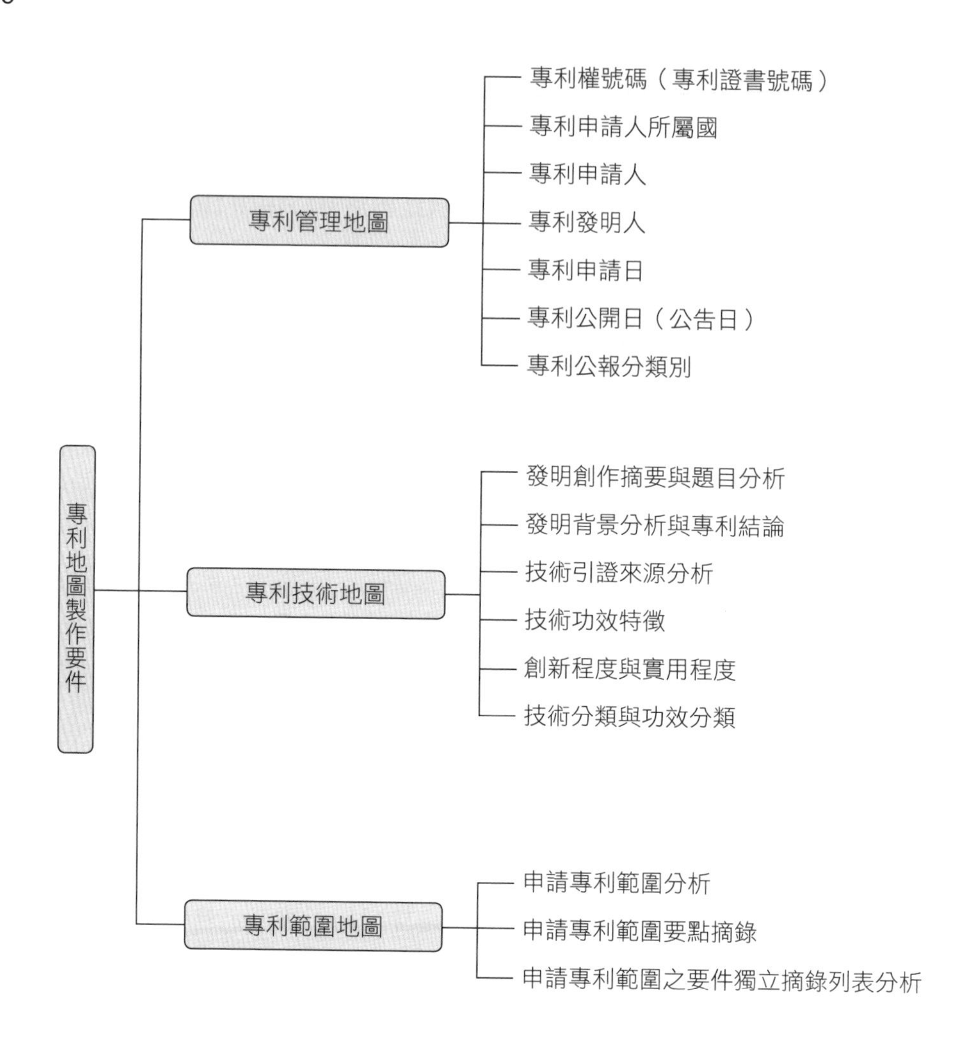

圖7-9　專利地圖製作要件圖

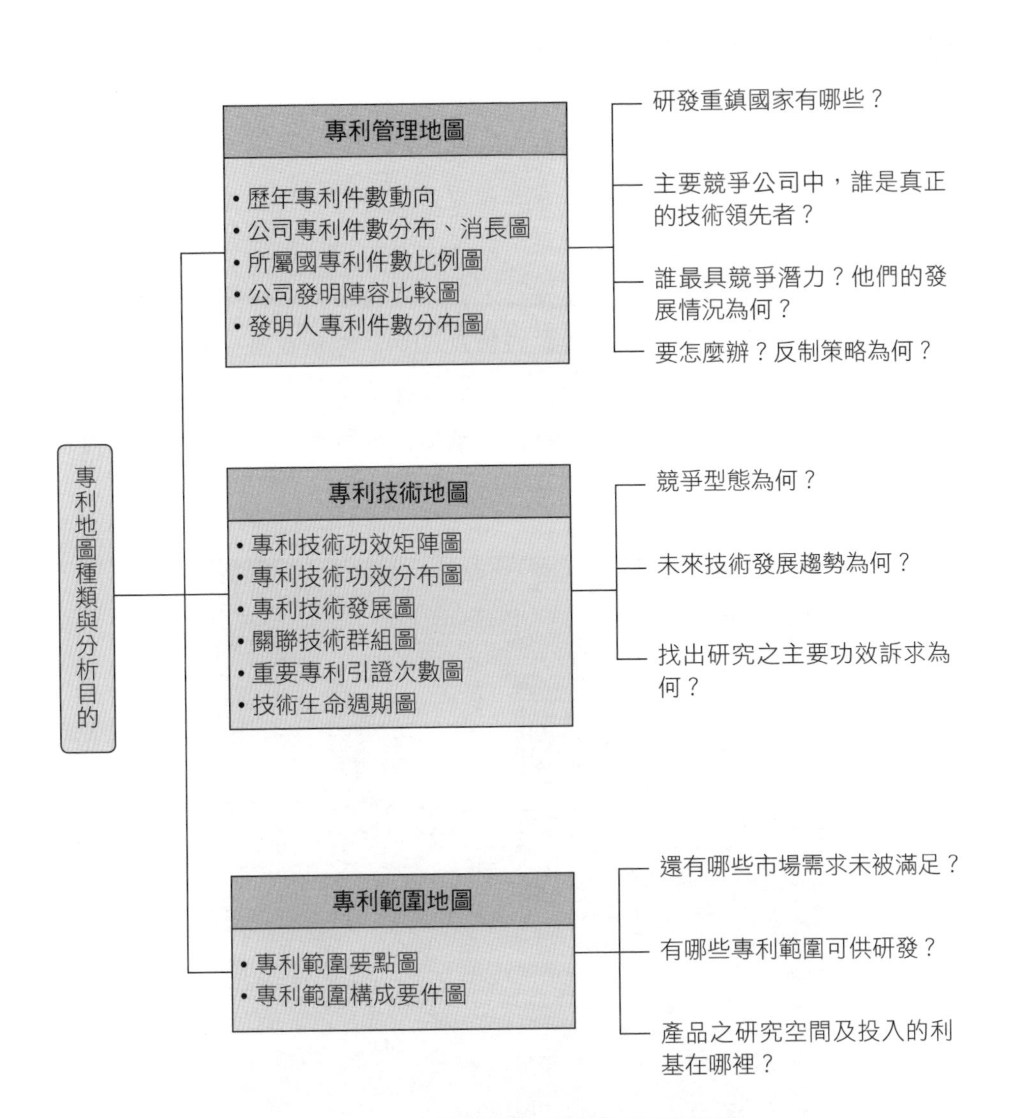

圖7-10　專利地圖之種類與分析目的

專欄 4-7　何謂「專利優先權」？

所謂「專利優先權」係指就同一發明創作，申請人在締約中的一國第一次提出專利申請案後，在其規定的期限內，又在其他締約國提出專利申請時，申請人有權要求，以原先第一次提出專利申請案之申請日期，作為後申請案之優先權日，其他締約國會以該優先權日，作為判定後申請案，專利要件之新穎性及進步性的分界點。在美國要提專利優先權時，發明專利，必須為在台灣提出專利申請之日起十二個月內提出，而設計專利，必須為在台灣提出專利申請之日起六個月內提出。

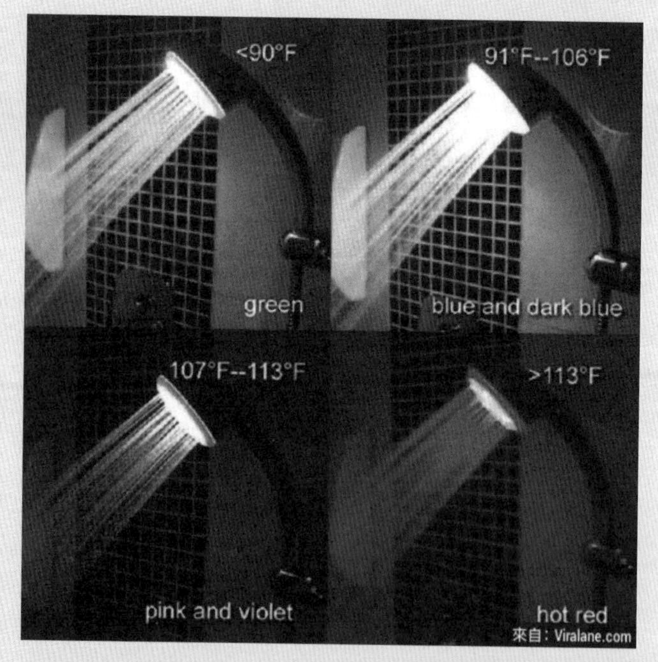

以不同LED燈發光顏色，代表不同水溫的蓮蓬頭設計；創新產品可以申請專利，保護智慧財產權

圖片來源：Viralane爆熱航道，www.viralane.com

Chapter 8

專利管理實務

第一節　專利鑑價與技術鑑價

一、鑑價的方法

在實務上，「專利價值，其實就是市場價值」。所以要評定專利的價值，其實最主要就是看它能在市場中為企業帶來多大的利潤。

專利是智慧財產，也是「無體財產權」，在未具體實施前，既看不到也摸不著，所以，要進行實際買賣或質押時，價值的估價若無一套客觀的方法，想要實際去估價，實在是很困難的事。在目前無論國內外的發明界，已有一套慣用的估價模式，這套模式有其相當的客觀性，雖因各技術種類及各產業的專利估價狀況略有不同，但也有其共通性。

另，專利鑑價又可細分為「國內價值鑑價」及「國際價值鑑價」。國內價值鑑價意指，該專利僅擁有一國的專利權，於單一國家內實施時，所得之價值效益評估。國際價值鑑價意指，該專利擁有多國專利權，雖然授權於某一國家中的單一企業實施，但其市場價值是可延伸擴及到多個國家的，以此國際性市場所得之價值效益作為評估。

(一)專利鑑價（Patent Valuations）

專利權是一種「屬地主義」（Territoriality Principle）的權利，故所謂「專利鑑價」，理所當然該發明人必須在所要鑑價的國家，有申請專利並取得專利權。

(二)技術鑑價（Technology Valuations）

關於創新的產業技術或Know-How，其「技術鑑價」並不一定需要擁有專利權，但是該技術若無專利權的獨占性保護，其「技術價值」就會相對降低許多。

二、鑑價的買方觀點考量

專利鑑價及技術鑑價，以買方的觀點而言，鑑價方法可以由「市場比較法」、「成本法」、「效益法」等三方面考量。分述如下：

(一)市場比較法

此法即是將以往類似的產業技術，實施的結果價值拿來相比較，以推估本次鑑價案件的價值，但實際在進行分析時，則必須取得很多客觀的數據資料，如此方能真正的做到客觀的評價。

(二)成本法

以要實施該專利或技術時，需要再投入資源的多少（含人力、資金、時間等），或是導入新技術後，能取代舊技術，可降低多少成本。

(三)效益法

以未來可得到的經濟效益作為評量點，其價值尤其是以可直接或間接得到的「現金流量價值」，最為專利或技術的買方所重視。

三、鑑價的賣方觀點考量

以賣方的觀點而言，鑑價要項有下列幾點：

1.研究開發經費：以該專利技術的研發過程中，發明人所投入的資源費用有多少，來作為評估的參考因子。
2.附加價值：因該專利的知識產權，所延伸出來的其他價值。
3.二八定理：因技術創新而產生的利益，20%歸發明人（賣方）所有，80%歸實施者（買方）所有。
4.時間因素：將專利權的剩餘有效年限，列為評估因素，有效年限越長者，則越有價值。

5.授權領域：是否將專利的「技術授權領域」或「地域授權領域」作切割，也會影響到鑑價的價值，技術領域或地域領域越大者，當然會越有價值。

6.市場供需與競爭者：市場上已有的類似專利技術是否很多，其技術的替代性為何？或是為獨有的專利技術，尚無競爭者，這也是影響評價的因素之一。

7.股票折讓價值：專利權人若以技術入股的方式，參與新公司的該項專利實施，公司應給發明人多少的入股股份以作為報酬（一般技術作價的範圍約10～30%，但依實務經驗來看，通常是以15%作為技術入股的報酬）。

四、專利鑑價與技術鑑價現況

我國目前專利鑑價或技術鑑價大都是由一些「智慧財產基金會」之類NGO（非政府組織，Non-Governmental Organization）的民間非營利機構在為發明人服務，而近年來亦有幾家「智財科技」或「知識科技」的專業民營公司加入服務的行列。

由於鑑價費用所費不貲，目前我國的專利鑑價市場尚在發展中，規模並不大，每年專利鑑價案件數約在五百件以內，而在歐美等先進國家，這已是相當普遍的商業活動之一。相信我國的鑑價市場也會日漸成熟。

五、鑑價相關作業方法實務簡介

(一)專利鑑價所須準備之資料（已有明確專利買方時）

通常專利鑑價的委託人必須備齊下列資料：

委託方：

1.專利權人（公司或個人）基本資料簡歷、優良事蹟表彰等。
2.發明人基本資料簡歷、優良事蹟表彰等。
3.專利權若屬公司所有，則再提供公司執照及營利事業登記證影本。
4.該專利技術之研發成本統計表。
5.專利申請國清冊（包括各國專利申請時之「專利技術說明書內容」、「申請日期」、「專利證書及號碼」、「專利權所有人」等清冊）。

買方：

1.專利權同屬性之產品過去三年損益表（會計師簽證）。
2.專利權同屬性之產品過去三年資產負債表（會計師簽證）。
3.專利權之產品未來五年預測損益表。

(二)專利鑑價所須準備之資料（無明確專利買方時）

通常專利鑑價的委託人必須備齊下列資料：
委託方：

1.專利權人（公司或個人）基本資料簡歷、優良事蹟表彰等。
2.發明人基本資料簡歷、優良事蹟表彰等。
3.專利權若屬公司所有，則再提供公司執照及營利事業登記證影本。
4.該專利技術之研發成本統計表。
5.專利申請國清冊（包括各國專利申請時之「專利技術說明書內容」、「申請日期」、「專利證書及號碼」、「專利權所有人」等清冊）。
6.該專利技術產業應用範圍或該專利產品銷售族群範圍（說明書）。

(三)專利鑑價作業時程

委託方資料備齊後，約一個月，完成鑑價報告（專業分析人員包括產業分析師、會計師、專利師、外部顧問等）。

(四)專利鑑價費用

1.單一專利鑑價：約10～20萬元。

2.專利組合鑑價：約20～50萬元。

不銹鋼水果菠蘿切片機Stainless Steel Fruit Pineapple Corer Slicer

愛新鮮的菠蘿，那麼此工具是必不可少的廚房用具！從開始到結束，不銹鋼水果菠蘿切片機，可以將整個菠蘿去芯並切成薄片！

圖片來源：Inspire Uplift LLC.新發明設計商品網，www.inspireuplift.com

(五)專利鑑價作業流程

1.確定勘估標的基本事項資料備齊→2.評估案件之承接→3.簽訂委任書→4.擬定估價計畫→5.產業資料蒐集（含產業動態、技術動態、市場動態）→6.確定勘估標的狀態（待鑑價標的物之現狀分析）→7.整理比較分析資料（5.與6.之比較分析）→8.運用估價方法推算價格（含企業營運可得獲益之會計師估價）→9.決定勘估標的價格→10.製作估價報告書。

(六)專利鑑價報告之揭露與分析項目

通常詳細鑑價報告A4紙張大小，會多達約200頁左右。

鑑價報告目錄

1.摘要
2.授權方之專利權人與專利技術簡要介紹
3.被授權方之公司概況
　3.1公司介紹
　3.2公司組織
　3.3公司營運概況
4.評估目的及方法
5.評估基準及假設
6.台灣市場概況及未來發展性
7.國際市場概況及未來發展性
8. SWOT分析
　8.1內部優勢
　8.2內部弱勢
　8.3外部機會
　8.4外部威脅
9.全球經濟概況與展望
　9.1國內經濟情勢回顧與展望
　9.2國際經濟情勢回顧與展望
10.被授權方公司財務分析
　10.1被授權方公司所屬行業財務比率分析
　10.2被授權方公司未來5年財務預測
　10.3財務分析說明事項

11.評估方法分析
12.專利價值的決定
  12.1加權平均資本成本—折現率的決定
  12.2負債成本分析
  12.3權益成本分析
  12.4加權平均資本成本
  12.5永續成長
13.權利金分析及決定
14.結論
15.參考資料
16.承擔與受限規定
17.附件

專欄 8-1 前蘇聯成為高科技強國的秘密TRIZ

TRIZ（萃智）是用於創造性技術開發的新方法論，目前逐漸在全球流行起來，這是由前蘇聯專利局的人員G. S. Altshuller在1946年所構想出來的，他和一批研究人員，以每年投入一千五百人的工作時間，藉由大量的研究世界各國的重要專利案件（超過一百萬件），他發現在各種問題的解決方案間，有著可依循的模式存在，將此模式用系統化建構下來，人們就能透過有系統的學習這些模式和技法，並獲得創造性的問題解決能力，也因此使得前蘇聯成為高科技強國。依TRIZ的重要技法中，包括了發現產品設計中的問題、技術進化理論、概念設計過程模型、衝突解決理論、消除衝突的發明原理、發明問題解決方法、五大類七十六個標準解等，主要創新發明課題（圖8-1）。

所謂「TRIZ」為俄文Теория решения изобретательских задач

（Teoriya Resheniya Izobretatelskikh Zadatch）的字首縮寫，英文譯為Theory of Inventive Problem Solving（TIPS），即「創新發明問題解決理論」，在1980年代中期前，前蘇聯官方刻意管制此一方法論，對其他國家保密。1980年代後期，隨著一批科學家移居美國等西方國家，而逐漸的被解密流傳開來，在1992年TRIZ相關的顧問活動和軟體工具開始在美國出現，且多用於大企業之中，如通用、波音公司等，而日本也在1997年開始引進推廣，應用於新產品研發上，也都創造了可觀的經濟效益。

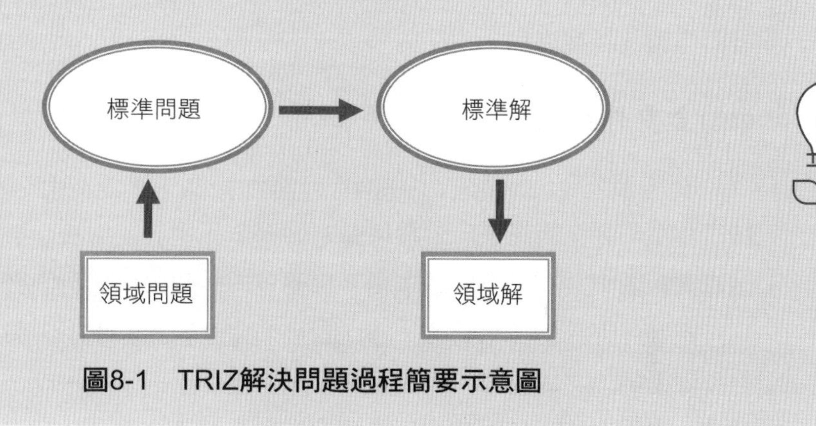

圖8-1　TRIZ解決問題過程簡要示意圖

第二節　專利侵害鑑定與迴避設計

一、專利侵害概要

從事創新發明工作的人員，一定要有「專利侵害鑑定與迴避設計」的基本概念，專利產品在商品化過程中，如何面對專利權的糾紛處理，是現代企業的重要課題，同時在專利管理的議題上，首要的兩部分為：

「專利侵害」與否的鑑定，及如何做「專利迴避設計」。而在鑑定專利侵害與否之時，最核心的問題，就是如何界定彼此的專利權範圍。簡言之，就是如何運用分析的法則，去比對糾紛雙方的「申請專利範圍」（Claim），這是當發生專利權糾紛時的首要工作。

比對申請專利範圍時，因權利範圍與專利說明書撰寫方式，及專利申請範圍文字敘述內容之限制，必要時需再詳細比對專利說明書的內容。而在專利侵害的鑑定法則裡，基本上主要有三項要點，即「全要件原則」、「均等論」、「禁反言」。其他如「逆均等論」、「貢獻原則」、「先前技術阻卻」，也都是鑑定輔助法則之一，適用專利種類包含發明專利及新型專利。

(一)全要件原則

所謂「全要件原則」，係指申請專利範圍中，至少有一個請求項的技術特徵「完全對應表現」在待鑑定的對象「物品或方法」中。例如，申請專利範圍中共有十五個請求項，只要有一個請求項的每個必要元件，和被控嫌疑侵害品的技術特徵，經比對後「完全對應表現」，即符合「全要件原則」的「文義侵害」。簡言之，「全要件原則」就是以「文義」上的解讀，去鑑定判斷是否有專利範圍內容的「文義侵害」狀況。但若專利侵害與否的鑑定，僅限於文義描述時，當有蓄意之侵害者，只要針對全要件原則中的每個必要元件，敘述文字做適度的改變，就能閃避其專利的約束，如此則專利制度即失去其鼓勵創新研發產業技術，保護智慧財產之立法精神。

若僅以狹義的文義鑑定就判斷專利是否侵害，則對專利權人較為不利，為顧及被控者與專利權人雙方的權益公平，所以專利的侵害與否之鑑定，除了全要件原則之「文義」上的解讀鑑定外，還需再經過均等論及禁反言等，各方的綜合考量與判斷才能確定。

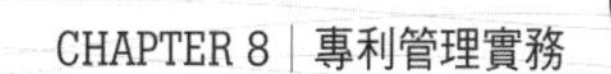
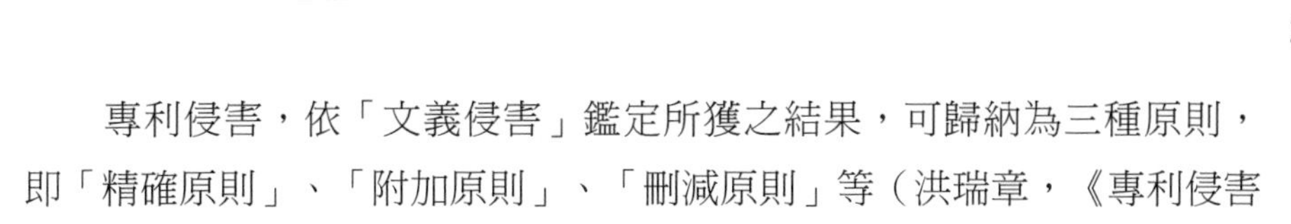

專利侵害，依「文義侵害」鑑定所獲之結果，可歸納為三種原則，即「精確原則」、「附加原則」、「刪減原則」等（洪瑞章，《專利侵害鑑定理論》，頁33-34，經濟部智慧財產局，2007）。

1.精確原則：乃指被控侵害物直接抄襲其聲明專利的申請專利範圍中至少一個請求項的全部構成要件，每個必要元件完全相同，即完全對應表現。此已構成了侵害行為！

2.附加原則：乃指被控侵害物除直接抄襲其聲明專利的申請專利範圍中至少一個請求項的全部構成要件，每個必要元件完全相同外，並另外「添加」了其他新步驟或新構件者。此已構成了侵害行為！

3.刪減原則：乃指被控侵害物僅抄襲其聲明專利的申請專利範圍中「部分」構成要件，而「刪減」其中一項或數項要件者。此不構成侵害行為！

◆案例說明

茲舉以下案例說明：

K公司的「座椅」，該座椅的專利範圍之請求項中包含：椅腳（a）、座墊（b）、椅背（c）所構成。

L公司的「搖椅」，該搖椅的專利範圍之請求項中包含：椅腳（a）、座墊（b）、椅背（c）、搖動裝置（d）所構成。

M公司的「床椅」，該床椅的專利範圍之請求項中包含：椅腳（a）、座墊（b）、椅背（c）、變換裝置（e）所構成。

K、L、M這三家公司的專利在技術構成的概念關係圖，可用**圖8-2**的圖形表示：

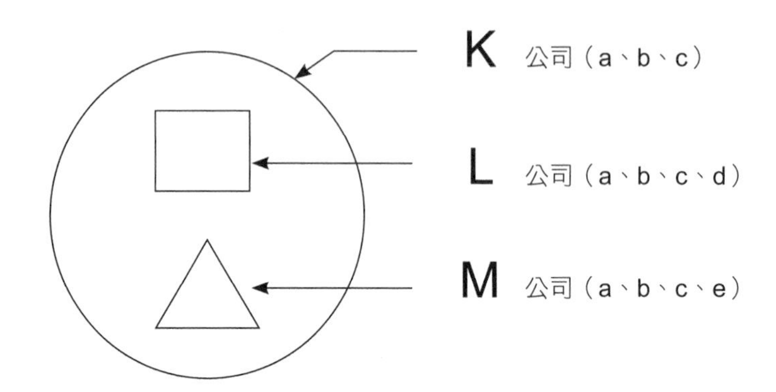

圖8-2　K、L、M三家公司專利技術構成概念關係

◆專利侵害分析

K公司的行為：

1.若製造「座椅」：使用構成要件a、b、c，因未使用d及e，故不會侵害到L公司及M公司（刪減原則）。
2.若製造「搖椅」：使用構成要件a、b、c、d，所以侵害到L公司的專利範圍（精確原則），但不會侵害到M公司的專利範圍（刪減原則）。
3.若製造「床椅」：使用構成要件a、b、c、e，所以侵害到M公司的專利範圍（精確原則），但不會侵害到L公司的專利範圍（刪減原則）。

L公司的行為：

1.若製造「座椅」：使用構成要件a、b、c，所以侵害到K公司的專利範圍（精確原則），但不會侵害到M公司的專利範圍（刪減原則）。
2.若製造「搖椅」：因使用構成要件a、b、c、d，故侵害到K公司原有a、b、c專利構成要件之全要件的專利範圍（附加原則），簡言之，L公司只在K公司的專利範圍構成要件上添加d，但還是使用了K公司原有a、b、c的構成要件。而對於M公司則無侵害其專利範圍（刪減原則）。

3.若製造「床椅」：使用構成要件a、b、c、e，故仍侵害到K公司原有a、b、c專利構成要件之全要件的專利範圍（附加原則），也會侵害到M公司的專利範圍（精確原則）。

M公司的行為：

1.若製造「座椅」：因使用構成要件a、b、c，故侵害到K公司的專利範圍（精確原則），但不會侵害到L公司的專利範圍（刪減原則）。
2.若製造「搖椅」：因使用構成要件a、b、c、d，故侵害到K公司原有a、b、c專利構成要件之全要件的專利範圍（附加原則）。且同時侵害L公司的專利範圍（精確原則）。
3.若製造「床椅」：因使用構成要件a、b、c、e，故侵害到K公司的專利範圍（附加原則），但不會侵害到L公司的專利範圍（刪減原則）。

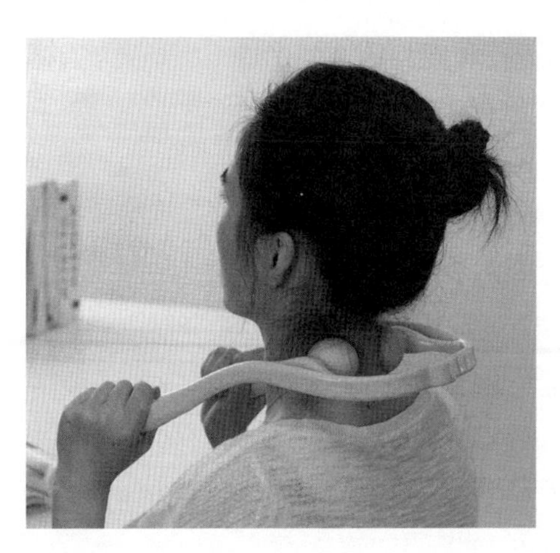

頸部和背部滾球按摩器Rollerball Massager for Neck & Back

這款令人驚嘆的脖子和肩膀按摩器旨在讓您感覺完全像治療師的安慰之手。它具有兩個類似於高爾夫球的柔軟而牢固的矽膠球。這些柔軟的矽膠球可以深深地穿透緊繃的肌肉和目標壓力點，使您的脖子痠痛、肌肉痠痛和結節立即得到緩解。

圖片來源：Inspire Uplift LLC.新發明設計商品網，www.inspireuplift.com

(二)均等論

均等論（Doctrine of Equivalents），也就是一種「等同主義」，前述在全要件原則中，若僅以狹義的文義鑑定，就判斷專利是否侵害，則對專利權人而言較為不利。全要件原則中，若欠缺專利範圍構成要件中的某一個，則不構成侵害（就是一種刪減原則）。例如：

甲：「構成要件包含：a＋b＋c＋d之方法」的專利範圍

乙：「構成要件包含：a＋b＋c之方法」的專利範圍

則乙因欠缺d，故不含於甲的專利範圍內，即不構成侵害。

均等論用簡單的概念來說，假如乙使用「加上別的東西置換代替d的功用」之方式，而使之達到與甲在專利上的「功能、技術手段（原理或方法）、結果（達成效果）」都相同，即所謂的「實質相同」時，這就構成了專利侵害。如此方式即為「均等論」中的構成專利侵害行為的「實質相同」之要素。運用均等論可使專利權人有較為廣義的解釋。而使用「均等論」時，則須先符合全要件原則，始有成立的可能。

但若乙使用的是不同的「技術手段（原理或方法）」，雖然「功能、結果（達成效果）」相同，但因使用的「技術手段（原理或方法）」有所實質差異，則因屬「實質不同」，故可判斷為不構成專利侵害。

(三)禁反言

「禁反言」又稱為「禁反言之阻卻」或稱「申請歷史禁反言」，也是在專利訴訟案件中，常被用來作為被告一方答辯或防禦的理由。所謂「禁反言」，乃指國家的專利主管機關，對於專利申請人所提出的「申請專利範圍」（Claim）有意見，須做「修正」或「限縮」其原來所提出請求的申請專利範圍，或已取得專利權人的專利範圍，受到第三人向國家的專利主管機關提出專利質疑的「舉發」動作時。專利權人為了答辯這幾種質疑，以確保其既有之專利權，而必須做出「清楚界定專利範圍所不包含的範疇」或「專利範圍的限縮」，而放棄原先請求的某些專利申請範圍。對於此類「已放棄」之專利範圍項目，在做專利侵害鑑定之專利範圍比對時，即不得再做重新主張，以免產生前後矛盾的狀況。

「禁反言」立論之目的，即是為了避免均等範圍的不當擴大，用以輔助界定「申請專利範圍」。例如，「申請專利範圍」宣稱某裝置的導熱材料指定為銅時，則被控一方所使用的導熱材料，只要用銅以外的材料都不構成專利侵害，雖然雙方都是要達到導熱的相同目的功能，但因與宣稱的材料和效果上有差別，所以就不構成專利侵害（但是，若「申請專利範圍」宣稱某裝置的導熱材料為一種金屬時，則被控一方所使用的導熱材料，無論用銅或鋁或銀等，只要是金屬材料都算是構成專利侵害）。

所以，「均等論」和「禁反言」，一者為申請專利範圍的擴張立論，用於保護專利權人；一者為申請專利範圍的限縮立論，用於保護被控者。兩者相互平衡對應，以確保專利權人與被控者雙方的公平權益。

(四)逆均等論

「逆均等論」其功能為「均等論」的相反，主要係用於被控方的抗辯，也是於符合全要件原則時，進一步鑑定是否構成專利侵害的原則之一。如前述均等論中，若被控侵害之一方，即使在全要件原則中「落入文義範圍」，同時「功能、結果（達成效果）」也相同，但其使用的「技術手段（原理或方法）」是「實質不同」的。在此情況下，應判定無專利侵害，這即是所謂「逆均等論」立論的基礎。其目的為防止專利申請權人在撰寫專利申請範圍時，不合理的任意擴大文義範圍於申請專利範圍中。

鞋架套組Shoe Rack Set

這種智能的兩層設計既簡單又高效，可幫助您節省寶貴的壁櫥空間。每個鞋架可在上面疊放一隻鞋子，在底部疊放一隻鞋子，這樣可以使成對的鞋子保持在一起並且易於取用。

圖片來源：Inspire Uplift LLC.新發明設計商品網，www.inspireuplift.com

(五)貢獻原則

所謂「貢獻原則」（Dedication Rule）是在1996年由美國的法院判例（Susan M. Maxwell v. J. Baker, Inc.）一案中所確立的原則，而後一些國家也開始依此一原則作為專利侵權判定之參考依據。

簡單的說，也就是未在申請專利範圍請求項中的揭露內容之技術項目，即視為「公共財」。所以在專利說明書中所撰寫的說明內容，一般而論，很可能都是先前為人所發明或已為人所知悉使用之技術，因此不應被專利申請人作為主張均等論，而形同構成「等同」侵權之依據。

貢獻原則的最大意義，是在於避免造成專利申請人的投機心理，以此明確界定專利說明書內容中，有揭露但無載明於專利範圍請求項中之技術項目，不得再主張適用均等論，而擴大其涵蓋範圍，此部分應視同貢獻給公眾。總而言之，要主張均等論者，只能以載明於專利範圍請求項中之項目為其主張依據。

(六)先前技術阻卻

「均等論」是擴張專利範圍闡述的立論，而相對的解釋限縮專利範圍的立論，除了「禁反言」和「貢獻原則」外，還有「先前技術阻卻」。

前述之「均等論」是把專利權人的專利範圍做「擴張解釋」，但如果將之擴張至屬於該技術領域具一般通常知識者之顯而易見的技術或已公開的資訊，屬於「先前技術」的部分，則實屬不合理，故產生了「先前技術阻卻」的立論。

所謂「先前技術」，其含蓋之範圍為：專利申請日之前所有能為公眾得知之公開資訊，不限任何形式，如書面、口頭、電子、網路、展示或已公開使用者。也不限於何種語言或世界上之任何地方。

因「先前技術」屬於「公共財」，任何人皆能分享與使用，不能將之先前技術為專利申請人所獨享，故形成了一種專利權的阻卻作用。因而在系爭專利中，若被控者所使用之技術為：屬於該技術領域具一般通常知識者之顯而易見的技術，或已公開的資訊所做成的簡單組合時，在此情況下，即符合「先前技術阻卻」之主張，而不構成專利侵害行為。

專欄 8-2 撲克牌發明是曆法和設計學及歷史的融合

撲克牌是哪一國發明的呢？國際撲克牌協會（IPCS）主席 Gejus Van Diggele曾表示：「許多歷史學家們，對撲克牌的確切起源存在分歧，但他們普遍認為撲克牌是由東方向西方擴散傳播開來的」。撲克牌的誕生，法國人認為撲克牌是法國人在1392年發明；比利時人說比利時早在1379年就出現了撲克牌；義大利人則說撲克牌是義大利人在1376年發明的。但中國紙牌在12～13世紀（南宋時期）傳入歐洲，所以最早發明撲克牌的國家應該算是中國。

撲克牌最早出現在中國唐朝，為著名天文學家張遂（一行和尚）發明的。中國的史書記載，早在公元868年，唐懿宗的女兒們就已經

張遂像與中國紙牌；撲克牌的前身中國紙牌，最早出現在中國唐朝，為著名天文學家張遂（一行和尚）所發明

圖片來源：百度百科，https://baike.baidu.com

開始玩一種叫「葉子戲」的遊戲，而這種紙牌遊戲就是後來撲克的雛形。後來此種遊戲經過絲綢之路傳到波斯、埃及等，再由波斯傳到歐洲各國。於14～15世紀間，在歐洲逐漸形成了現代撲克牌的基本樣子。

撲克牌是曆法的縮影，這並非巧合，因為撲克牌的設計和發明與星相、占卜以及天文、曆法有著千絲萬縷的連結關係。

圖片來源：葉忠福攝

撲克牌是曆法的縮影，54張牌解釋起來也非常奇妙：大王代表太陽、小王代表月亮，52張正牌代表一年中的52個星期；（紅）桃、（紅）方塊代表白晝，（黑）桃、（黑）梅花表示黑夜，而紅桃、方塊、梅花、黑桃四種花色，也分別象徵著春、夏、秋、冬四個季節；每種花色有13張牌，則表示每季節有13個星期。如果把J、Q、K當成11、12、13點，大丑、小丑為半點，一副撲克牌的總點數恰好是365點。而閏年把大、小丑各算為1點，共366點。這並非巧合，因為撲克牌的設計和發明與星相、占卜以及天文、曆法有著密切聯繫關係。

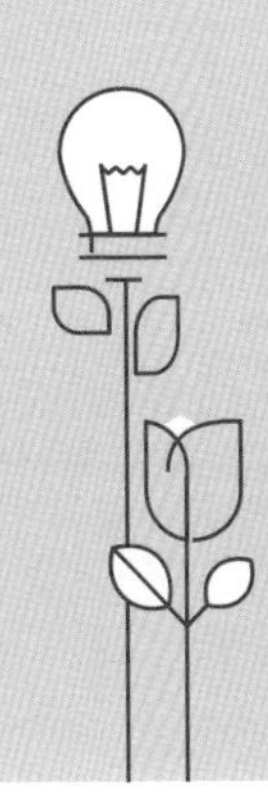

二、專利侵害鑑定流程

關於專利是否構成侵害之解析比對，身為一位專利權人而言，必須具備專利侵害解析比對的基本能力，才能在處處是專利地雷的創新發明領域中展現優勢。

專利侵害的解析比對，首重於要先對專利權人的「專利輪廓」有充分的認識，此一專利輪廓的形成，是由當初提出專利申請時的「專利說明書」所載內容建構而成的。包括所載明之摘要、技術領域、先前技術、創作背景、圖式、申請專利範圍等。而這些重要的參考資料，都是為了藉以解讀真正的專利權容貌，也就是「申請專利範圍」。當專利權人充分瞭解自身的申請專利範圍時，方能正確的對侵害對象有所主張。

專利侵害的鑑定流程原則上分為兩個階段：

1.解析我方申請專利範圍及待鑑定對象物之技術內容、方法、結構元件等，基於「全要件原則」解析待鑑定對象物是否符合「文義讀取」？

2.基於「全要件原則」解析待鑑定對象物是否適用「均等論」或「逆

均等論」？

如**圖8-3**所示，由以上鑑定流程的兩個階段中，一開始先針對兩個系爭專利的申請專利範圍做比對，基於全要件原則，就每一項技術特徵是否「完全對應」表現於待鑑定對象物中，若至少有一個請求項中的每一個必

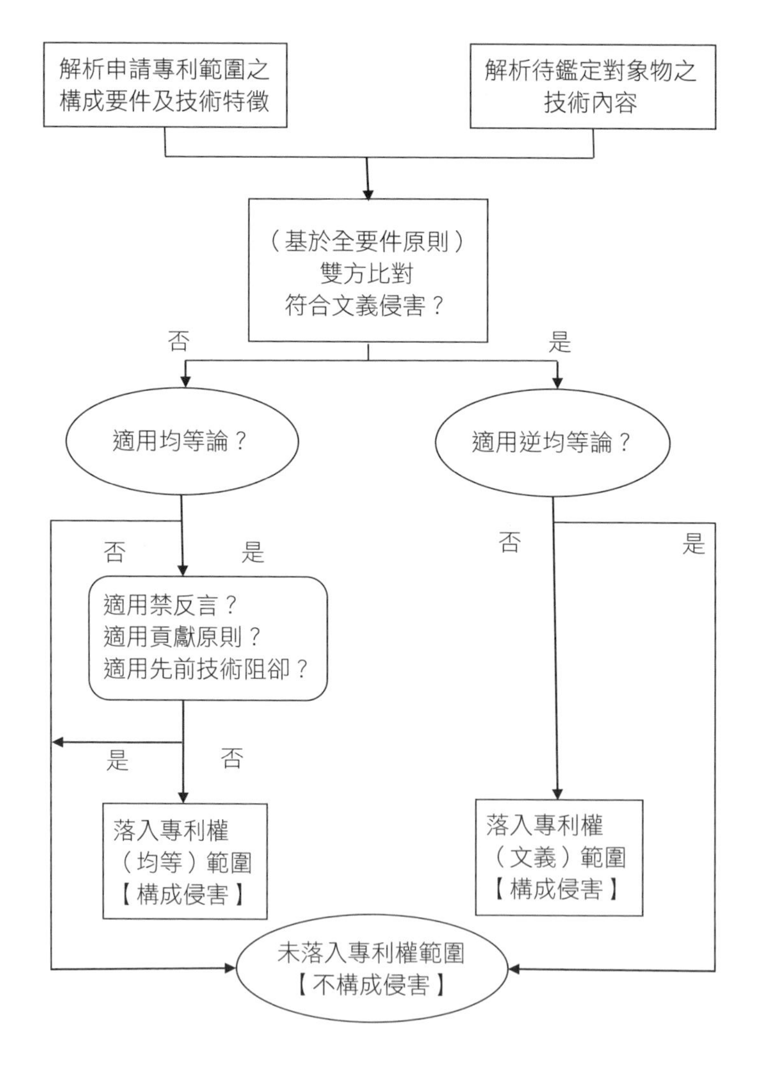

圖8-3　發明及新型專利侵害鑑定流程圖

要元件「完全對應」表現於待鑑定對象物上，則此即為所謂的「文義侵害」，也就是「形式上字面意義相符」，再經由解析是否適用「逆均等論」，若不適用，則即可判斷為「落入專利權（文義）範圍」而構成侵害。

另，如上述，基於全要件原則，就每一項技術特徵是否「完全對應」表現於待鑑定對象物中，若待鑑定對象物未落入所謂的「文義侵害」，則進一步再解析是否適用「均等論」，若不適用，則即可判斷為「未落入專利權範圍」而不構成侵害。但如適用「均等論」，則再進一步解析是否適用禁反言、貢獻原則、先前技術阻卻等，若為不適用，則即可判斷為「落入專利權（均等）範圍」而構成侵害。

專利的侵害鑑定原則，僅為提供專利侵害鑑定機構或法院作為判定的參考，而非限定法院判決的唯一依據。專利侵權爭訟，法院的判斷有兩個重點，其一為被控方主觀上是否為故意侵害或過失侵害；其二為被控方所使用的關鍵技術內容侵害事實之認定。此類侵害事實的解析比對，是決定判決勝敗的重要關鍵所在。而當法院的專業領域所不及者，則會仰賴專業鑑定機構所提出的侵害鑑定報告，以作為判斷之重要依據。

雪花鑰匙扣多功能工具

Snowflake Keychain Multi-Tool

使用可以執行十八個不同任務的工具可以做什麼！Snowflake鑰匙扣多功能工具，是一個了不起的小工具！簡單的雪花形設計不僅能吸引人的目光。發揮您的想像力，並探索其許多特殊用途。可用於打開啤酒瓶、擰螺絲、固定自行車。

圖片來源：Inspire Uplift LLC.新發明設計商品網，www.inspireuplift.com

早在1996年，我國已制定了《專利侵害鑑定基準》，引進美國這套鑑定流程及方法，依全要件原則、均等論、禁反言、逆均等論、貢獻原則、先前技術阻卻等，來作為判斷是否專利侵害的原則。我國雖於2004年10月起停止適用該《專利侵害鑑定基準》，但後續辦理專利侵害鑑定時，各法院仍延續參考此鑑定原則，供作判決時之重要依據。

三、專利迴避設計

在瞭解什麼樣的狀況會構成專利侵害時，相對的即可知道如何進行迴避設計，而免於重複研發或踩到專利地雷，造成侵權。企業侵犯他人專利時，可能要付出大筆的權利金或罰款，使企業的發展受制於他人。

而專利迴避設計手段，不應被視為一種「惡意侵權」的行為。相反的，專利迴避設計，是突破現有「申請專利範圍」的另一種創新發明方法，在專利迴避設計的研發過程中，通常會產生更新的技術出來。如此的專利迴避設計，可以被認為是一種提升科技水平和促進產業發展的良性方法。

專欄 8-3　小創意大商機(一)：台灣發明「免削鉛筆」登上大英百科全書

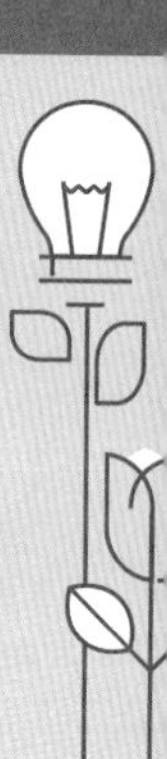

「免削鉛筆」的發明是為女兒削鉛筆時感到太麻煩，才得以發明出來的，免削鉛筆的創意發明是在1960年代的台灣。當時發明人洪蠣先生是位造船工人，因每天下班之後，總要為就讀小學的女兒削鉛筆。有一天，他下班回家時，將戴在頭上的斗笠放到桌邊成疊的斗笠堆上時，想到待會兒又要為女兒削鉛筆，真煩人呀！於是靈機一動有了免削鉛筆的創意發明靈感，若能像剛剛放斗笠時一樣，將鉛筆頭一支又一支重複疊起來，用鈍了就抽換另一支，這樣就不必再天天削鉛

筆了呀！經實驗後洪蠣很滿意這樣的發明，並在1964年向當時的中央標準局申請了發明專利，這也引起了當時的紡織廠商人莊金池先生的興趣和關注，後來莊金池先生以八百萬元的天價買下了專利權，以當時的物價，這筆錢可在都市裡買下十棟房子。

這項專利，並於1967年成立百能文具公司（Bensia，就是台語「免削」的拼音），「Bensia免削鉛筆」還登上大英百科全書，是第一個聞名全球的台灣創意發明產品。其創意故事是爸爸為女兒削鉛筆所浮現的靈感，之後免削鉛筆產品行銷世界九十幾個國家，為台灣賺進很多外匯，是令世界驚嘆的好創意妙發明，也是真正的台灣之光，時至今日，仍是熱銷的文具商品之一。

免削鉛筆發明至今已超過半世紀，現在市價一支10元，便宜又好用。

圖片來源：詠昶文具網www.pcstore.com.tw

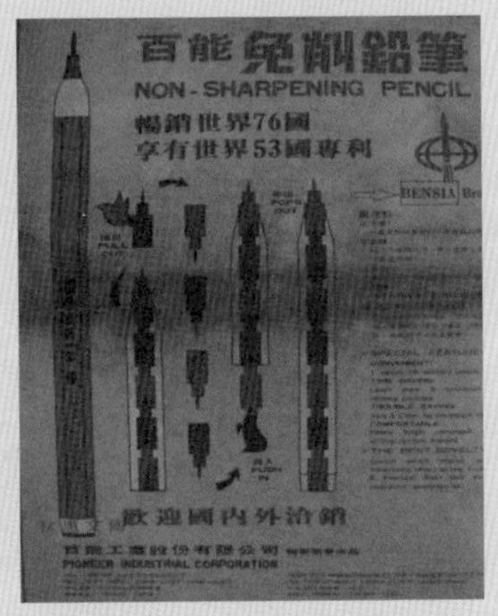

百能免削鉛筆-商品原圖

圖片來源：秋惠文庫，www.facebook.com/FormosaMuseum

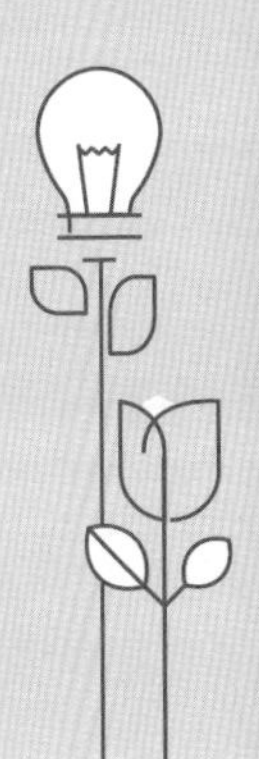

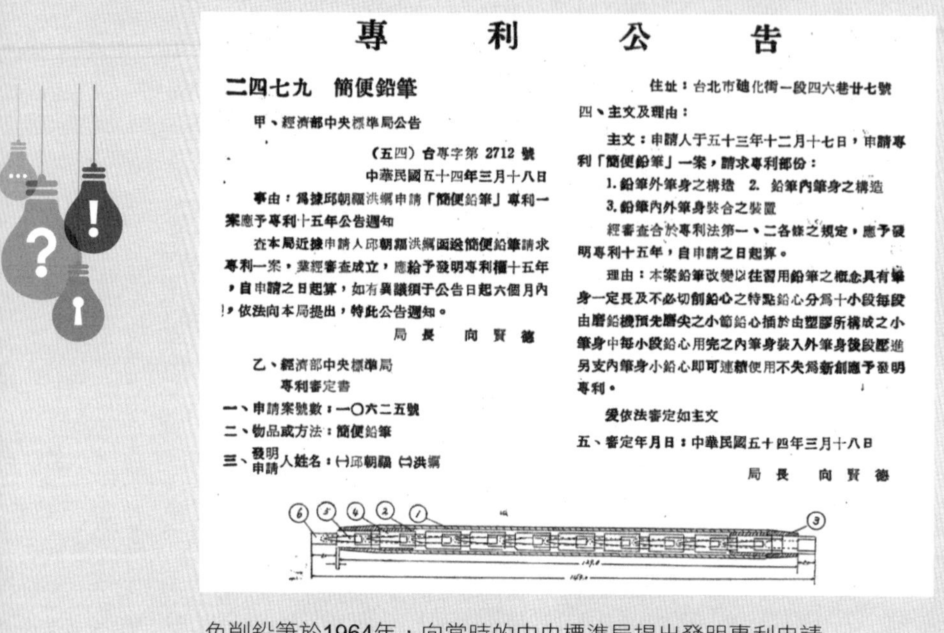

專　利　公　告

二四七九　簡便鉛筆

甲、經濟部中央標準局公告

(五四) 台專字第 2712 號
中華民國五十四年三月十八日

事由：爲據邱朝纈洪綱申請「簡便鉛筆」專利一案應予專利十五年公告週知

查本局近據申請人邱朝纈洪綱函送簡便鉛筆請求專利一案，業經審查成立，應給予發明專利權十五年，自申請之日起算，如有異議須于公告日起六個月內，依法向本局提出，特此公告週知。

局長　向賢德

乙、經濟部中央標準局
專利審定書

一、申請案號數：一〇六二五號
二、物品或方法：簡便鉛筆
三、發明申請人姓名：(一)邱朝纈 (二)洪綱
住址：台北市迪化街一段四六巷廿七號
四、主文及理由：

主文：申請人于五十三年十二月十七日，申請專利「簡便鉛筆」一案，請求專利部份：
1.鉛筆外筆身之構造　2. 鉛筆內筆身之構造
3.鉛筆內外筆身裝合之裝置

經審查合於專利法第一、二各條之規定，應予發明專利十五年，自申請之日起算。

理由：本案鉛筆改變以往習用鉛筆之概念具有筆身一定長及不必切削鉛心之特點鉛心分爲十小段每段由磨鉛機預先磨尖之小節鉛心插於由塑膠所構成之小筆身中每小段鉛心用完之內筆身裝入外筆身後段壓進另支內筆身小鉛心即可連續使用不失爲新創應予發明專利。

爰依法審定如主文

五、審定年月日：中華民國五十四年三月十八日

局長　向賢德

免削鉛筆於1964年，向當時的中央標準局提出發明專利申請
資料來源：經濟部智慧財產局，www.tipo.gov.tw

第三節　專利技術交易

一、專利技術授權評估與準備

企業在進行接受技術授權時的評估與事前準備工作上，需要企業內各部門間的相互配合（圖8-4）。

(一)技術研發部門

首先，企業在確定需要何種產品後，進而由技術研發部門確定該產

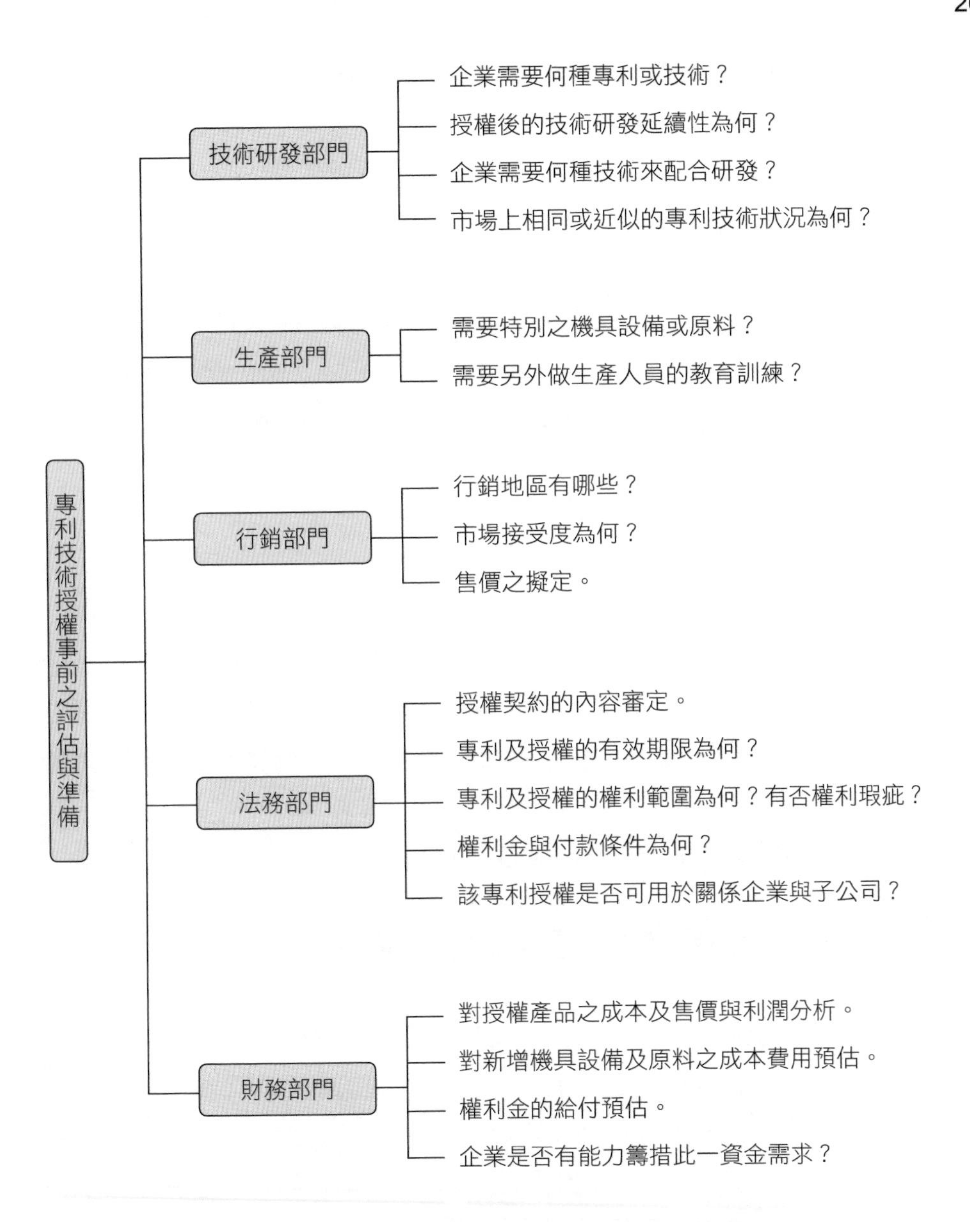

圖8-4　專利技術授權事前之評估與準備

品需要何種專利或技術，以及企業本身需要何種技術能力來做研發的配合，產品研發後是否有延續性或衍生性，並分析市場上相同或近似的專利技術狀況為何？

(二)生產與行銷部門

生產部門須評估，是否需要特別增添生產之機具設備或原料，以及如何對生產人員做線上生產教育訓練等，而行銷部門則須分析競爭對手的產品，比較及規劃產品的行銷地區有哪些、售價為何等等行銷企劃之事務。

(三)法務與財務部門

法務部門必須審定授權契約內容是否符合企業的利益或不公平的條款，以及授權之有效期限與授權之範圍為何？是否有權利瑕疵？權利金與付款條件及授權，是否包括子公司與關係企業皆可使用實施等議題。在財務部門方面則須對授權產品之成本及售價與利潤進行分析，以及新增設備與原料，所需成本費用之預估，和權利金的給付方式，最重要的還有企業本身是否有籌措此一資金需求的能力等事項。

二、專利技術授權合約之重點內容架構

關於專利技術授權合約訂立，對授權者與被授權者而言，都是非常重要的事，合約內容條文是否合理、公平保障雙方的權利與義務，都將成為日後是否能合作成功的重要關鍵。以下介紹主要以被授權者角度，來看合約的內容，而授權者則可用對等的立場，來審視合約是否合理公平，在專利技術授權合約中的重點內容架構如**圖8-5**所示。

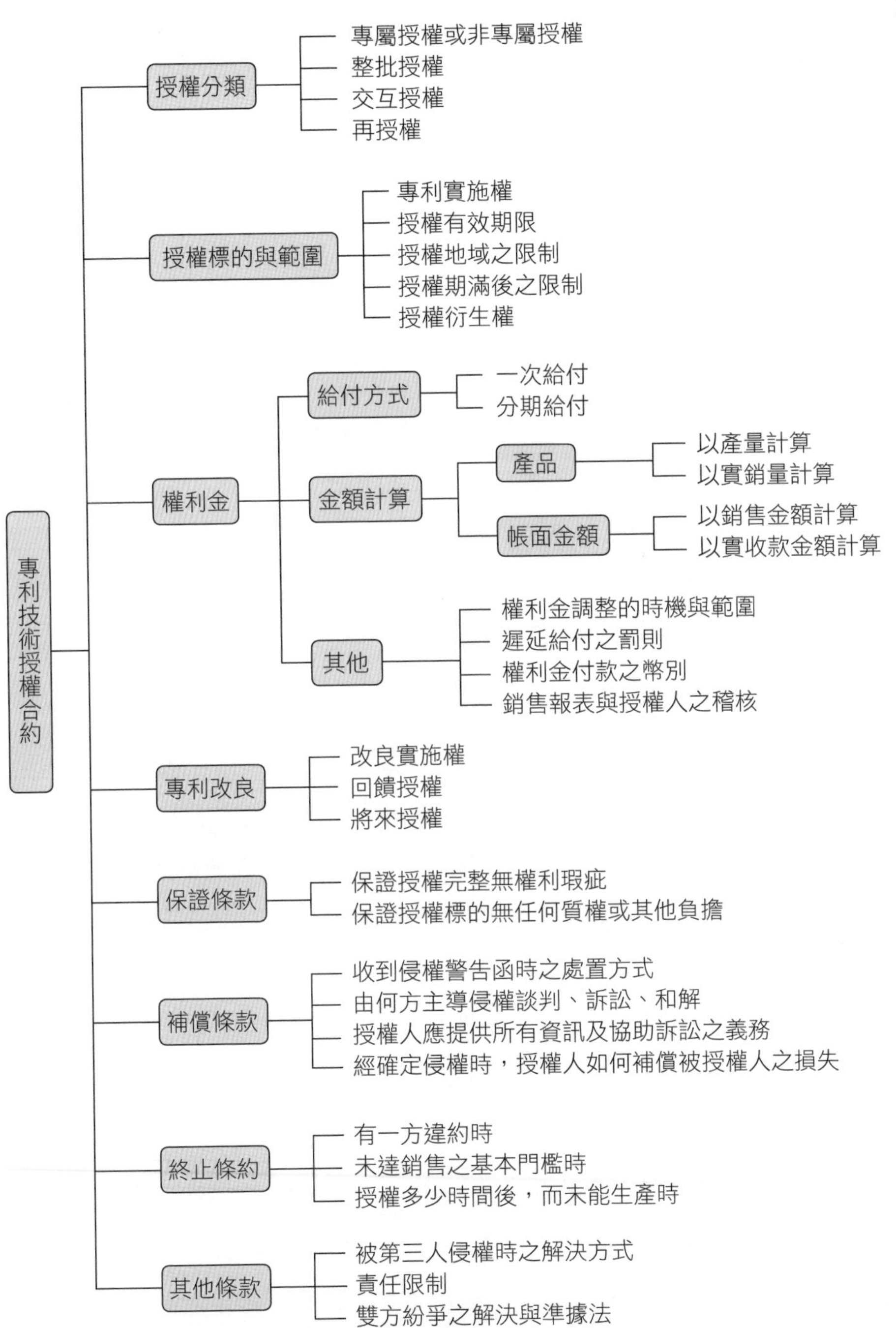

圖8-5　專利技術授權合約之重點內容架構

(一)授權分類

需確認清楚，所授權的類別為哪一種？各種的授權權利屬性皆有所不同。通常專利授權有五種類型：(1)專屬授權（Exclusive License）；(2)非專屬授權（Non-Exclusive License）；(3)整批授權（Package License）；(4)交互授權（Cross License）；(5)再授權（Sub License）

上列「專屬授權」係指僅授權給予一家公司，具有獨占性之優勢，故通常這類授權的權利金比較高。而「非專屬授權」係指可同時授權多家公司，去實施同一專利技術，此時則市場上並非獨占性，被授權者必須同時面對多家的競爭態勢。「整批授權」係指以多項專利技術整批來談授權。「交互授權」顧名思義，就是授權者與被授權者雙方彼此有技術需求，而進行的互相授權，以達互惠之目的。「再授權」則是指子公司或其他關係企業，是否能同時實施使用該專利技術的授權。

(二)授權標的與範圍

在此項目中「專利實施權」要確認清楚的是，在《專利法》中規定的「製造、販賣、使用、進口之專屬權」之中，你的授權是包含哪幾項？或是全部的權利。「授權有效期限」顧名思義，當然是期限愈長愈具價值。「授權地域之限制」係指製造地或銷售地，僅限於本國或其他國家地區，還是包括哪些指定的國家或地區之限制條款。「授權期滿後之限制」在於約定授權期滿後，被授權人繼續使用該技術之權利是否受到限制。「授權衍生權」係指該授權的實施而產生其他的效益，所衍生而來之權益歸屬或分配方式。

(三)權利金

權利金之給付方式可分為「一次給付」與「分期給付」方式。一次給付方式常見於以「買斷授權」的狀況為多，而分期給付者常見於合作生產銷售後，以百分比（%）抽取權利金的狀況為多。用百分比抽取權利金的方式中，在金額計算方面，有以「產品」量產時之生產數量計算者，也可用實際的銷售量來計算。也有以「帳面金額」作為計算基礎者，此時會用帳面上之「銷售金額」或以「實收款金額」來作為計算，此部分之事宜應事先約定清楚，以免日後發生爭議。

其他還包括「權利金調整的時機與範圍」，此項在於約定權利金的最大變動幅度（例如，實銷1,000台以內權利金為產品定價的10%，1,001～5,000台為12%，5,001台以上為15%，並且最高以15%為上限），鎖定權利金的浮動範圍，以保障雙方可接受的範圍。「遲延給付之罰則」通常是以加計利息的方式來約定。「權利金付款之幣別」主要須考量匯率變動的風險，應明文約定以新台幣或美元或其他幣別來作為付款。而「銷售報表與授權人之稽核」，此項除了有賴於雙方的誠實互信外，最好能做到銷售報表是經合格且信譽良好的會計師簽核認證過，以昭公信。

不銹鋼蔬菜切片機支架Stainless Steel Vegetable Slicer Holder

這種高質量的食物／蔬菜架／切片機，它具有十個由硬化不銹鋼製成的插腳，可確保切片器在您需要的所有時間都保持超銳利！超寬手柄確保在切割時牢固抓地，有助於避免刀傷事故。

圖片來源：Inspire Uplift LLC.新發明設計商品網，www.inspireuplift.com

(四)專利改良

關於專利「改良實施權」（Improvement），也就是經授權而被授權人有改良的再發明時，被授權人可去申請專利，所以契約中可特別約定被授權人就授權專利之改良，具有專利申請權及實施權，以保障權益。而「回饋授權」（Grant-Back License）在於約定再發明時，以無償或相當之對價回饋給原發明人的條件。「將來授權」（Forward License）則在於約定原發明人本身若有再發明時，能確保被授權人可優先取得最先進之技術的權利。

(五)保證條款

此項應載明授權人應有的保證事項，例如，保證有「完整之權限」將授權標的完整無瑕的授權給被授權人，尤其是當標的為多人共同發明之授權時。以及保證所授權之標的，在授權契約簽定之前與之後並無任何的質權（質押）或其他負擔。

(六)補償條款

此項在於規範「侵權行為」時之解決方式，例如，收到侵權警告信函時之處置方式，及由何方主導侵權之談判、訴訟、和解等事宜。授權人應提供有關之資訊及協助訴訟之義務。另外亦應載明，若經確定侵權時，授權人如何補償被授權人在財產及聲譽上之損失。

(七)終止條款

合約終止條款，一般都是雙方自行協議而成，通常會有以下幾項，例如：(1)有一方片面違約時；(2)未達銷售門檻時（被授權者沒有良好的產品行銷能力時）；(3)授權幾年（或多少時間）後，而未能生產時。

(八)其他條款

是有關被第三人侵害專利授權時之解決方式約定。而「責任限制」在於約定，何種情況下授權人是不對被授權人負責的。例如，被授權人所實施的範圍超過授權人所授權之範圍，因而侵害到他人時之責任。在「雙方紛爭之解決與準據法」方面，在於約定雙方有紛爭時，要依據哪一國的法律為依據，訴訟或仲裁時用哪一個地方法院或仲裁機構，最好是能主動選擇本國法律及距離自己最近的法院或較為熟悉的仲裁機構，尤其是對方為外國公司時，因為外國法院在審理與判決上，通常還是會比較袒護自己的公民。另一方面若打起海外訴訟時，光是旅費與律師費及時間上，就是一項很大的負擔。

(九)其他注意事項

1.技術轉移之進度是否有約定？若進度落後者，是否需負有何種責任？對於技術轉移之完成，有否認定標準之約定？
2.主動擬稿（Drafting）的重要性（最好是己方來擬合約稿，再由對方確認或修改部分條文）。
3.注意「定義」之解釋說明。
4.文句的簡潔（通常合約均會十分叨長）。
5.國外合約的格式及語言（務必要正確解讀國外用字的含意）。

專欄 8-4 小創意大商機(二)：打掃拖地好發明「好神拖」行銷全世界

打掃拖地也能有好創意，在發明界清潔用品類中的台灣之光「好神拖」，自2007年上市以來，可謂是全球旋轉式拖把的先趨發明者，迄今銷售超過上億組，不僅榮獲德國紅點設計獎、台灣金點設計獎，更是家庭主婦家事清潔的好幫手。

「好神拖」的點子靈感由來，最早是由位於花蓮從事開設餐廳的丁明哲先生所發明，當年他開餐廳每天打烊時，都必須拖地打掃餐廳清潔環境。每天遇到沙發、櫃子底部時，因傳統拖托厚度太高而伸不進去，遇到桌腳或柱子拖把就會卡住，為了要改善自己每天的工作所需，於是靈機一動，他設計出扁平圓盤狀的拖把，圓盤狀拖把遇到桌腳、柱子可自動旋轉滑過不會卡住，而且圓形拖把可利用離心水槽的離心脫水，省去用手擰乾且太費力的缺點。更因拖地過程中不再需要用手去接觸髒兮兮的拖布，讓使用者的手更乾淨衛生，這發明更在

好神拖C600雙動力旋轉拖把組
圖片來源：PChome網路購物，http://24h.pchome.com.tw

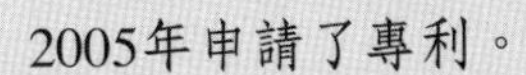

2005年申請了專利。

丁明哲先生花了兩年的時間，到處找人合作要開發成商品，卻都未能完成商品化。直到經友人介紹與1984年就創立的鉅宇企業負責人林長儀先生合作開發成商品，因林長儀先生以彈簧產品及塑膠射出廠起家，熟悉如何產品設計商品化及生產行銷等，於是二人一拍即合，成功的將扁平圓形拖把商品化生產製造出來。

為你的發明商品取一個響亮的好名字很重要

「好神拖」此一商品名稱的由來，也是一個有趣的故事，當產品開發出來，工作人員在試用時，發現使用效果實在太好了，於是脫口讚嘆說了一句：「哇！好神」，經公司討論後，覺得此一讚嘆聲「好神」不但讓消費者好記，更可顯現出這支拖把的好用與神奇，於是「好神拖」這樣的商品名稱就此確定了，也成為日後圓形旋轉式拖把商品的代名詞了。

多功能符合人體工學——好神拖C600雙動力旋轉拖把組

圖片來源：PChome網路購物，http://24h.pchome.com.tw

其實，好的發明創意靈感構想，就在我們的身邊生活環境中，只要我們多加留意身旁的困擾與不方便，小創意也能創造大商機。

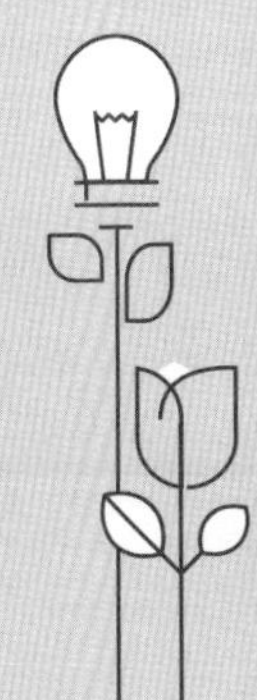

第四節　專利救濟行動

一、專利權受侵害時的處置

當專利權受侵害時，要如何進行救濟，以維護應有權益，專利權人若能有效掌握解決專利爭端的機制、方法與途徑，不但能用最得宜的方式來處理，減少相關的事件所帶來的衝擊，更可在複雜且曠日費時的救濟訴訟行動中，以最有效率且較低的救濟行動成本來維護自身應有的權益。

當發現仿冒製造販售你的專利產品時，處置方式如下：

(一)先蒐集證據

此事可請徵信公司代勞或自行為之，在蒐集證據時，含對方的廣告宣傳資料、型錄等，最好能實際去買一份仿冒品且取得打上日期、品名、金額的發票及出貨的簽收單等。可作為法院對仿冒製造販售行為，確定的有利證據，及將來判賠的金額計算依據。若你的專利產品並非一般大眾產品，而是少數人在使用的高單價專業設備或技術，則必須從非仿冒者的第三者（善意的購買者或使用者）著手，設法向第三者說明專利權的始末，以及真正的專利權人是誰，讓第三者與你合作，蒐集相關證據並願為法庭上的證人，且應注意設法避免第三者向仿冒者告密，而使你功虧一簣。

(二)取得侵害鑑定報告

目前台灣的「專利侵害鑑定專業機構」有五十七所，皆是由立場較為公正客觀的學術單位、各產業的工程學會及技師公會等組成。例如，台灣大學、台灣科技大學、陽明大學、清華大學、車輛研究測試中心、化學工程學會、機械技師公會等。因專利是否侵害的判斷，是一門很專業的學

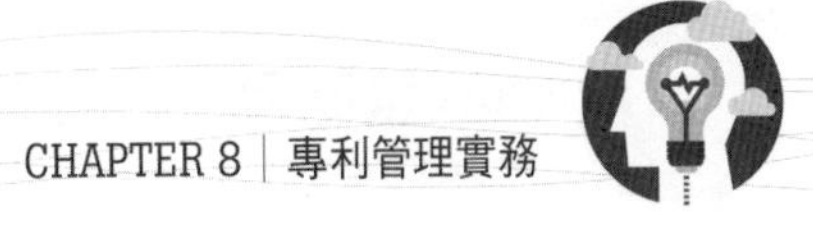

問，若能取得有利於專利權人的侵害鑑定報告，將於法庭上對法官的判決結果，發揮關鍵性的作用。（註：雖然在2000年5月19日大法官釋字第507號的頒布，宣布當時《專利法》第131條專利權人提出告訴時，應檢附「侵害鑑定報告」及「侵害排除通知」等規定，宣布該條文即日起無效。但至目前，由於在實務上專利權人與法院，已習慣此一鑑定報告的採證判斷方式。因此即使是現在的專利訴訟案件，若能提供有利於專利權人的侵害鑑定報告，對於訴訟案件的立案及法官的判決，必定有相當程度的助益。）

(三)發律師函

委請信譽良好的律師，發律師函。如警告函、公開信、存證信函、廣告啟事等的「請求排除侵害之書面通知」。但要注意發律師函的行為，必須符合公平會對其所謂「正當行為」訂定原則，以免濫發律師函反而觸犯《公平交易法》所規範之不公平競爭行為。

律師函中可要求侵害人出面和解，若雙方和解條件能達成共識，則雙方進行和解並簽訂和解書。如此是較為簡便的解決侵害行為方式，因為若是投入進行專利訴訟，及等待法院的判決與執行，畢竟是曠日費時，浪費當事人雙方的人力及時間，政府、司法單位也必須投入動用資源來處理這些案子。

(四)提起訴訟

專利權人應檢具有關的事證，如指名仿冒品、仿冒者、仿冒事實地點、交易憑證或廣告資料型錄、請求排除侵害之書面通知（律師函）、侵害鑑定報告、專利權證書影本、訴狀等資料，並到管轄之地方法院提出告訴。

管轄之地方法院

是指：(1)被告住所地之地方法院；(2)若被告為法人、公司由其主事務所或主營業所所在地之地方法院管轄；(3)也可由專利侵害的「行為地」地方法院管轄，而行為地可以是製造地、銷售地或使用地。

維生素收納盒水壺
Vitamins Organizer Water Bottle
您可以在水瓶旁邊整理所有日常維生素和藥物。維生素收納盒水壺是方便的藥丸收納盒／水瓶組合。永遠不要忘記服藥，並且要準時服用！
圖片來源：Inspire Uplift LLC.新發明設計商品網，www.inspireuplift.com

二、專利侵害提起訴訟前的考量與評估

專利權人應瞭解，無論提起何種的專利侵害訴訟，都必須付出相當成本，無論是人力、時間、律師費用等。對專利權人而言，都是一種負擔，在瞭解相關的法律規範和蒐集證據後，是否真的要委請律師處理，提出訴訟，專利權發明人有必要仔細衡量。包括：訴訟的可能勝算有多少、所能獲得的賠償與付出成本的多寡，是否真的符合效益。

(一)提起訴訟前的考量與評估項目

1.「申請專利範圍」的比對：應比對仿冒品的實施範圍，與你的申請

專利範圍是否一樣或近似，其相仿的程度為何？侵權成立的機率有多高？

2.訴訟期間的「人力」成本。

3.訴訟期間的「時間」成本。

4.律師費用與搜證費用成本。

5.可能得到賠償金額的多寡。

6.商譽與市場競爭潛力的價值衡量。

(二)掌握有效的「請求權」期限

專利受侵害時的損害賠償，依《專利法》第96條規定：「自請求權人知有行為及賠償義務人時起，二年間不行使而消滅；自行為時起，逾十年者，亦同。」

(三)專利請求損害賠償時的賠償金額如何計算

有關專利損害賠償金額的計算，理論上有利益說、差額說、總銷售額說及業務上信譽減損等各種計算基礎，在我國的《專利法》規定於第97條，請求損害賠償時，得就下列各款擇一計算其損害：

「一、依民法第二百十六條之規定。但不能提供證據方法以證明其損害時，發明專利權人得就其實施專利權通常所可獲得之利益，減除受害後實施同一專利權所得之利益，以其差額為所受損害。

二、依侵害人因侵害行為所得之利益。

三、依授權實施該發明專利所得收取之合理權利金為基礎計算損害。

依前項規定，侵害行為如屬故意，法院得因被害人之請求，依侵害情節，酌定損害額以上之賠償。但不得超過已證明損害額之三倍。」

三、假扣押與假處分的保全措施

所謂「假扣押」係指，專利權人為確保在訴訟勝訴後，能獲得實質的賠償，而請求法院扣押侵權者的動產、不動產，以防其「脫產」的行為。而所謂「假處分」係指，專利權人為確保侵權者，不再繼續從事生產製造、銷售、使用等「行為」，而請求法院禁止侵權者繼續從事這些「行為」。

在侵權案件中，雙方若能達成和解是最理想的，但如果不幸必須走上訴訟途徑，由法院來判決時就比較麻煩了。一般的官司訴訟，等到法院判決下來快則半年至一年，慢則可能要拖上好幾年，甚至五年以上。在這麼長的時間裡，若侵權者有心要脫產，必定有足夠的時間來操作，到時候即使法院判決確定專利權人勝訴，恐怕得到的也只是一張沒有用處的「債權憑證」而已。

專利權人在訴訟期間，尚未判決確定前，若擔心侵權者有脫產及繼續從事侵權行為之虞時，可依《民事訴訟法》第522條：「債權人就金錢請求或得易為金錢請求之請求，欲保全強制執行者，得聲請假扣押。」及

葡萄酒一酒迷杯
Wine Enthusiast Glass

這款時尚精緻的葡萄酒愛好者杯，配有獨特的吸管，可為您的飲酒體驗增添些許樂趣和時尚氣息。這款吸管採用耐用的手工吹製無鉛玻璃製成，內置玻璃吸管，非常適合飲用紅酒和其他受歡迎的飲料。

圖片來源：Inspire Uplift LLC.新發明設計商品網，www.inspireuplift.com

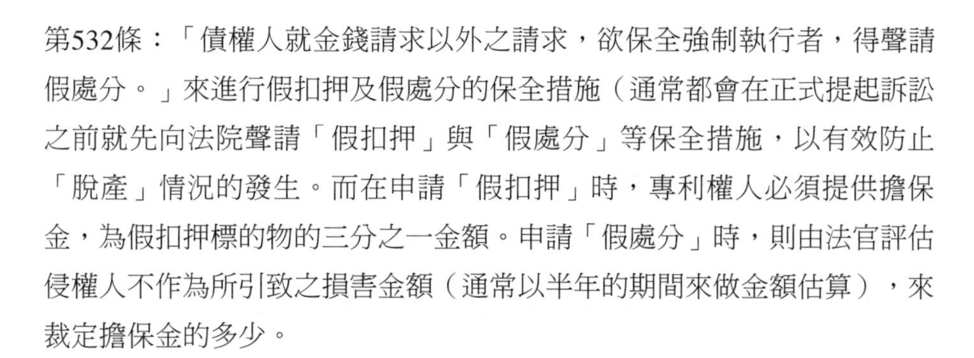

第532條：「債權人就金錢請求以外之請求，欲保全強制執行者，得聲請假處分。」來進行假扣押及假處分的保全措施（通常都會在正式提起訴訟之前就先向法院聲請「假扣押」與「假處分」等保全措施，以有效防止「脫產」情況的發生。而在申請「假扣押」時，專利權人必須提供擔保金，為假扣押標的物的三分之一金額。申請「假處分」時，則由法官評估侵權人不作為所引致之損害金額（通常以半年的期間來做金額估算），來裁定擔保金的多少。

四、被競爭對手提出專利侵權訴訟時如何自保

在這個競爭激烈的市場中，也許會遭競爭對手，以專利侵權訴訟來抵制或削減其市場競爭力，若接到競爭者的侵權警告律師函時，該如何處置呢？

(一)先比對確認雙方的申請專利範圍

自己先確認是否誤觸對方的專利範圍，並主動要求對方的專利權人明確的指出遭侵害的專利範圍項目為何？以利有明確的資訊來判斷是否真的侵權。

(二)確認自己所實施的是否為專利權效力的排除條款

細項依《專利法》第59條規定：發明專利權之效力，不及於下列各款情事。

一、非出於商業目的之未公開行為。

二、以研究或實驗為目的實施發明之必要行為。

三、申請前已在國內實施，或已完成必須之準備者。但於專利申請人處得知其發明後未滿十二個月，並經專利申請人聲明保留其專利權者，不在此限。

四、僅由國境經過之交通工具或其裝置。

五、非專利申請權人所得專利權，因專利權人舉發而撤銷時，其被授權人在舉發前，以善意在國內實施或已完成必須之準備者。

六、專利權人所製造或經其同意製造之專利物販賣後，使用或再販賣該物者。上述製造、販賣，不以國內為限。

(三)若競爭對手以「濫用專利權」的方式發律師函

對手以不公平競爭行為濫發律師函，企圖影響我方的商譽、生產及行銷，削減我方市場競爭力時，則可向「公平交易委員會」提出申訴，主張競爭對手「濫用專利權」或採取「不公平競爭行為」而加以制裁。

(四)若對方向法院提起專利侵權訴訟

競爭對手若已向法院提起訴訟時，想必已取得有利的「侵害鑑定報告」，此時你也可尋求別家具公信力及權威性的鑑定機構，取得對自己較為有利的「侵害鑑定報告」，在法庭上加以抗辯，讓法官來做判定。

另一方面，則可詳加研究對方的專利申請說明書，看是否能從《專利法》第21至24條中的不予專利項目，或已有前案（同樣的創新已被申請過）或該技術是早已公開的技術無新穎性，不具取得專利的要件，向智慧財產局提出舉發以撤銷對方的專利權。

專欄 8-5 小創意大商機(三)：魔鬼氈的發明

魔鬼氈的發明，可以說是20世紀最實用的發明產品之一，魔鬼氈的發明靈感源自於牛蒡花的帶刺果實。

1948年，瑞士工程師發明家喬治・梅斯倬（George de Mestral），在一家瑞士小鎮的機械工廠當工程師。某日帶著愛犬至阿爾卑斯山

打獵。途中發現自己褲管與愛犬身上沾黏著許多刺果，要一個個的拔掉，但怪奇的是皮鞋上卻沒有沾到，於是回家後立即將刺果放在顯微鏡下觀察，發現刺果之所以能沾黏住帶有毛的東西，是因其身上帶有如同鉤狀的刺。因此靈光一閃，激發了創造魔鬼氈的想法，他並在1951年申請到瑞士專利（專利編號#2,717,437）。

註解：

魔鬼氈、魔鬼沾、黏扣帶（英文：Hook and loop fastener、touch fasteners，中國大陸稱為尼龍搭扣、魔術貼，香港稱為魔術貼，外文品牌名稱為「Velcro」譯為「維克羅」或「維可牢」），是一種纖維製成的緊固物，它是由二片尼龍絲編織而成，一片有微小的鉤子，另外一片有微小的環圈，當兩條編織物用力壓緊時，鉤與環相結合，它們就能牢牢地緊扣在一起了。

Velcro是個註冊商標，由二組法文單字拼起來：velour（絨毛）和crochet（鉤子）的組合字。

參考資料：維基百科，https://zh.wikipedia.org/

牛蒡的帶刺果實具有鉤刺的特性
圖片來源：維基百科

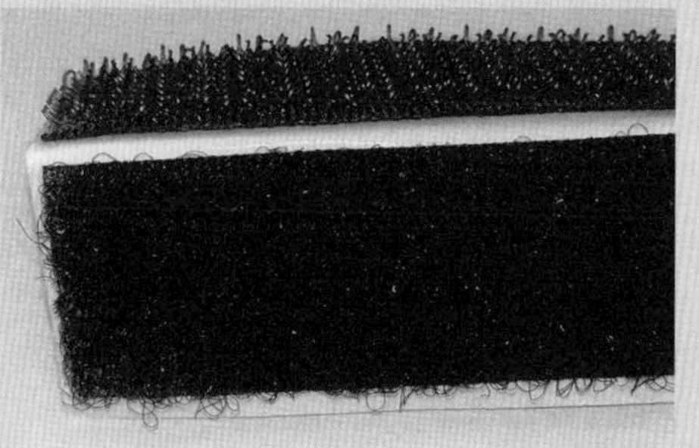

魔鬼氈的絨毛和鉤子，二片尼龍絲編織物
圖片來源：葉忠福攝

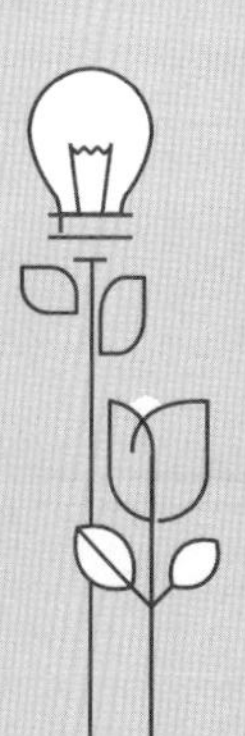

常見的咸豐草種子也具有鉤刺結構
圖片來源：葉忠福攝

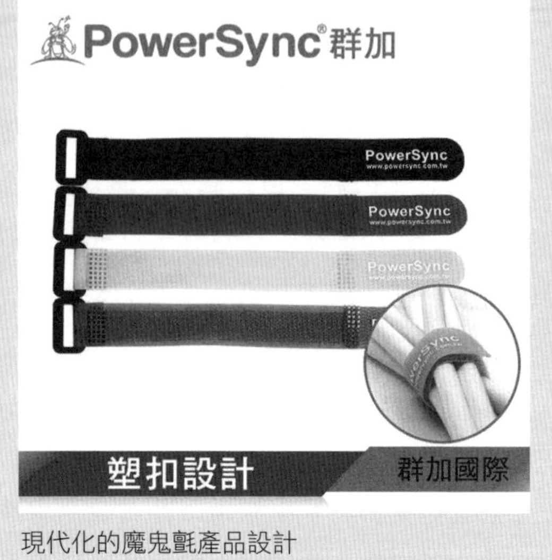

現代化的魔鬼氈產品設計
圖片來源：PChome 24小時購物，https://24h.pchome.com.tw/

課後複習題

填充題：

1.專利權的存續：

發明專利：發明專利權期限，自申請日起算「______年」屆滿。

新型專利：新型專利權期限，自申請日起算「______年」屆滿。

設計專利：設計專利權期限，自申請日起算「______年」屆滿。

2.營業秘密權利的取得，在於「______」並採取「______措施」時產生。

3.發明及新型之專利申請要件：(1)「______性」；(2)「______性」；(3)「______性」。

4.設計之專利申請要件：(1)「______性」；(2)「______性」；(3)「______性」。

5.發明專利：發明，指利用「______」法則之技術思想之創作。

6.新型專利：新型，指利用自然法則之技術思想，對「______」之形狀、構造或組合之創作。

7.設計專利：設計，指對物品之全部或部分之形狀、花紋、色彩或其結合，透過「______訴求」之創作。

8.申請外國專利者，主張「專利優先權」，發明及新型專利必須為在台灣提出專利申請之日起「______」個月內提出，而設計專利必須為在台灣提出專利申請之日起「______」個月內提出才具有效性。

9.對生產製造的代工業者而言，最適當的智財管控策略，應使用「______」的方式，來保護製程中的核心技術。

10.不同質量的專利，在企業中扮演著不同的層次與角色，專利層次可分為四大層次，分別為：「______專利」、「______專利」、「______專利」、「______專利」。

11.在眾多的研發資訊中，專利資料是唯一具備「______」與「______」雙重特性的重要資料。

12.專利地圖，依其製作目的不同，可分為「______地圖」、「______地圖」、「______地圖」（即專利權力地圖）這三大類。

13.在實務上，專利價值其實就是「______」價值。

14.專利鑑價及技術鑑價，以買方的觀點而言，鑑價方法可以由「______法」、「______法」、「______法」等三方面考量。

15.在專利侵害的鑑定法則裡，基本上主要有三項要點，即「______原則」、「______」、「______」。

16.專利侵害，依「文義侵害」鑑定所獲之結果，可歸納為三種原則，即「______原則」、「______原則」、「______原則」等。

17.專利受侵害時的損害賠償，依《專利法》第96條規定：「自請求權人知有行為及賠償義務人時起，「______」年間不行使而消滅；自行為時起，逾「______」年者，亦同。」

18.專利侵害行為如屬故意，法院得因被害人之請求，依侵害情節，酌定損害額以上之賠償。但不得超過已證明損害額之「______」倍。

問答題：

1.智慧財產權包含哪些項目？

2.專利權是什麼？

3.歸納其專利權的特性具有哪五項？

4.發明創作在考慮是否有申請國外專利的「必要性」考量有哪三項重點？

5.通常專利授權有哪五種類型？

附錄　實用資訊彙編

附錄1　台灣主要發明展覽及創意競賽資訊

依「展覽日期」月份排序

展覽名稱	展覽地點／獎金	主辦單位	報名日期	展覽日期
國家發明創作獎	視主辦單位決定	經濟部智慧財產局 https://www.tipo.gov.tw/tw/np-26-1.html	約3～4月間	約6月間評選（獲獎作品可在「台灣創新技術博覽會」免費展出）
中技社科技獎	綠色產業、綠色創新、能源資源、環境保護等領域	財團法人中技社 http://www.ctci.org.tw/	每年2～4月間	每年7月間
東元科技獎（東元科技創意競賽）	地點：視主辦單位決定 每件得獎作品獎金50萬元	財團法人東元科技文教基金會 http://www.tecofound.org.tw 電機／資訊／通訊科技、機械／能源／環境科技、化工／材料科技、生醫／農業科技、人文類等五大領	每年3月間	約8月間
台灣創新技術博覽會	頒發金、銀、銅牌獎（獎牌及獎狀）	經濟部智慧財產局 大會網址：https://www.inventaipei.com.tw/	每年約5～6月間	約9～10月間
台中創新設計競賽	台中市 （競賽總獎金高達百萬元）	台中市政府經濟發展局主辦http://www.taichung-da.com.tw/ （不限國籍之大專院校學生或年滿18歲以上設計從業人士）	每年約8～9月間	約10月間

展覽名稱	展覽地點／獎金	主辦單位	報名日期	展覽日期
IIIC國際創新發明海報競賽	台北市	台灣國際發明得獎協會 中華創新發明學會 https://www.innosociety.org/m/	每年約9～10月間	每年約11～12月間
IEYI世界青少年發明展（台灣區選拔賽）	選拔地點：各縣市輪辦	中華創意發展協會 http://www.ieyiun.org/	每年約11月間	隔年約1～2月間（獲選為國家代表隊者，可獲補助出國參加「IEYI世界青少年發明展」）
有庠科技發明獎	台北市 （每件得獎發明作品可獲頒中英文獎狀、獎座及獎金，每名100萬元）	財團法人徐有庠先生紀念基金會 http://yzhsu.feg.com.tw/ 五大類別：「奈米科技講座」、「資通訊科技講座」、「光電科技講座」、「生技醫藥講座」及「綠色科技講座」，每類別各取一名，共計五名	每年約11～12月間	隔年約1～2月間
上銀科技獎	承辦單位：中國機械工程學會（台北市） http://www.csme.org.tw （碩博士論文獎，總額獎金達新台幣1,000萬元）	主辦單位：上銀科技股份有限公司 http://www.hiwin.org.tw/	每年約3～8月間	隔年約3月間

附錄2　國際主要發明展覽及創意競賽資訊

依「展覽日期」月份排序

展覽名稱	展覽地點	主辦單位及報名處	報名日期	展覽日期
馬來西亞MTE創新發明科技展（2002創立）	馬來西亞吉隆坡	中華創新發明學會／台灣國際發明得獎協會 https://www.innosociety.org/m/	每年約1月間	約2月間
俄羅斯莫斯科—阿基米德國際發明展（1998創立）	莫斯科Sokolniki展覽場	中華創新發明學會／台灣國際發明得獎協會 https://www.innosociety.org/m/	每年約1~2月間	約3月間
瑞士日內瓦國際發明展（1973創立）	RUE DU 31-DECEMBRE CH 1207 GENEVA SWITZERLAND	台灣發明協會 http://www.tia-tw.net/	每年約1月間	約3月間
法國巴黎國際發明展	巴黎凡爾賽展覽館	中華民國流行顏色協會 https://www.facebook.com/TFCA.CYC/	每年約2～3月間	約4～5月間
馬來西亞ITEX國際發明展	吉隆坡雙子星大廈旁Kuala Lumpur Convention Centre, Malaysia（KLCC）展覽場	台灣發明協會 世界發明智慧財產聯盟總會（WIIPA） http://www.wiipa.org.tw/	每年約3～4月間	約5月間
美國矽谷國際發明展	美國—矽谷	台灣發明協會 http://www.tia-tw.net/	每年約4～5月間	約6月間
羅馬尼亞國際發明展（創立於1996年）	羅馬尼亞雅西（Iasi）	中華創新發明學會／台灣國際發明得獎協會 https://www.innosociety.org/m/	每年約3～4月間	約6月間
捷克布拉格國際發明展	捷克布拉格（Prague）	中華創新發明學會／台灣國際發明得獎協會 https://www.innosociety.org/m/	每年約3月間	約6月間

展覽名稱	展覽地點	主辦單位及報名處	報名日期	展覽日期
韓國WiC世界創新發明大賽	韓國首爾	中華創新發明學會／台灣國際發明得獎協會 https://www.innosociety.org/m/	約4月間	約6月間
烏克蘭國際發明展暨發明競賽（2005創立）	Sevastopol, Ukraine（賽瓦斯托波爾,烏克蘭）	中華創新發明學會／台灣國際發明得獎協會 https://www.innosociety.org/m/	每年約8月間	約9月間
日本東京世界創新天才發明展（1987創立）	東京新宿	中華創新發明學會／台灣國際發明得獎協會 https://www.innosociety.org/m/	每年約8～9月間	約10月間
英國倫敦國際發明展	英國倫敦 Barbican Exhibition Centre	台灣發明協會 世界發明智慧財產聯盟總會（WIIPA） http://www.wiipa.org.tw/	每年約7～8月間	約10月間
德國紐倫堡國際發明	NUREMBERG FAIR CENTER NUREMBERG FEDERAL REPUBLIC OF GERMANY	台灣傑出發明人協會 台灣創造力發展協會 德國紐倫堡國際發明展一中華民國代表團 https://www.iena.org.tw/index.php	每年約7月間	約10～11月間
波蘭華沙國際發明展（2007創立）	波蘭華沙	中華創新發明學會／台灣國際發明得獎協會 https://www.innosociety.org/m/	每年約10月	約11月間
中國國際發明展	中國各大城市輪流主辦	台北市發明人協會 中華民國傑出發明家交流協會 http://www.toiea.com.tw/new.htm	每兩年一次約7月間	約11月間
克羅埃西亞INOVA國際發明展（1976創立）	札格雷布市（Zagrab）國際展覽場	世界發明智慧財產聯盟總會（WIIPA） http://www.wiipa.org.tw/	每年約7～8月間	約11月間

展覽名稱	展覽地點	主辦單位及報名處	報名日期	展覽日期
香港創新科技國際發明展	香港會議展覽中心	中華創新發明學會／台灣國際發明得獎協會 https://www.innosociety.org/m/	約8月間	約12月間

附錄3　國際主要設計展資訊

依「報名日期」月份排序

展覽名稱	展覽地點	主辦單位及報名處	報名日期	頒獎日期
IDEA設計獎（1980年創立）	美國	活動官網http://www.idsa.org	約2月間	約9月間
中國設計紅星原創獎（2006年創立）	中國	活動官網http://www.shejijingsai.com/2019/03/160828.html	約3～6月間	約11月間
red dot紅點設計獎（1955年創立）	德國	活動官網http://www.red-dot.de/cd	約4～5月間	約8月間
G-Mark設計獎（1957年創立）	日本	活動官網http://www.g-mark.org	約4～6月間	約8月間
CDA紅棉中國設計獎（2005年創立）	中國	活動官網http://www.gzdesignweek.com/hmj/	約5～10月間	約12月間
韓國設計獎K-DESIGN AWARD（1985年創立）	韓國	活動官網http://kdesignaward.com/	約6～7月間	約10月間
GPDA金點設計獎（2005年創立）	台灣	主辦：經濟部工業局 執行：台灣創意設計中心 活動官網http://www.goldenpin.org.tw/	約8月間	約12月間
iF設計獎（1954年創立）	德國	活動官網http://www.ifdesign.de/index_e	約9月間	隔年約2月間
新一代設計展（1982年創立）	台灣	主辦：經濟部工業局 執行：台灣創意設計中心 活動官網http://www.yodex.com.tw/ 【全國各大學工業設計系作品聯展】	約10月間	隔年約5月間

附錄4　專利技術交易平台——資訊彙整表

專利技術交易平台（資訊彙整表）

名稱	網址
中華民國地區	
經濟部智慧財產局 （專利商品化教育宣導網）	http://pcm.tipo.gov.tw/PCM2010/pcm/
經濟部工業局 （台灣技術交易資訊網）	https://www.twtm.com.tw/
各大學專利技術交易資訊網	請上網搜尋各大學之專利技術交易資訊網 例如：臺灣大學技術交易網 http://mip.ord.ntu.edu.tw/
中國大陸地區	
中國大陸國家科技成果網	http://www.tech110.net/dengji/
日本地區	
日本產業規劃中心 Japan Industrial Location Center（JILC）	http://www.jilc.or.jp/
日本產業技術總合研究所（AIST）	http://www.aist.go.jp/
美國地區	
Yet2.com TechPaks Search	https://www.yet2.com/
美國大學技術管理者協會（AUTM）	https://autm.net/
TR35 （MIT麻省理工學院） Innovators Under 35-MIT Technology Review	https://www2.technologyreview.com/tr35/
歐洲地區	
British Technology Group（BTG，英國技術集團）	https://www.btgplc.com/
Innovation Market	https://innovation-market.de/
Strengthening Technology Transfer（STW，德國史太白促進經濟基金會）	https://www.stw.de/

附錄5　智慧財產（專利價值）鑑價機構索引

序	名稱 ／網址	服務項目
1	泛美鑑價股份有限公司 http://www.pan-american.com.tw	智慧財產鑑價服務
2	中華徵信所企業股份有限公司 http://www.credit.com.tw	智慧財產行銷、鑑價服務
3	中華青松科技股份有限公司 http://www.chevergreen.com.tw/chevergreen/	智慧財產鑑價、侵權鑑定服務
4	中華無形資產暨企業評價協會 http://www.cabiav.org/default.asp	智慧財產鑑價服務
5	華淵鑑價股份有限公司 http://www.asset.com.tw	專利、智慧財產鑑價、 授權、獲利模式規劃服務、 技術專利作價入股價值 評估
6	華信聯合鑑價機構 http://www.hunhsin.com.tw/	專利、無形資產鑑價
7	台灣經濟發展研究院 http://www.tedr.org.tw	智慧財產鑑價、授權、獲利模式規劃服務
8	中華工商研究所 http://www.cicr.org.tw	智慧財產行銷、鑑價服務
9	亞太智慧財產權發展基金會 http://www.apipa.org.tw	智慧財產鑑價、授權、獲利模式規劃服務
10	成大智財科技股份有限公司 http://www.centerip.com.tw/	專利、智慧財產鑑價、授權、獲利模式規劃服務
11	群創知識科技股份有限公司 http://www.uvmc.com.tw/	專利、智慧財產鑑價、授權、獲利模式規劃服務
12	冠亞智財股份有限公司 http://www.gainia.com/	專利、智慧財產鑑價、授權、獲利模式規劃服務

專利鑑價作業流程：

1.確定勘估標的基本事項→2.評估案件之承接→3.簽訂委任書→4.擬定估價計畫→5.產業資料蒐集（含產業動態、技術動態、市場動態）→6.確定勘估標的狀態（待鑑價標的物之現狀分析）→7.整理比較分析資料（5.與6.之比較分析）→8.運用估價方法推算價格（含企業營運可得獲益之會計師估價）→9.決定勘估標的價格→10.製作估價報告書。

附錄6　第二年以後每年專利年費應繳金額表

（自民國102年1月1日起適用）

專利類型	繳納年度	應繳金額											
		一般資格						符合減收資格					
		依限繳費	逾1日至1個月	逾1個月至2個月	逾2個月至3個月	逾3個月至4個月	逾4個月至6個月	依限繳費	逾1日至1個月	逾1個月至2個月	逾2個月至3個月	逾3個月至4個月	逾4個月至6個月
發明	2-3 年每年	2500	3000	3500	4000	4500	5000	1700	2040	2380	2720	3060	3400
	4-6 年每年	5000	6000	7000	8000	9000	10000	3800	4560	5320	6080	6840	7600
	7-9 年每年	8000	9600	11200	12800	14400	16000	第 7 年起無減收規定，依左側一般金額繳納					
	10 年以上每年	16000	19200	22400	25600	28800	32000						
新型	2-3 年每年	2500	3000	3500	4000	4500	5000	1700	2040	2380	2720	3060	3400
	4-6 年每年	4000	4800	5600	6400	7200	8000	2800	3360	3920	4480	5040	5600
	7 年以上每年	8000	9600	11200	12800	14400	16000	第 7 年起無減收規定，依左側一般金額繳納					
設計（新式樣）	2-3 年每年	800	960	1120	1280	1440	1600	0					
	4-6 年每年	2000	2400	2800	3200	3600	4000	800	960	1120	1280	1440	1600
	7 年以上每年	3000	3600	4200	4800	5400	6000	第 7 年起無減收規定，依左側一般金額繳納					

依據《專利法》第 94 條規定，第二年以後之專利年費，未於應繳納專利年費之期間內繳費者，得於期滿後六個月補繳之。但其專利年費之繳納除原應繳納之專利年費外，應依逾越應繳納專利年費之期間，按月加繳，每逾一個月加繳百分之二十，最高加繳至依規定之專利年費加倍之數額；其逾繳期間在一日以上一個月以內者，以一個月論。

附錄7　創客平台及群眾募資平台（網站連結表）

一、創客平台：實務參考資料（網站連結表）

1.勞動部—創客松競賽網站，https://ys.tcnr.gov.tw/
2. vMaker勞動部—台灣自造者，https://vmaker.tw
3. Mzone大港自造特區，https://www.mzone.co/
4. LimitStyle（HOLA特力和樂），https://limitstyle.com/category/1006

二、群眾募資平台：實務參考資料（網站連結）

1. zeczec（嘖嘖）群眾募資平台（台灣），http://www.zeczec.com
2. FlyingV 群眾募資平台（台灣），http://www.flyingv.cc
3.群募貝果群眾募資平台（台灣），http://www.webackers.com
4. Kickstarter群眾募資平台（美國），https://www.kickstarter.com
5. Indiegogo群眾募資平台（美國），http://www.indiegogo.com

附錄8 創新發明實務應用——相關重點機構（網站連結表）

1.經濟部智慧財產局，https://www.tipo.gov.tw/
2.經濟部智慧財產局－主題網站－國家發明創作獎，https://www.tipo.gov.tw/tw/np-26-1.html
3.中華民國專利資訊檢索系統，https://twpat.tipo.gov.tw/
4.全國法規資料庫，https://law.moj.gov.tw/
5.台灣技術交易資訊網，https://www.twtm.com.tw/
6.中華創新發明學會（CIIS），https://www.innosociety.org/
7.台灣國際發明得獎協會（TIIAWA），http://www.tw580.org/m/
8.國際創新發明聯盟總會，http://www.iaiaworld.org/
9.中華創意發展協會，http://www.ccda.org.tw/
10.世界發明智慧財產聯盟總會（WIIPA），http://www.wiipa.org.tw/about.asp
11.中華民國傑出發明家交流協會，https://www.taiwanngo.tw/
12.中華民國傑出發明家總會（TREIS），http://www.toiea.com.tw/new.htm
13.台灣創新發明聯合總會（TUATII），http://www.toiea.com.tw/tiiea-new.htm
14.台灣發明協會，http://www.tia-tw.net/
15.台灣發明創意產業學會（TIIIA），http://www.tiiia.org/
16.酷點校園（Kooidea），https://www.facebook.com/kooideaCampus/
17.台灣創意設計中心（Taiwan Design Center, TDC），https://www.tdc.org.tw/

18.金點設計獎（Golden Pin Design Award），http://www.goldenpin.org.tw/

19.新一代設計展，https://www.yodex.com.tw/

20.台灣創新技術博覽會（大會網址），https://tie.twtm.com.tw/

【台灣創新技術博覽會主辦單位：經濟部、國防部、教育部、科技部、行政院農業委員會、國家發展委員會、行政院環境保護署】

工業管理叢書

現代發明學——從創意創新到群眾募資商品化

作　　者／葉忠福
出 版 者／揚智文化事業股份有限公司
發 行 人／葉忠賢
總 編 輯／閻富萍
特約執編／鄭美珠
地　　址／新北市深坑區北深路三段 258 號 8 樓
電　　話／(02)8662-6826
傳　　真／(02)2664-7633
網　　址／http://www.ycrc.com.tw
E-mail／service@ycrc.com.tw
ISBN／978-986-298-360-7
初版一刷／2021 年 1 月
定　　價／新台幣 400 元

本書如有缺頁、破損、裝訂錯誤，請寄回更換

國家圖書館出版品預行編目（CIP）資料

現代發明學：從創意創新到群眾募資商品化 = Modern inventology: from creative innovation to crowdfunding commercialization / 葉忠福著. -- 初版. -- 新北市：揚智文化事業股份有限公司, 2021.01

面； 公分. --（工業管理叢書）

ISBN 978-986-298-360-7（平裝）

1.發明 2.創造性思考

440.6 109020211

Notes

Notes

Notes

Notes